· WORLD KITCHEN ·
FRANCE 法國廚房

美食・旅行・傳統・人文

World Kitchen France explors the ways in which geography, climate, culture and traditonhave shaped one of the world's most popular cuisines. It takes a look at the behind-the-scenes world of growers, artisans, chefs and home cooks,whose passion for produce helps maintain andreinterpret the regional styles andflavours of France's rich and varied food. More than 100 recipes include soups, hors d'soeuvres,terrines, game, seafood specialties, vegetable dishes and desserts and pastries.

梅鐸出版 Murdoch Books/著

WORLD KITCHEN
FRANCE

CONTENTS

簡介　Introduction　7

湯　Soups　12
開胃菜　Hors D'Oeuvres　26
食材之旅：麵包　Food Journey: Bread　34
蛋與乳酪　Eggs and Cheese　48
食材之旅：乳酪　Food Journey: Cheese　60
肉醬與陶罐料理　Pâtés and Terrines　70
海鮮　Seafood　82
食材之旅：海鮮　Food Journey: Seafood　98
家禽、肉類與野味　Poultry, Meat and Game　106
食材之旅：風乾醃肉　Food Journey: Charcuterie　130
食材之旅：葡萄酒　Food Journey: Wine　158
蔬菜　Vegetables　180
甜點與烘焙　Desserts and Baking　200
食材之旅：甜點　Food Journey: Pâtisserie　218

基礎篇　Basics　238
詞彙表　Glossary　250
索引　Index　253

> 法國美食是世界上最棒的飲食文化遺產之一，今時今日，
> 法國美食比法國本身更具吸引力。

法國以極好的食物和烹調技術獲得美譽，這樣的讚譽常常被視為建立在具有技術性廚藝、奢華和昂貴原料的基礎上，在醬料方面需要精緻而簡化，包括鵝肝、松露和其他佳餚。這種頂級的佳餚「經典烹調法」是由法國貴族主廚發展出來的，而且在傳奇而知名的法國主廚像是奧古斯特·埃斯科菲特（Auguste Escoffier）的帶領下，於十九世紀便達到了鼎盛時期。

頂級佳餚是一種耗時、堅守嚴格規定的藝術形式。這種優雅的烹煮形式需要對其特別方法和技術的理解，而這些技術是長時間在頂級餐廳擔任徒弟一點一滴磨練出來的，尤其要製作出細膩的醬汁，都是需要有好的基礎。現今這樣的烹煮形式大部分會出現在高級的餐廳，代表著最頂級的烹煮藝術，而這也被知名的米其林美食家以星等予以榮耀。

誕生於一九六〇年的「新式烹調」是以頂級料理延伸出的新觀念，當時主廚包括保羅·博庫斯（Paul Bocuse）、吉恩和皮埃爾兩兄弟（the Troisgros brothers）團結製作出的輕食料理，透過減少仰賴濃厚醬汁的調味，以及願意嘗試有別於傳統食材和烹煮的方式而形成。新派料理鼓勵、激發了創新元素，雖然有一部份在不久之後被遺棄不使用了，但是它在法式烹調上留下了長遠的影響。

然而，基本上法式料理是基於地方性的美食，而且很多都是以當地地區來命名，像從諾曼地鰈魚（sole à la normande）到勃艮第牛肉（boeuf à la bourguignonne）。在法國吃東西的時候，隨著地區性的不同是很有差異性的，而且大部份的餐廳不僅烹煮當地美食，還包括了僅屬於他們城鎮或村莊的特色佳餚。這樣的結果不僅是來自於傳統，也是對地方特色美食持久而敬重的表現。法國每一個地區會生產或製造特別適合當地地形和氣候的食物，從布列斯（Bresse）雞肉到格勒諾勃（Grenoble）胡桃，以及來自諾曼地（Normandy）的奶油和來自第戎（Dijon）的芥末醬。現今，在省與省之間更加相互交流，市場上我們不只可以找到當地上等的蔬菜，這樣的地方特色概念仍然存在於法式烹調之中。

這份對於食材的敬重，可以從他們只食用當季盛季的水果和蔬菜看出，菜單的改變反映了當

月最適合供給的佳餚，而且每個月人們都期待著當季的水果和蔬菜，從普羅旺斯的夏季甜瓜到秋季胡桃，以及冬季多爾多涅（Dordogne）的松露。

法國過去曾以長時間來保護他們的食材和準備食材的傳統方法。用來保存乳酪和葡萄酒的AOC（Appellation d'Origine Contrôlée）系統，也被延伸使用在數目逐漸增加、重要且以地區性為根基的食物上，例如勒皮（Puy lentils）的扁豆、克雷昂賽（Créances）蘿蔔。

法國人喜愛美食，即使有些傳統改變了，例如在辦公室，人手抓一個三明治，也像是在餐廳裡享受午餐一樣。就像法國的傳統文化，飲食對他們而言是不可思議得重要。對他們來說最享受的事情之一就是以新鮮的可頌配上一杯咖啡歐蕾。午餐也是一天當中重要的一環，當然，晚餐更是不可或缺的一部分，但很多店家及公司會在中午十二點半到下午三點半之間休息，有時，他們也會以葡萄酒搭配正式午餐。

除了大賣場以外，食品專賣店和市場都是法國人生活中重要的一環。每個村鎮都有麵包店；肉舖也隨時提供新鮮肉類；而豬肉食品專賣店又囊括了各式的豬肉食品以及熟食；還有專售糕餅的店家。市場通常整個星期都有營業，在某些地方你可以跟著攤販穿梭一個又一個鄉鎮。連在巴黎附近也有不少市場，而另外在其他地方也有特色市場，像是每年七月在普羅旺斯的蒜頭市場，冬天在佩里戈爾地區的小鎮薩爾拉（Sarlat）的鵝肝市場。

北方食物

巴黎是全世界公認的美食天堂，當地的市場提供來自法國各個地區各式各樣令人讚嘆的食品。巴黎擁有如此名譽與其所坐擁的餐廳有很大的關係，廚師們若想在競爭激烈的美食市場裡闖出名號，就得想辦法開創新局。巴黎人對食物是出了名的挑剔，在這裡你可以找的到最道地的法國長棍麵包，以及這個國家裡最有名的法式甜點店、享有盛名的乳酪店。

布列塔尼地區以海鮮及農耕為名，隨處可見的牡蠣、較早成熟的蔬果。還有香甜的可麗餅、蕎麥可麗餅。這裡盛產的海鹽，稱為蓋朗德鹽之花（sel de Guérande），為全法國的廚師所喜愛。

許多乳酪來自諾曼第地區，例如法國總統牌卡門貝爾乳酪（Camembert）、龐特伊維克乳酪（Pont l'Evêque）、里伐羅特乳酪（Livarot）。此外還有法國料理中被視為經典的三樣食物—法式鮮奶油、奶油及蘋果。鹽沼羔羊（一種以鹽水沼澤畜養的羊）、淡菜、牡蠣、蘋果酒以及蘋果白蘭地都是這裡的名產。

被譽為「法國的花園」，盧瓦爾河谷（Loire Valley）產區盛產水果、蔬菜跟白酒。索米爾山谷（Saumur）間長滿野生香菇，當地人的餐桌上常見鮭魚抹醬（rillettes）、法式內臟腸（andouillettes）、以及翻轉蘋果塔（tarte

Tatin)。這個地區也盛產山羊乳酪以及克勞汀‧德‧查維格諾爾乳酪（Crottin de Chavignol）。鄰近大西洋海岸的普瓦圖‧夏朗德（Poitou-Charentes）省，擁有法國境內品質最好的牡蠣。而靠近此地的馬雷內（Marennes）則是哈密瓜、無鹽奶油以及干邑白蘭地的盛產地。

加萊海峽（Nord-Pas-de-Calais）延著海岸包括濱海布洛涅（Boulogne-sur-mer），法國最大的漁港。在內陸有水洗瑪瑞里斯乳酪（Maroilles）、法式內臟香腸和被用來料理的佛萊明啤酒（Flemish beers），像是啤酒燉肉。而皮卡第（Picardie）也有當地盛產的蔬菜、水果和鹽沼羔羊。

香檳亞丁省（Champagne-Ardennes）是一個農村地區。香檳這個地方不只是因為它的酒有名，還因為它的乳酪，像是布里（Brie）和查爾斯乳酪（Chaource）而出名。在北方，亞丁（Ardennes）的森林已經創造出一種豬肉食品的傳統，像是舉世聞名的亞丁火腿以及獵物混合肉。

位居德國邊界—阿爾薩斯洛林（Alsace-Lorraine）的傳統也反映在料理上。其豬肉食品是用在洛林鹹派、酸菜拼盤、法式薄餅和白酒燉肉。肉類料理通常佐以酒燉紅甘藍菜。而在烘焙方面，阿爾薩斯因深受德國口味影響，有扭結麵包、黑麥麵包和咕咕洛夫蛋糕等。

東部與中部的食物

法國中部包括奧弗涅（Auvergne）與利穆贊（Limousin）區。由於冬天非常冷，烹調傾向豐盛的菜色並大量使用馬鈴薯與高麗菜的餐點，像是乳酪馬鈴薯泥、奧弗涅燉鍋。利穆贊（Limousin）以牛、羊、豬以及小牛肉聞名，奧弗涅（Auvergne）則以野味及勒皮扁豆出名。這個地方也生產康塔爾（Cantal）與聖內克泰爾（Saint Nectaire）乳酪，以及藍紋乳酪如奧弗涅藍乳酪（Bleu d'Auvergne）和昂貝爾圓柱藍紋奶酪（Fourme d'Ambert）。而奧弗涅的薇姿（Vichy）、富維克（Volvic）礦泉水也廣為人知。

前言 Introduction 9

勃艮第的紅酒及白酒是世界知名，酒廠以博訥（Beaune）為中心設立。勃艮第料理的風格味道豐富多層次，與當地的美酒更是絕配。葡萄酒也是當地料理重要的元素之一，而「勃艮第風味」通常表示以紅酒燉煮的料理。紅酒燉牛肉、紅酒燉香雞、布列斯雞佐羊肚菌醬汁、蒜頭奶油蝸牛、巴西利火腿肉凍都是勃艮第經典美食。第戎（Dijon）是芥末醬的同義詞，也是薑餅和基爾酒（白酒加上黑醋栗香甜酒）的故鄉。

紅酒被廣泛使用在烹飪與美食上，其中也包括了波爾多紅酒。

法國最有名的美食首都之一：里昂（Lyon），為許多重要餐廳的所在地，包括保羅•博古斯的餐廳，以及許多簡單的餐館（傳統工人階級的咖啡館）、小酒館遍布整個城市。被視為法國知名的美食中心，里昂有名的食品包含內臟腸、思華力腸、玫瑰乾肉腸，還有在傳統餐館裡供應的里昂沙拉、梭子魚肉丸、醋雞（雞在醋中燉煮）、焗烤馬鈴薯、香草白乳酪「Cervelle de Canut」（絲織工的腦子），以及當地的薄酒萊或隆河丘酒。周邊鄉村亦出產優質的水果、蔬菜，以及來自布雷斯地區的法國布雷斯雞。

法國東部是阿爾卑斯山脈，由三個地區所組成：北部的弗朗什孔泰（Franche-Comté），南部的薩瓦（Savoie）和多菲內（Dauphiné）。這些山區都有悠久的乳酪製作傳統。在夏天的時候，高山牧場生產的乳酪，比如瑞布羅申乳酪（Reblochon），其來源也是高山草地的動物。薩瓦低脂乳酪（Tomme de Savoie）、博福特乳酪（Beaufort）和康堤乳酪（Comté）也是高山乳酪，還有起司火鍋及拉可雷特起司等料理。法國的中部和東部盛產馬鈴薯，以多菲內（Dauphiné）的焗烤馬鈴薯料理最為出名。

南方和西南方的食物

波爾多會讓你聯想到極佳的葡萄酒，梅多克和聖埃美隆更是享譽全球，還有適合搭配甜點的蘇玳（Sauternes）。以紅酒入菜的料理通常在菜名上會加上「波爾多」，例如波爾多肋眼牛排（entrecôte à la bordelaise）。大西洋岸阿卡雄的生蠔和波亞克的鹽沼羔羊也是當地名產。

油封鵝肉、鴨肉以及鵝肝是多爾多涅省和洛特省的名產，而佩里戈爾（Périgord）的名產則是松露和核桃。黑松露和鵝肝在西南方多是當做配菜，也常會以「佩里戈爾風味」出現在菜單上。核桃則是用在沙拉或調配風味油。另外還有西梅生長在阿讓（Agen）地區。

加斯科涅（Gascony）是一個鄉村地帶，盛產雅文邑酒（Armagnac）。多爾多涅省（Dordogne）則以鵝肝、油封鵝肉、鴨肉、肉凍、陶罐料理出名，特色是在烹飪中使用鵝油。這些手工的特產可以在一些農場餐廳品嚐。

西南部靠近西班牙的巴斯克（Basque），人們喜歡吃一些加有乾辣椒的料理，這種埃斯佩萊特辣椒（piment d'Espelette）通常會在製作風乾火腿時加到鹽裡調味。在大西洋沿岸可以捕鮪魚。而當地也有悠長的烘焙歷史，例如巴斯克蛋糕。

普羅旺斯的味道就是地中海風味：橄欖、橄欖油、蒜頭、茄子、櫛瓜、番茄及普羅旺斯香料草，還有來自卡瓦永（Cavaillon）的桃子、瓜類以及草莓。普羅旺斯料理常常帶有蒜泥蛋醬鯷魚燴料、黑橄欖醬。另外，像尼斯洋蔥塔（pissaladière）是一種接近義大利的蔚藍海岸（Côte d'Azur）的點心。簡單烤製的魚和經典的傳統魚湯、來自卡馬格（Camargue）的紅色米飯，還有蜂蜜以及如糖果般甜蜜的水果。

Chapter 1

湯

湯品是最能展現出季節和地區性的產品，而且也能被當成一道主菜。可加入香草和香料提味，搭配海鮮、肉品和蔬菜，使其更富有滋味。

普羅旺斯魚湯佐蒜味美乃滋
Provencale Fish Soup with Garlic Mayonnaise

這道濃郁的高湯有不同的享用方式。可以將麵包與魚肉放入碗裡並淋上湯汁，或者將麵包丁放入高湯，然後把魚肉和水煮馬鈴薯放入另外一盤當作主菜來享用。

蒜味麵包丁：
½ 條切片法國麵包
60ml 橄欖油
1 瓣切成兩半的蒜頭

蒜味美乃滋：
2 顆蛋黃
4 瓣壓碎的蒜頭
3-5 茶匙檸檬汁
250ml 橄欖油

¼ 茶匙番紅花絲
1L 白酒
1 根細切的韭蔥，取蔥白部份
2 條切碎的紅蘿蔔
2 顆切碎的洋蔥
2 片長條橘子皮
2 茶匙茴香種子
3 根百里香
2.5kg 白魚，例如鮟鱇魚、黑鱸魚、鱈魚、河鱸魚、比目魚、蝙魚，去骨去皮並切成 4cm 的魚肉塊（保留魚隻被切除不要的部份）
3 顆蛋黃

製作蒜頭麵包，先預熱烤箱到160度，然後將麵包塗上橄欖油並烘烤10分鐘直到變得酥脆為止，最後再把每片麵包的一面抹上蒜泥。

製作蒜味美乃滋，首先將蛋黃、蒜泥以及3茶匙的檸檬汁放入磨缽或食物調理機，接著搗碎食材直到他們顏色變淡呈乳黃色，這時用茶匙一滴一滴加入橄欖油，持續攪拌直到濃稠，然後慢慢地加入橄欖油（若使用食物調理機的話，趁機器運作時再加入橄欖油。）調味的部份，則是倒入剩餘的檸檬汁，有必要的話可以加入一點溫水沖淡味道，最後蓋住表面並冷藏起來。

將番紅花絲以1湯匙的溫水浸15分鐘，然後將浸泡好的番紅花絲放入醬汁鍋，拌入白酒、蔥、紅蘿蔔、洋蔥、橙皮絲、茴香種子、魚不要的部份與1L的水，接著蓋住表面並煮滾，小火慢燉20分鐘後瀝乾表面殘渣，然後將湯汁濾到另外一個醬汁鍋，並且用木湯匙按壓固體食材擠出剩餘湯汁。接著將高湯小火慢煮，再加入一半的魚塊以小火慢煮5分鐘後撈起，再料理剩下的魚肉時保持溫度並放著以小火煮5分鐘，然後將鍋裡的魚肉塊移至別處，湯汁繼續煮滾5分鐘，或者直到湯汁總量稍微減少為止，最後把火關掉。

將一半的蒜味美乃滋與蛋黃放入碗中並拌勻，接著拌入1勺熱湯汁，然後再慢慢倒入5勺湯汁並繼續攪拌，然後整碗倒回放有湯汁的醬汁鍋，並在小火下繼續攪拌3到5分鐘，或者直到湯濃稠（切記別讓湯煮滾沸，不然會結成塊），現在料理已經準備好可以享用了。

擺盤，在每個碗裡放上兩塊蒜味麵包，上面放些魚肉碎塊並且淋上湯汁，最後將剩餘的蒜味美乃滋分開擺放搭配。

份量：4份

法式蟹肉湯
Crab Bisque

起初法式濃湯是由家禽及野味（特別是鴿子）所製成，而且更像是燉湯。現今，它們已演變成口味豐富，柔順的湯品，並且多使用甲殼類煮製。你可以留一些蟹肉或蟹螯來當作裝飾。

1kg 活蟹
50g 奶油
½ 根切碎的紅蘿蔔
½ 顆切碎的洋蔥
1 根切碎的芹菜梗
1 片月桂葉
2 枝百里香

2 湯匙番茄糊（濃縮純番茄汁）
2 湯匙白蘭地
150ml 干白酒 (dry)
1L 魚高湯
60g 白米
60ml 乳脂含量高的鮮奶油
¼ 茶匙卡宴辣椒粉

先將螃蟹放入冰箱冷藏1小時，剝去每隻螃蟹的蟹蓋、腹殼，去除兩邊的蟹鰓以及砂囊，取下蟹螯和蟹腳。

將奶油放入醬汁鍋，加熱，然後放入蔬菜、月桂葉及百里香。用中火煮約3分鐘並且注意不要把蔬菜煮到焦黃。放進蟹螯、蟹腳及蟹身後，煮5分鐘或煮到蟹殼變紅。然後加入番茄糊、白蘭地跟葡萄酒，燉煮5分鐘，或等湯汁收到剩下一半的量。

倒入高湯跟500ml的水，煮滾後轉小火燉煮5分鐘。將蟹殼拿出來，留下蟹螯，然後仔細搗碎蟹殼（或加上些許高湯，一起放進食物調理機磨碎），將搗碎的蟹殼與白米一起倒入湯裡煮滾，再加蓋悶煮30分鐘，或煮到米粒非常鬆軟。

將濃湯用鋪著濕棉布的篩子過濾到乾淨的醬汁鍋裡，用力擠壓，把食材的湯汁都擠出來。加入奶油以及用鹽和卡宴辣椒粉調味，要上菜時再重新加熱。將濃湯舀進溫過的湯碗中，如果你喜歡的話，也能以加上蟹螯肉或一些肉品點綴。

份量：4份

右圖一：剝去每隻螃蟹的蟹螯和蟹腳。
右圖二：加入番茄醬、白蘭地和酒，和蟹肉混合後並燉煮。

蒜頭湯

Garlic Soup

蒜頭湯在法國各地是道家常菜。在普羅旺斯，一碗蒜頭加香草、橄欖油就是一碗法式蒜頭湯。在法國西南方，他們會在蒜頭湯中加入鵝油，並稱其為 le tourin。 蒜頭湯會因為馬鈴薯的加入讓湯更為濃郁。

2 顆剝好的蒜球，約 30 瓣蒜頭
125ml 橄欖油
125g 剁碎的五花培根
1 顆粉質馬鈴薯，切成小方塊
1.5L 雞高湯或香草束高湯
3 顆蛋黃

乳酪麵包丁：
一條或半條切片的法式長棍麵包
40g 格呂耶爾乳酪碎末

用刀背打碎蒜頭並剝皮。在醬汁鍋中加熱一湯匙的橄欖油，並用中火煎培根5分鐘，小心不要燒焦。加入蒜頭跟馬鈴薯並煮5分鐘或煮到它們變軟。加入雞湯或香草束高湯，煮滾再用小火燉煮30分鐘或至馬鈴薯變得軟爛為止。

把蛋黃打進大碗中並緩緩倒入預存的橄欖油，攪拌至濃稠狀為止。加入熱湯並慢慢攪拌，拿濾網過濾並把湯汁倒入醬汁鍋裡，用小火燉煮但不要煮滾。

麵包丁的做法是，預熱烤盤並烤麵包片的兩面。撒上乳酪且烤到乳酪溶化為止。把麵包丁放入碗中再把熱湯舀進碗中。

份量：4份

左圖一：用刀背打碎蒜頭並剝皮。
左圖二：保留整瓣蒜頭，不切碎，並加入高湯。

法式洋蔥湯
French Onion Soup

50g 奶油
750g 切成薄片的洋蔥
2 瓣切碎的蒜頭
40g 中筋麵粉
2L 牛肉或雞肉高湯

250ml 白酒
1 片月桂葉
2 枝百里香
12 片切片的法國麵包
100g 磨碎的瑞士格呂耶爾乳酪

用小火在醬汁鍋融化奶油，再加洋蔥烹煮，時不時的攪拌大約25分鐘，直到洋蔥表面呈現深咖啡色並且有點焦焦的感覺，加蒜頭以及麵粉不斷的攪拌大約2分鐘。

慢慢地加入高湯及白酒，一直攪拌直到沸騰，再加入月桂葉、百里香調味，蓋上鍋蓋並且燉煮25分鐘，最後撈起月桂葉跟百里香並且試試味道。

先預熱烤架，把烤過的法國麵包放在熱湯上。撒上乳酪並且放上烤架烤，直到乳酪融化並且轉變成亮金棕色，即可享用。

食譜照片請參考22頁

份量：6份

韭蔥蕃茄湯
Leek and potato soup

50g 的奶油
1 顆切碎的洋蔥
3 根細切的韭蔥，只取蔥白部分
1 根切碎的芹菜
1 瓣切碎的蒜頭

200g 切碎的番茄
750ml 的雞高湯
185m 的鮮奶油
2 湯匙切碎的蝦夷蔥

在大的醬汁鍋上熱油，再加入洋蔥、蔥、芹菜以及蒜頭，並且用小火烹煮15分鐘，偶爾攪拌，直到蔬菜軟化但不至焦黃，加入番茄以及高湯使其煮滾。轉小火熬煮，蓋上鍋蓋約莫20分鐘。再把湯保留攪拌機或食物調理機內攪拌之前，先靜置放涼。

把湯倒回乾淨的醬汁鍋加熱，無須沸騰，只要再加入奶油、鹽、白胡椒調味，趁熱或冷卻後加入蝦夷蔥即可享用。

份量：6份

POMMES de
TERRE BF15
TIENT a la CUISSON
Kilo 4,90
VARIÉTÉ
A CHAIR FERME
BONNE A FAIRE

法式清湯
Chicken Consomme

雞高湯：
1kg 半雞
200g 雞腿
1 個切碎的紅蘿蔔
1 顆切碎的洋蔥
1 根切碎的芹菜
2 枝香芹
20 粒黑胡椒
1 片月桂葉
1 枝百里香

湯料：
2 隻雞腿

1 根切碎的紅蘿蔔
1 把切碎的蝦夷蔥
1 跟切碎的芹菜
2 顆切碎的蕃茄
10 粒黑胡椒
2 顆輕微打散的蛋白
海鹽

1 根切成細絲的紅蘿蔔
½ 根切成細絲的蔥，只取蔥白部分

製作雞高湯，首先去除雞的骨頭、腿部的皮以及脂肪，放到一個大的醬汁鍋並且加入3L的冷水，使之沸騰並且有油脂浮在表面上，加入剩餘的調味料到鍋裡再燉一個半小時，過濾約1.5L雞高湯，再倒回乾淨的醬汁鍋。

湯料的部分，去除雞腿的皮，並將雞腿肉切成細絲（約150g），將其與紅蘿蔔、韭蔥、芹菜、番茄、乾胡椒、香芹以及蛋白混合，最後加入185ml的高湯。

加入所有的食材至過濾後的雞高湯，並且充分攪拌湯底，使用小火熬煮，當食材熬煮好後，將會與雜質形成一圈浮油，仔細地用木湯匙把它從鍋裡撈起倒掉（這可以讓待會舀湯時更加順利），燉煮一小時直到湯底清澈為止。

舀起高湯，小心不要攪散沉澱的食材，並且用內襯濕布的篩網過濾，放幾張廚房用紙巾在清燉肉湯的上面，然後快速的拿起來，以除去殘留的脂肪，用海鹽調味（或用無碘的鹽巴，因為碘會使湯變混濁）。

上桌前，再熱過清湯，把切成細絲的蔬菜放進裝有煮沸水的醬汁鍋煮兩分鐘，或者直到蔬菜變軟。將蔬菜撈到碗裡，舀進熱湯並淹過蔬菜即可享用。

份量：4份

Chapter 2

開胃菜

從塗有抹醬的吐司到優雅簡單的小點心,
開胃菜是所有菜餚的開端,
亦能被當成理想的派對食物。

普羅旺斯鑲蔬菜
Provençal stuffed vegetables

這道來自普羅旺斯精彩的菜色，充分利用了菜園裡的作物，其內的餡料可以包括任何手邊有的香料、肉類或乳酪。可熱或冷搭配麵包享用，作為簡單的夏季午餐。

- 2 根茄子，縱向對切
- 2 個櫛瓜，縱向對切
- 4 個番茄
- 2 個紅椒（青椒），縱向對切並去籽
- 4 湯匙橄欖油
- 2 個切碎的紅洋蔥
- 2 瓣壓碎的蒜頭
- 250g 切碎的豬肉
- 250g 切碎的小牛肉
- 50g 番茄糊
- 80ml 的白酒
- 2 湯匙切碎的香芹
- 50g 磨碎的帕瑪森乾酪
- 80g 新鮮的麵包屑

將烤箱預熱至攝氏180度，在大烤盤塗上油。用湯匙將挖出茄子和櫛瓜肉切碎，留下外殼。去掉番茄的上端（不要丟掉），用湯匙將中間挖空，將番茄的汁液留在裡面，番茄果肉切碎。在烤盤上排好蔬菜，包括甜椒。用一點橄欖油刷過茄子和櫛瓜的邊緣。在鐵盤中倒入125ml的水。

將一半的油倒入平底鍋，炒洋蔥和蒜頭3分鐘，或直到食材軟化。加入豬肉跟小牛肉攪拌5分鐘直到肉變得焦黃，用叉子的背部將肉塊撥散。加入切碎的茄子和櫛瓜，再炒3分鐘。加入番茄果泥、果汁、番茄糊和酒。持續攪拌煮10分鐘。

將鍋子移開爐火，拌入香芹、巴馬乾酪和麵包屑。用鹽和胡椒調味。將煮好的肉填入挖空的蔬菜裡，並撒上剩餘的橄欖油，放進烤箱裡烤45分鐘或是直到蔬菜軟化。

份量：4份

左圖一：用湯匙挖空蔬菜並在邊緣刷上一點油
左圖二：小心地在蔬菜內填入肉餡。

蒜香美乃滋
Garlic Mayonnaise

4 顆蛋黃
8 瓣壓碎的蒜頭
½ 茶匙鹽巴
2 茶匙檸檬汁
500ml 橄欖油

生菜：
6 根小紅蘿蔔，切好並留下葉柄
6 條蘆筍，準備並汆燙
6 條四季豆，準備並汆燙
6 朵洋菇，對半切
1 個紅椒，去籽，切成條狀
6 朵花椰菜
1 個茴香球莖，切成條狀

將蛋黃、蒜頭、鹽和半個檸檬放入磨缽或食物調理機中，搗碎或混合直到質地變得光滑柔順，用茶匙一滴一滴慢慢加入油，直到變得黏稠，接著慢慢倒入油。（如果您使用食物調理機，請在機器運轉時，同時慢慢的倒入油）加入剩餘的檸檬汁做調味，若需要的話，可用一點溫水調淡。

將生菜用大盤子擺盤，把蒜香美乃滋（aïoli）裝進小碗並擺在中間。您可以將蒜香美乃滋以消毒過的罐子密封好，放入冰箱可以保存3個禮拜。

份數：6份

橄欖醬
Olive Paste

300g 去核的黑橄欖
3 湯匙沖洗過的酸豆
8 隻鯷魚
1 瓣壓碎的蒜頭
185ml 橄欖油

1 湯匙檸檬汁
2 茶匙第戎芥末醬
1 茶匙切碎的百里香
1 湯匙切碎的香芹

將橄欖、酸豆、鯷魚和蒜頭用磨缽或食物調理機打碎，加入橄欖油、檸檬汁、芥末醬和香料，搗碎成糊。

可作為麵包或沙拉的沾醬。封好放入冰箱可保存數天。

份數：6份

鯷魚醬
Anchovy Paste

在科利尤爾（Collioure）的南部海岸，是法國鯷魚捕撈的家鄉，這是來自南方，氣味強烈鯷魚醬的呼喚。它可作為調味醬，拌入沙拉的調味醬中或燉肉中，或塗在麵包、魚和雞肉上，然後放進烤箱烤。

85g 油漬的鯷魚魚片
2 瓣蒜頭
14 個黑橄欖
1 個番茄

1 茶匙百里香
3 茶匙切碎的香芹
橄欖油
8 片法國麵包

將吸乾的鯷魚、蒜頭、橄欖、番茄、百里香、一茶匙切碎的香芹和大量磨好的黑胡椒，放到磨缽或食物調理機，搗碎或混合成糊狀。應該要是可以塗抹開的黏稠度，如果太黏可以加少許的油調整。

預熱烤箱將麵包兩面烤至金黃，將鯷魚醬塗在麵包上並撒上剩下的香芹。

份數：4份

蘆筍佐荷蘭醬
Asparagus with hollandaise sauce

24 條切好的蘆筍

荷蘭醬：
2 顆蛋黃
2 茶匙檸檬汁
90g 切塊的無鹽奶油

蘆筍以滾沸的鹽水煮4分鐘，或煮到它變軟。將水倒掉，並在流動的冷水下沖洗冷卻。

製作荷蘭醬，將蛋黃和檸檬汁放入醬汁鍋小火加熱，不停地攪拌，將奶油一塊一塊的加入直到變濃稠。切記溫度不可過高，以免蛋會煮熟。（另外的作法，將蛋黃、鹽和胡椒放入攪拌器混合，將檸檬汁和奶油一起加熱，直到煮沸，然後，在機器持續運轉下緩緩倒入蛋黃中。）

將蘆筍擺盤，將荷蘭醬淋在上面。

份數：4份

開胃菜

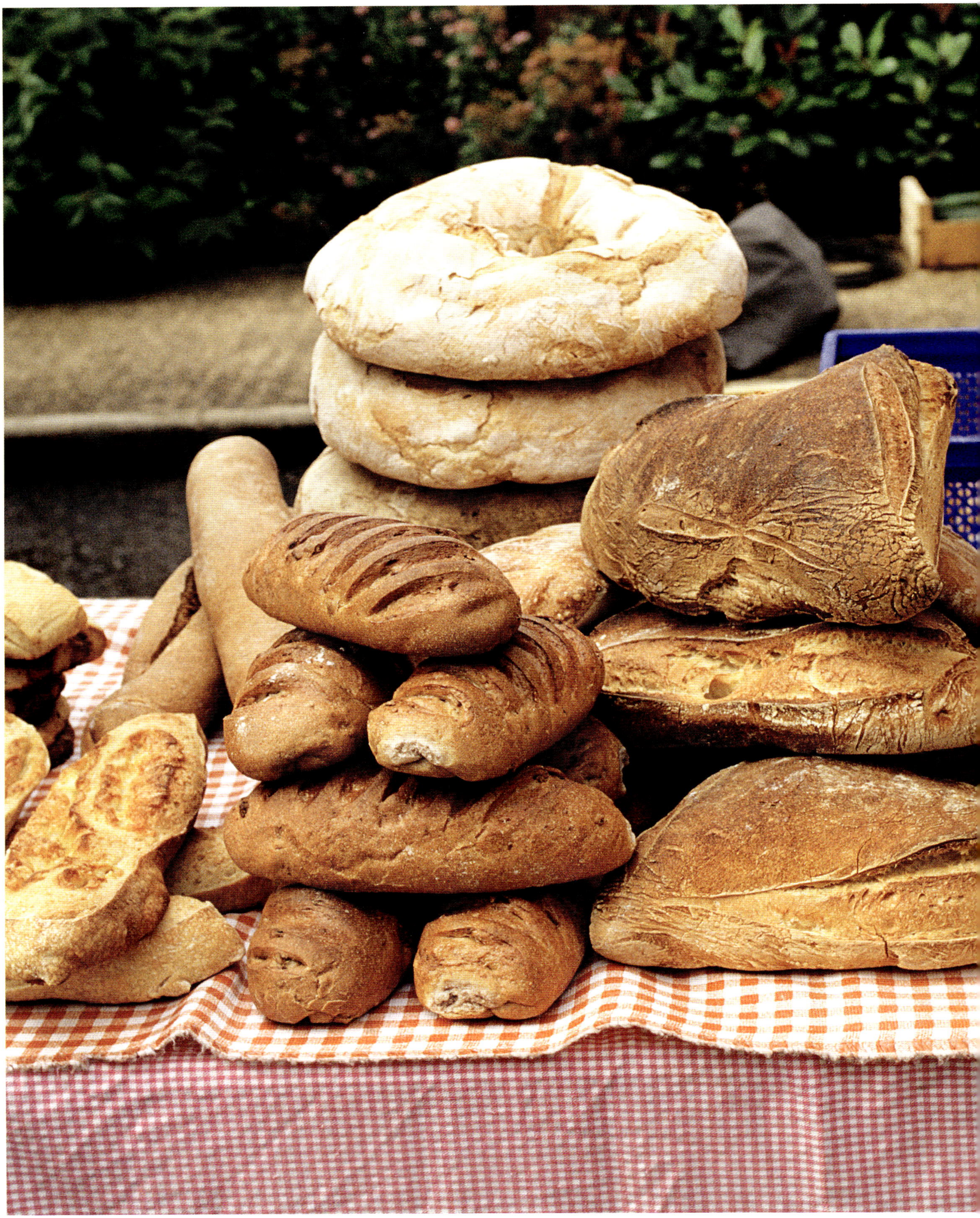

麵包

麵包是法國人生活很重要的一部份。每一餐搭配麵包為主食，到麵包店光顧成了每日習慣，甚至有時一天會買兩次麵包。依照法律，在法國的每個城鎮必須要有麵包店。

麵包除了以條數來販賣，也會以重量計價。延續購買每餐或一天剛好份量麵包的傳統。麵包一日出爐兩次，所以人們可以買到最新鮮的麵包，特別是只以麵粉、酵母和鹽製作的長棍麵包，放置幾個小時後可能會失去原有的口感。

自中世紀以來，麵包在法國飲食中扮演著主食的角色。早期的麵包體積大較粗糙，只是以麵粉混合製作，並沒有加鹽，礙於當時鹽價很高。直到十七世紀，發現了磨去麥麩的方法後，才有了白麵包的誕生。

長棍麵包（baguette）被認為是法國的象徵，但很多法國反而看待為巴黎的象徵。根據維也納麵包的製作發明於十九世紀，由白麵粉和酵母頭

開胃菜

（sourdough starter）製成，揉成細長狀，淺色的麵包帶著脆硬的外皮。巴黎因為鄰近博斯小麥平原（Beauce wheat plains），一直是麵包高消費量的城市，隨時可以得到新鮮的麵包，不到二十世紀，麵包就在全法國境內盛行。最好的長棍麵包有香脆金黃的外皮，上方還會有割痕。

僅管優雅的長棍麵包是法國最流行的麵包，另外，更質樸且營養、由大麥和黑麥製成的鄉村麵包（pain de campagne）則越來越受歡迎。鄉村麵包通常使用酵母頭，而不是用酵母。製作時間較長，但可以保存數天，不像法國長棍麵包那麼快變質。也可以使用窯烤製作，可以增加煙燻風味。

真正的長棍麵包具有一定的重量和體積，長約70cm，重約250g。不是所有長的麵包都是長棍麵包（baguette）。其他種類還有：Flûte（長笛麵包）形狀較長、重量較重；Ficelle（細繩麵包）與長棍麵包作法一樣，但較細且輕。在法國以外的其他地區，形狀細長、以酵母頭製作的麵包幾乎都被貼上了「法國長棍麵包」的標籤，使其名稱涵蓋了許多種類。

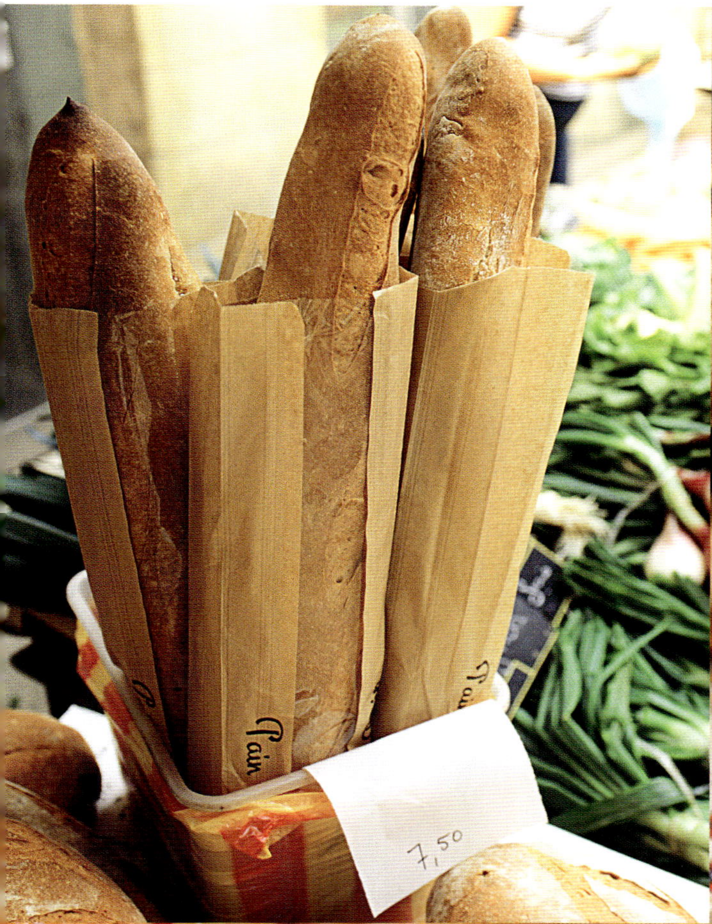
Pain
7,50
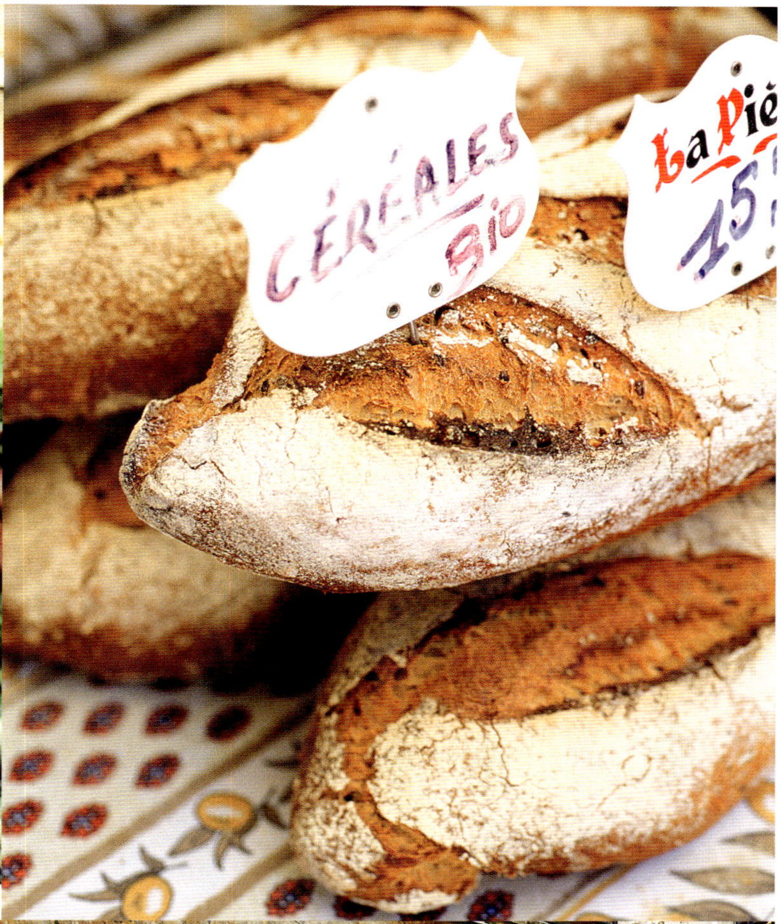
CÉRÉALES
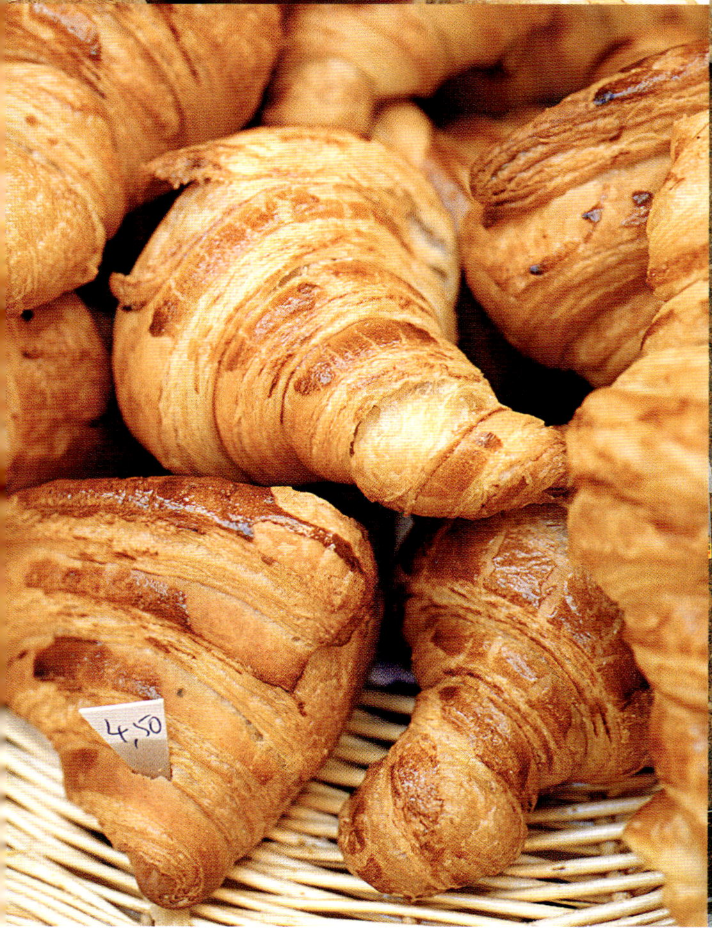
4,50
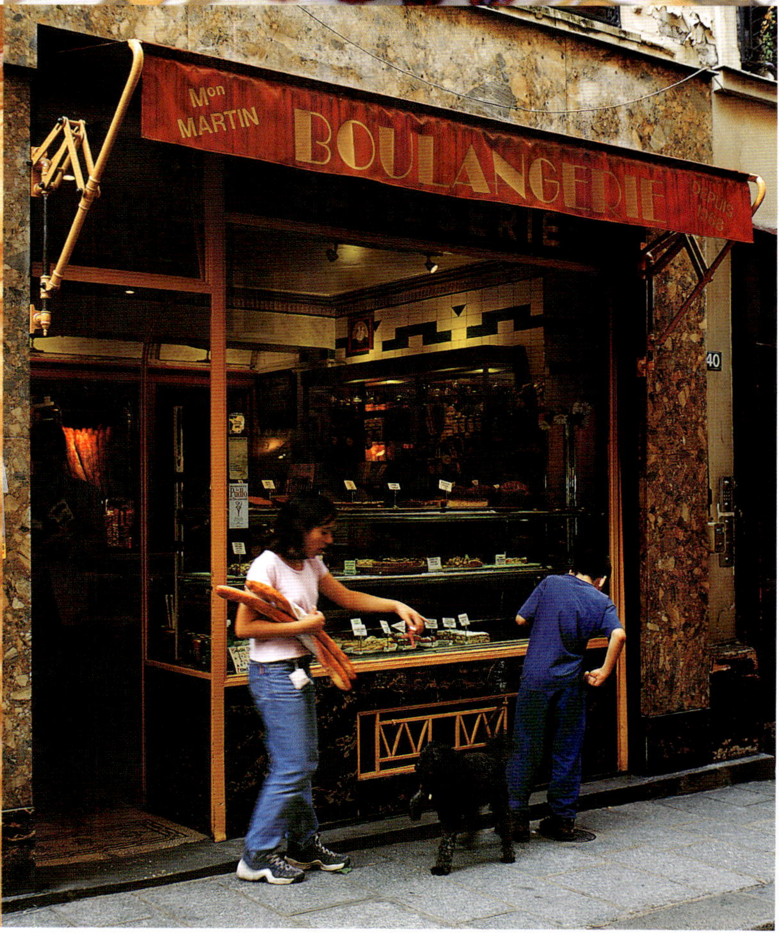
Mon MARTIN
BOULANGERIE
40

煙燻鱒魚泡芙
Smokied Trout Gougere

80g 奶油
125g 中筋麵粉，須過篩兩次
¼ 茶匙辣椒粉
3 顆全蛋
100g 磨碎的格呂耶爾乳酪（Gruyere cheese）

內餡：
400g 煙燻鱒魚
100g 切好的西洋菜（watercress）
30g 奶油
1 湯匙中筋麵粉
300ml 牛奶

預熱烤箱至200度，然後將烤盤放在最上層加熱。在淺底的烤盤薄薄的抹上油。

在醬汁鍋裡加入185ml的水溶化奶油，並煮至沸騰，然後熄火。把麵粉和辣椒粉過篩加進鍋子裡，持續加熱並攪拌，直到麵糊變得滑順光亮，並且不沾黏鍋子的邊緣。放在一旁冷卻幾分鐘。

把雞蛋打入剛剛做好的麵糊，一次一個，直到表面變得光滑，且麵團能夠不沾黏在湯匙上，卻又不會太濕，將2/3的乳酪拌入麵團內。

沿著準備好的盤子邊緣用湯匙將麵團鋪上。將盤子放進預熱好的烤箱裡烤45至50分鐘，或是直到麵團膨起變成褐色。

這時候就可以來製作內餡，去掉鱒魚的皮，及最上層的肉，取出魚骨頭，把魚肉切成片狀。

洗淨西洋菜，放進大的醬汁鍋。蓋上鍋子，蒸2分鐘，或是直到西洋菜開始萎縮變小。瀝出水分並冷卻，用手把水分擠乾。粗略切一下。

把奶油放入平底鍋融化，加入麵粉並開始小火加熱持續攪拌3分鐘左右，注意不要讓麵糊燒焦。把鍋子移開爐火，慢慢加入牛奶並攪拌直到麵糊變得平滑。在把鍋子放到爐火上，以小火燉煮3分鐘。拌入煙燻鱒魚、西洋菜，並依個人喜好調味。把內餡放進剛剛烤好的千層派皮中，進烤箱烤10分鐘。便可以上菜。

份數：4份

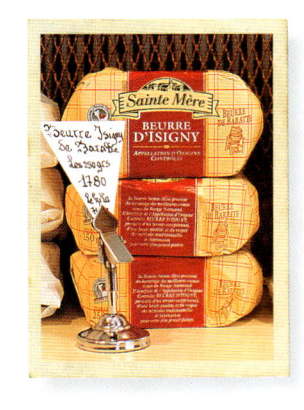

用湯匙將千層派皮麵糊沿著烤盤內緣鋪平，並烘烤至蓬鬆。

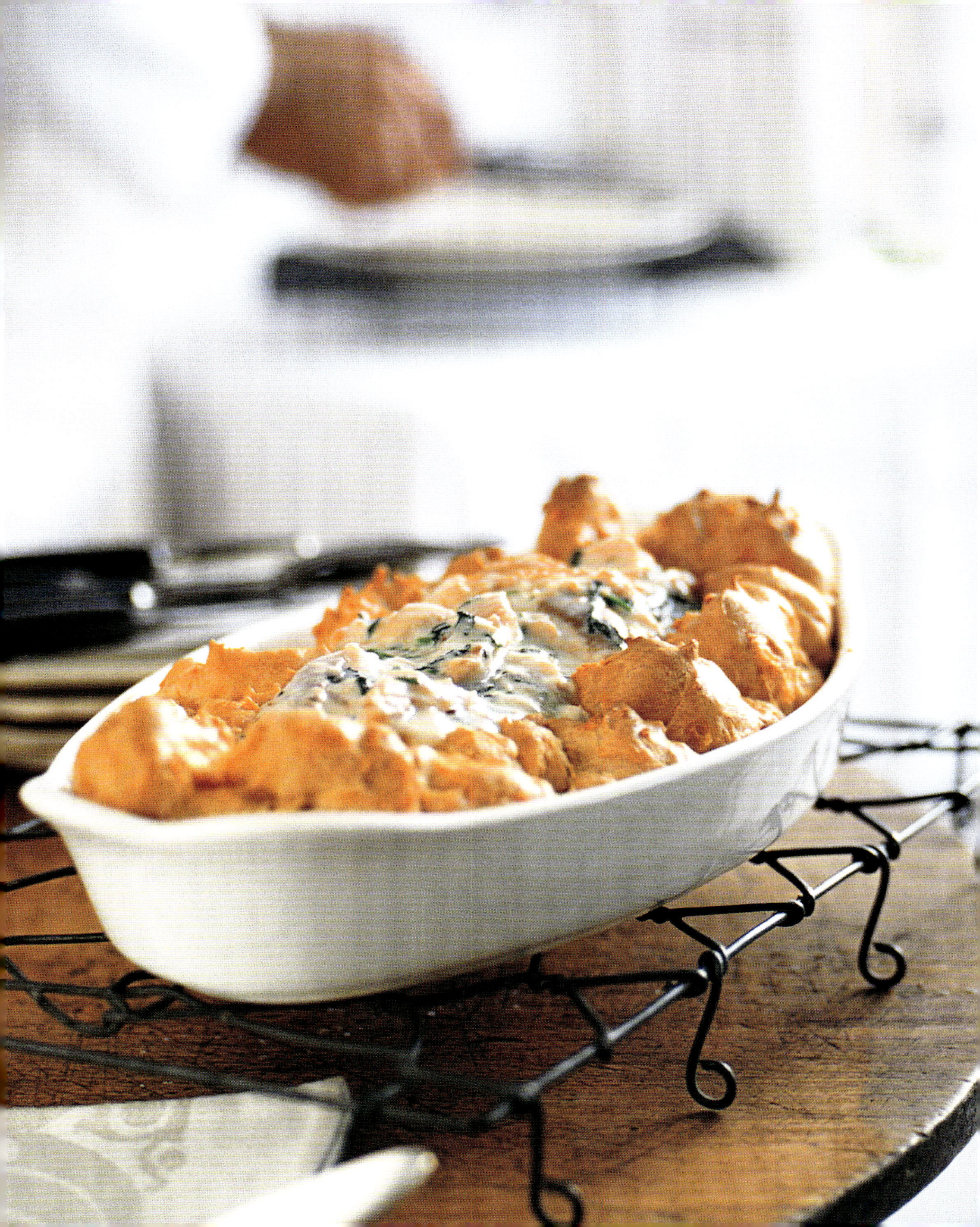

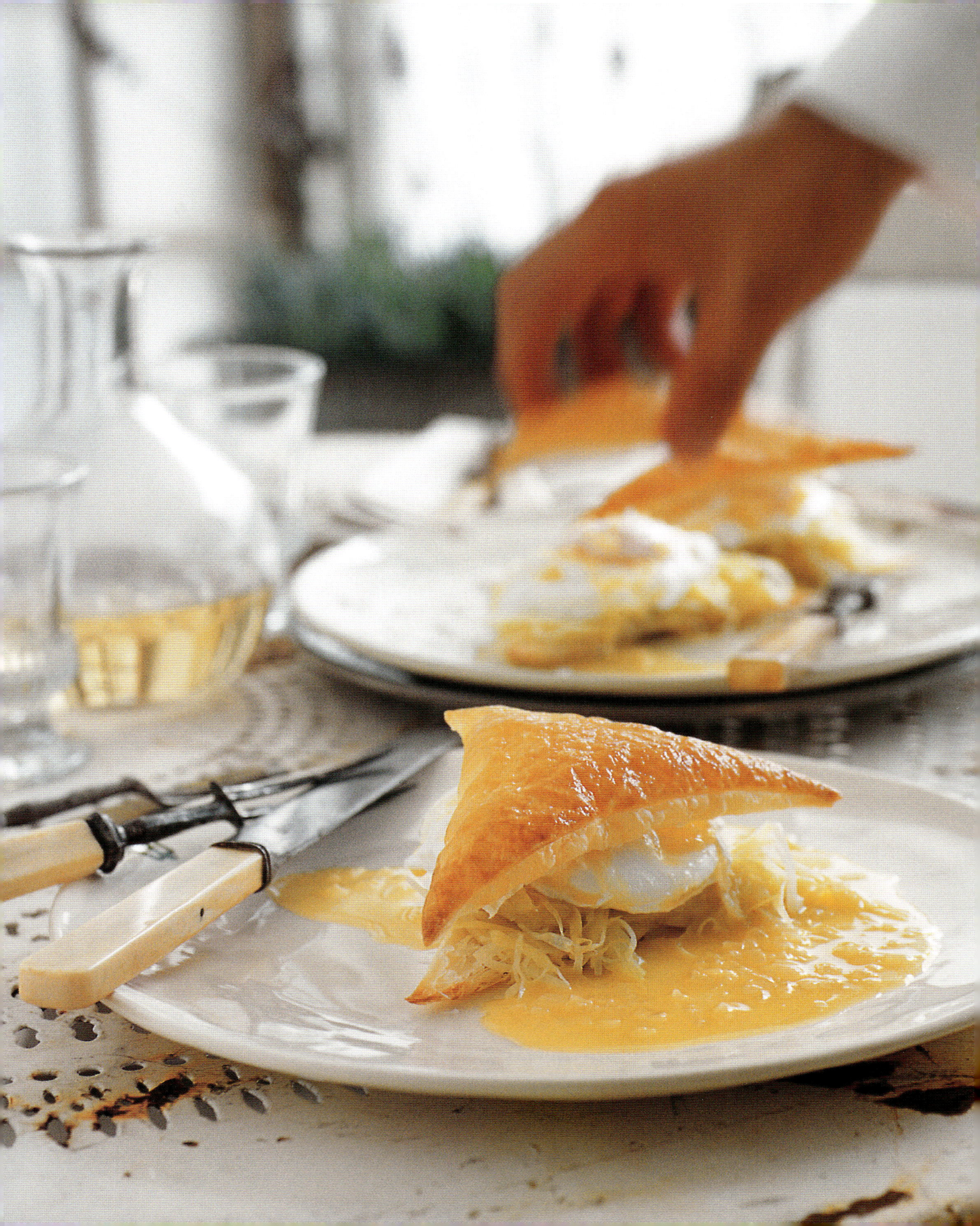

韭蔥千層派佐水煮蛋
Millefeuille of Leeks and Poached Eggs

千層派（Millefeuille）意指上千個層次的千層派皮也指內餡的多種層次。你可以參考本書的食譜使用350克的內餡成品。記得要使用最新鮮的蛋。

½塊千層派皮（作法請參考P244）
1顆全蛋，輕輕打散
30g奶油
3根韭蔥切成細絲，只要蔥白部分
4顆蛋

白醬：
2個紅蔥頭，切細
1湯匙奶油
3湯匙白酒
185ml雞高湯
175g冷的無鹽奶油，切片

烤箱預熱到攝氏190度，將千層派皮擀成24×12cm大小的長方形，靜置10分鐘，然後切成四個三角形。放在已抹油的烤盤上，輕輕刷上蛋液然後烤15分鐘，直到膨脹或呈淡棕色。把三角形千層派橫剖一半，然後用湯匙挖掉未熟的生麵團。

在平底鍋裡融化奶油，加入韭蔥後煮和攪拌10分鐘，直到韭蔥變柔軟，並加鹽調味。

在平底深鍋內煮沸一鍋水，把蛋打進烤盅，轉小火，然後將蛋連烤盅一起放進鍋子裡隔水加熱3分鐘，小心的將烤盅取出，並放在廚房紙巾上晾乾，剩下的蛋都用這樣的方式烹煮。

製作白醬，先用奶油煎紅蔥頭直到它軟化，要小心不要燒焦。倒入酒煮滾，直到水份蒸發剩下一半。加入高湯燉煮直到水份蒸發剩2/3，然後一點一點的加入奶油，持續的攪拌直到醬汁變得更濃稠，小心不要燒焦。加鹽和白胡椒調味。

把三角形千層派皮放在盤子上，在上面放上一匙的韭蔥和一個水煮嫩蛋以及一點白醬，最後再蓋上千層派皮，在盤子周圍撒上剩下的白醬，即可上菜。

份量：4份

製作白醬時，注意不要讓平底鍋過熱，不然奶油會融化得太快無法變得濃稠。

普羅旺斯塔
Provencale Tart

塔皮：
250g 中筋麵粉
150g 切丁奶油
1 顆打散的蛋黃

2 茶匙的橄欖油
1 顆切碎的洋蔥
10 顆番茄
1 茶匙糊狀番茄

2 瓣切碎的蒜頭
1 湯匙切碎的奧勒岡，加上一些未切的葉片裝飾
1 顆紅椒
1 顆黃椒
6 尾鯷魚，對半切
12 顆去核的橄欖
澆淋用橄欖油

要做塔皮，先將麵粉過篩放進碗內，加入奶油直到用手指搓揉麵團時可以產生類似麵包屑的狀態。加入蛋黃和2到3茶匙的冷水並用刮刀攪拌直到所以材料結合在一起變成麵團。用手揉捏做成球狀，以保鮮膜蓋起來並靜置至少30分鐘。

將橄欖油在煎鍋內加熱，加入洋蔥，蓋上鍋蓋並用小火煮20分鐘後翻炒，直到洋蔥變軟但不能燒焦。

在每顆番茄上方用刀劃十字。將番茄丟入沸騰的水20秒，將水瀝乾並將表皮從十字處剝除，切開番茄丟棄蒂頭。將番茄、番茄醬、蒜頭、奧勒岡加入煎鍋，不加蓋用小火慢慢煮20分鐘，偶爾翻拌。等番茄變軟，食材變成糊狀，起鍋冷卻。

將塔皮放在撒上粉的34×26cm的淺底烤盤。用叉子均勻的刺小洞，但不刺穿它。用保鮮膜覆蓋並冷藏30分鐘。

預熱烤箱到200度。預熱烤架。將紅椒、黃椒對半切，並將籽、薄膜移除放置。表面朝上，放在烤架下直到表面變黑起泡。在去除表皮前先冷卻。將紅椒黃椒切成細條。

將塔皮放在烤模上並鋪上烘焙紙，放入烘焙重石（如果沒有烘焙重石可以用乾燥的豆子或米粒）。烤塔皮10分鐘，移除烘焙重石和烘焙紙，繼續烤3到5分鐘，或者直到塔皮烤成白色。

將烤箱降溫至180度。將番茄擺在塔皮上，並撒上青椒黃椒。將鯷魚及橄欖平均撒在上面。刷上油然後繼續烤25分鐘。撒上奧勒岡後即可上菜。

份量：6份

尼斯洋蔥塔
Onion and Anchovy Tart

尼斯洋蔥塔這個詞來自於 Pissalat 一詞，Pissalat 是一種魚漿。鋪在塔上層的食材可以非常多樣，像是洋蔥搭配著鯷魚漿，或者搭配著番茄和鯷魚漿，亦或者是魚漿搭配著蒜頭一起製作。這個食物可使用麵包或者是塔皮麵團來製作。

40g 奶油
2 湯匙橄欖油
1.5kg 切片洋蔥
2 湯匙百里香

1 個麵包麵團（作法請參考 p240）
16 隻鯷魚，對半切開
24 個去果皮的橄欖

先把奶油和1湯匙橄欖油放入平底鍋，把奶油融化，加入洋蔥還有一半的百里香，然後蓋起來用小火去煮，等45分鐘或者是等到洋蔥軟化，但不要讓洋蔥變焦黃。

預熱烤箱至200度，把生麵團擀開，擀成34×26cm大小，放入烤盤，之後在鐵盤在刷上一層油，並且把煮好的洋蔥平均鋪在麵包麵團上，再把鯷魚以格子狀排在洋蔥上，把橄欖裝飾在格子裡，之後進烤箱烤20分鐘，或者是等到麵團烤至焦黃，隨意撒上百里香，切成正方形即可上菜。

食譜照片請參考44頁

份數：6份

圖一：將炒軟的洋蔥鋪滿在麵包表面。
圖二：再把鯷魚以格子狀排在洋蔥上。

尼斯洋蔥塔（食譜請參考43頁）

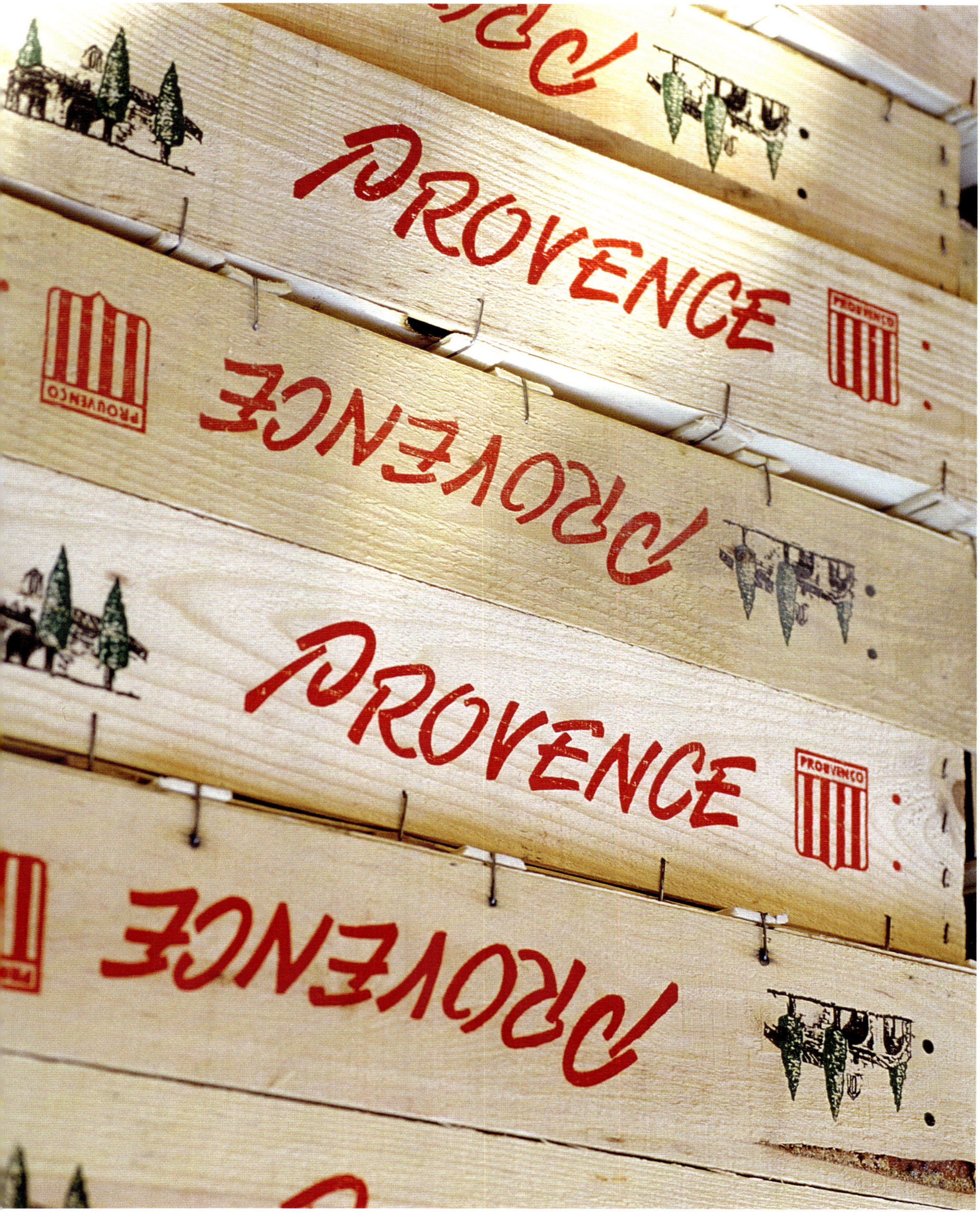
PROVENCE
PROVENCO
PROVENCE
PROVENCO

蒜頭奶油蝸牛
Snails with garlic butter

法國有許多不同品種的食用蝸牛，從最普遍的小灰蝸牛（petits gris）到稍微大隻的勃艮第蝸牛、羅馬蝸牛等。罐裝蝸牛與蝸牛殼一起販售，比起新鮮蝸牛來的好處理。

250ml 白酒
250ml 雞高湯
3 枝龍蒿
24 罐蝸牛罐頭，擠乾水分
24 個蝸牛殼

2 個壓碎的蒜頭
2 湯匙稍微切碎的羅勒
2 湯匙稍微切碎的香芹
2 湯匙稍微切碎的龍蒿葉
150g 常溫奶油

把酒、雞湯、龍蒿和125ml 的水倒在醬汁鍋裡並煮滾2分鐘。加入蝸牛，轉小火燉煮7分鐘。靜置冷卻。撈起並瀝乾蝸牛，把蝸牛肉放進蝸牛殼裡。預熱烤箱至攝氏200度。

混合蒜頭、羅勒、香芹、龍蒿葉和奶油，並做調味。在每一個的蝸牛殼裡放進蒜頭奶油，然後把蝸牛殼放上烤盤上並撒上粗鹽。烤7到8分鐘直到奶油溶化且蝸牛熟透為止。便可以搭配酥脆的麵包上菜。

份量：4份

根芹菜蛋黃醬
Celeriac remoulade

芥末美乃滋：
2 個蛋黃
1 湯匙白酒醋
1 湯匙第戎芥末醬
125ml 淡橄欖油

1 顆檸檬的汁
2 個削皮刨絲的根芹菜
2 湯匙的酸豆
5 條切碎的醃小黃瓜
2 湯匙切碎的香芹

製作美乃滋、將蛋黃、醋和第戎芥末醬放進碗中攪拌，或使用食物調理機混和。一滴一滴的加入油，直到它開始變得濃稠，再以細流的方式倒入油（如果你是用食物調理機，在調理機運轉同時倒入油）調味一下。如果有必要的話，可以加入一些溫開水。

在大碗裡裝1L的水並加入一半的檸檬汁及刨成絲的根芹菜。煮一鍋滾水加入剩下的檸檬汁，撈出根芹菜絲加進滾水中煮1分鐘，撈出並瀝乾根芹菜，並放在冷水中冷卻。用紙巾吸乾根芹菜的水分，加入芥末美乃滋、酸豆、醃小黃瓜和香芹即可享用。

份量：6份

焗烤生蠔
Oysters mornay

24 個帶殼生蠔
50g 奶油
1 根切碎的紅蔥頭
30g 中筋麵粉
375mg 牛奶

少量肉豆蔻香料
½ 片月桂葉
35g 格呂耶爾乳酪絲
25g 帕馬森乳酪粉

把生蠔去殼,並保留生蠔的汁液。把汁液過濾到醬汁鍋。把殼洗乾淨並風乾。

在鍋子裡融化30g的奶油,把紅蔥頭放進去邊炒邊攪3分鐘。拌入麵粉製作麵粉糊並用小火攪拌3分鐘避免烤的焦黃。把火關掉並慢慢倒入牛奶,攪拌直到柔滑。再加熱,加入肉豆蔻香料以及月桂葉燉煮5分鐘。用網目較細的濾網過濾到乾淨的鍋子裡。

加熱過濾的生蠔汁液(如果需要更多水分就加入水)。放入生蠔煮30秒,然後用濾勺撈出來並放回殼裡。加入鹽跟胡椒調味。

預熱烤架,在每個生蠔上淋上一點醬汁,撒上乳酪絲然後放上烤架烤十幾分鐘或是等到生蠔烤成金黃色。

份量:4

保存生蠔的方式,可用乾淨的濕布將生蠔包起來放在容器中冷藏3天。生蠔沖洗後即可食用。

開胃菜　47

CONCOURS CANTONAL
BOVIN
PAYS DE THONES
AVEC REFERENCES
JEUNE
MEILLEURE MAMELLE

Chapter 3

乳酪

法國生產超過五百種世界上最棒的乳酪。
乳酪和蛋的製品包含輕柔如空氣般的舒芙蕾、
濃滑的歐姆蛋捲和多種的鹹派和塔。

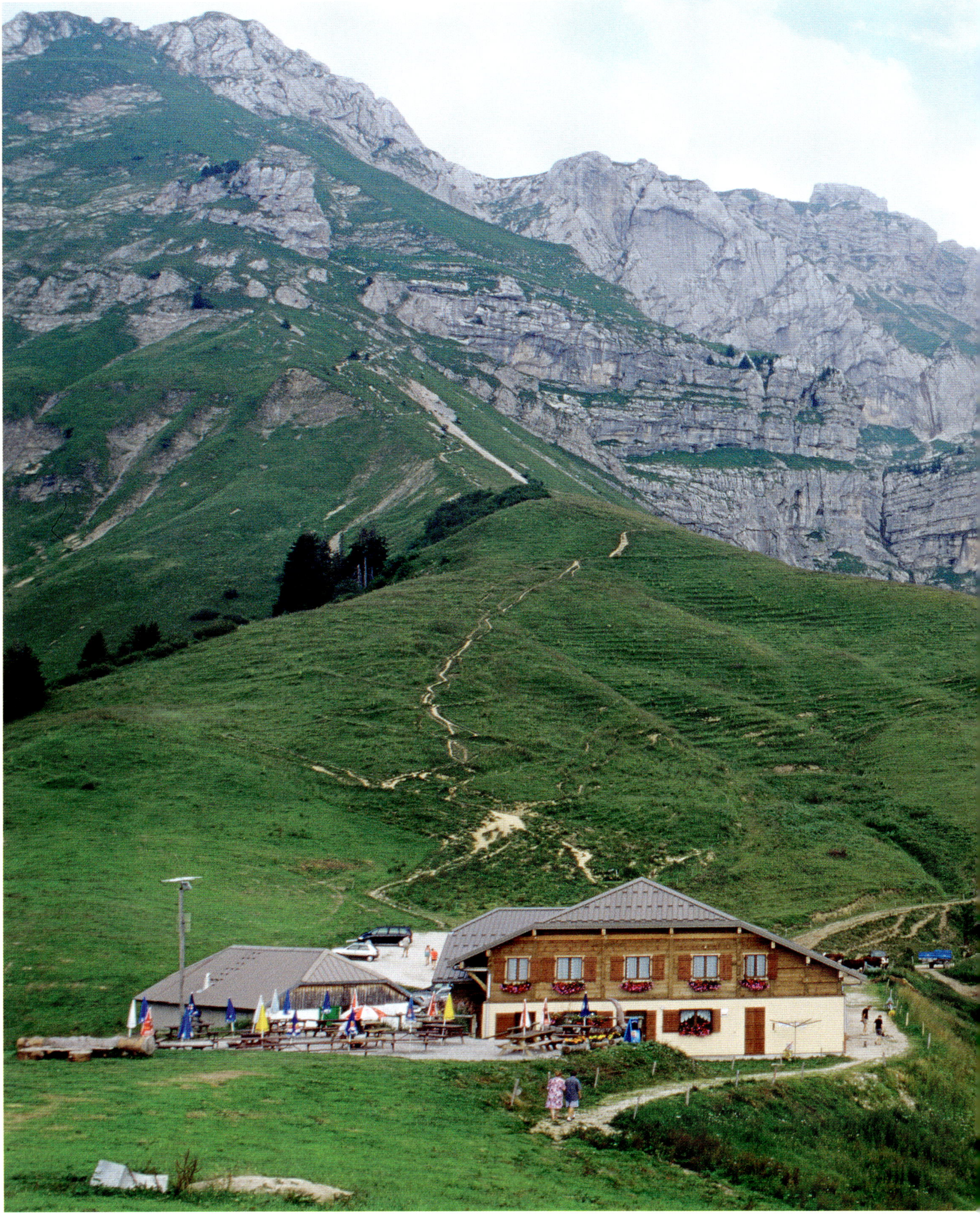

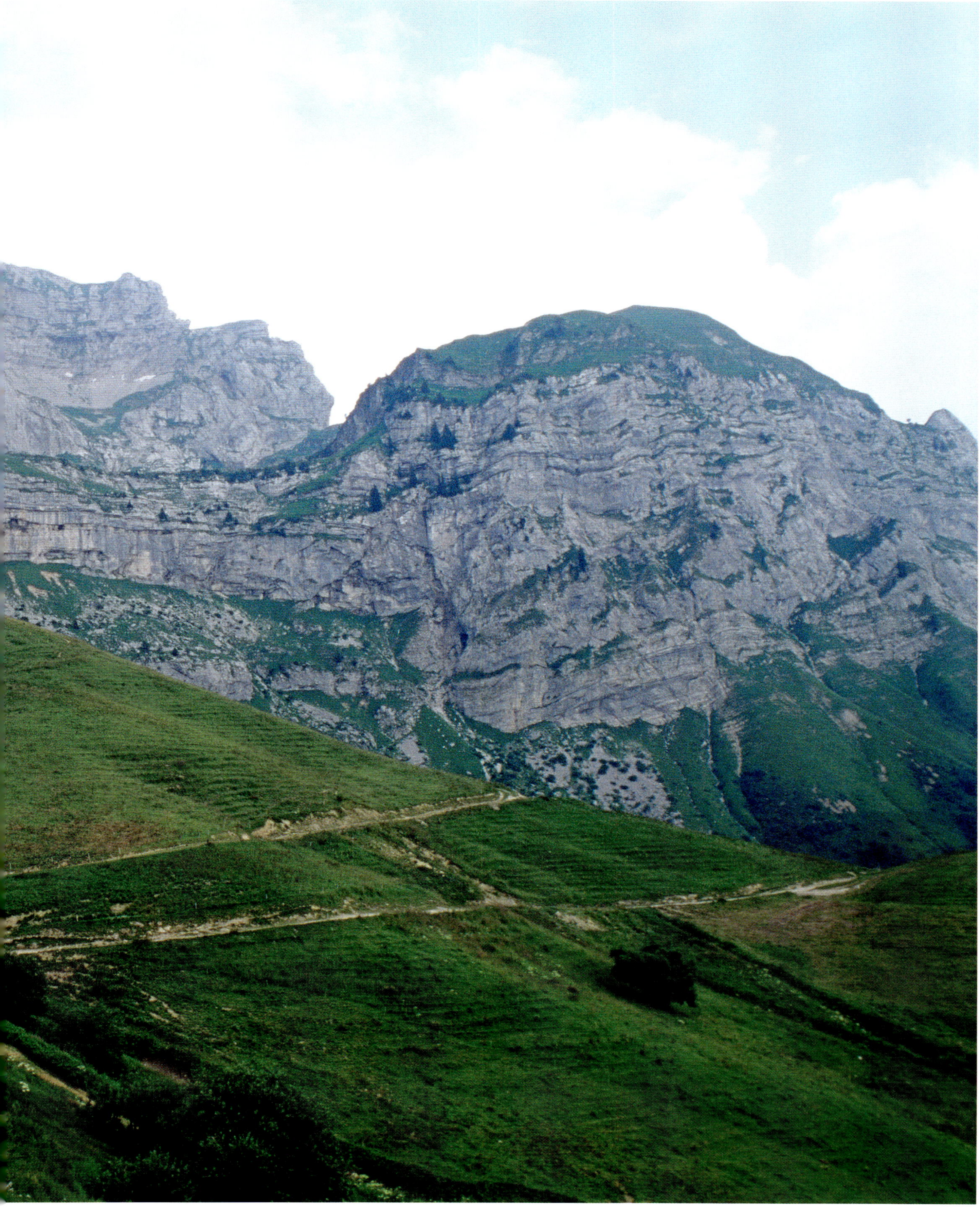

櫛瓜舒芙蕾
Zucchini souffle

舒芙蕾常被說成是一種無法預測的料理,但它們並不難做。其秘訣在於將蛋白控制在正確的硬度並立刻送入烤箱中。根據食譜的不同,你能夠以花椰菜代替櫛瓜。

1 湯匙融化的奶油
1.5 匙乾麵包粉
350g 切片櫛瓜
125ml 的牛奶
30g 奶油
30g 中筋麵粉
85g 磨碎的格呂耶爾乳酪或帕瑪森乳酪
3 根切碎的帶葉洋蔥
4 顆蛋,蛋白蛋黃分開

將融化的奶油注入1.5L的舒芙蕾烤盅,將麵包粉倒入杯中,之後旋轉杯子使麵包粉覆蓋在表面上,並將多餘的麵包粉倒掉。

準備一鍋煮滾的水,放入櫛瓜煮8分鐘,或是直到軟化,然後瀝乾並放進食物調理機,加入牛奶攪拌直到變得滑順為止,又或者將牛奶與櫛瓜放到篩網上並使用木勺壓碎。將烤箱預熱至攝氏180度。

將奶油置入醬汁鍋以小火融化,並加入麵粉攪拌至糊狀,持續攪拌麵糊2分鐘避免麵糊燒焦,移開火源並加櫛瓜泥,攪拌至滑順。將醬汁鍋重新加熱煮滾,轉小火續煮並攪拌3分鐘,之後移開火源。倒入碗中,添加乳酪、帶葉洋蔥跟佐料。攪拌至滑順,將蛋黃打入並再一次攪拌至滑順。

在乾淨且乾燥的碗打發蛋白直到發泡,將1/4匙的蛋白霜加入櫛瓜糊中,快速但輕輕的拌入,讓櫛瓜糊變得蓬鬆。輕輕的拌入剩下的蛋白霜,將櫛瓜糊倒入舒芙蕾杯,將手指壓入杯子的內緣,劃一圈留下大約2cm的距離,這能使舒芙蕾膨脹而不沾黏。

烘烤45分鐘,或直到舒芙蕾膨脹完整且挖起舒芙蕾時感到軟嫩,用金屬串插入舒芙蕾做測試,金屬串取出時乾淨或輕微濕潤,便可以上菜了。

份量:4

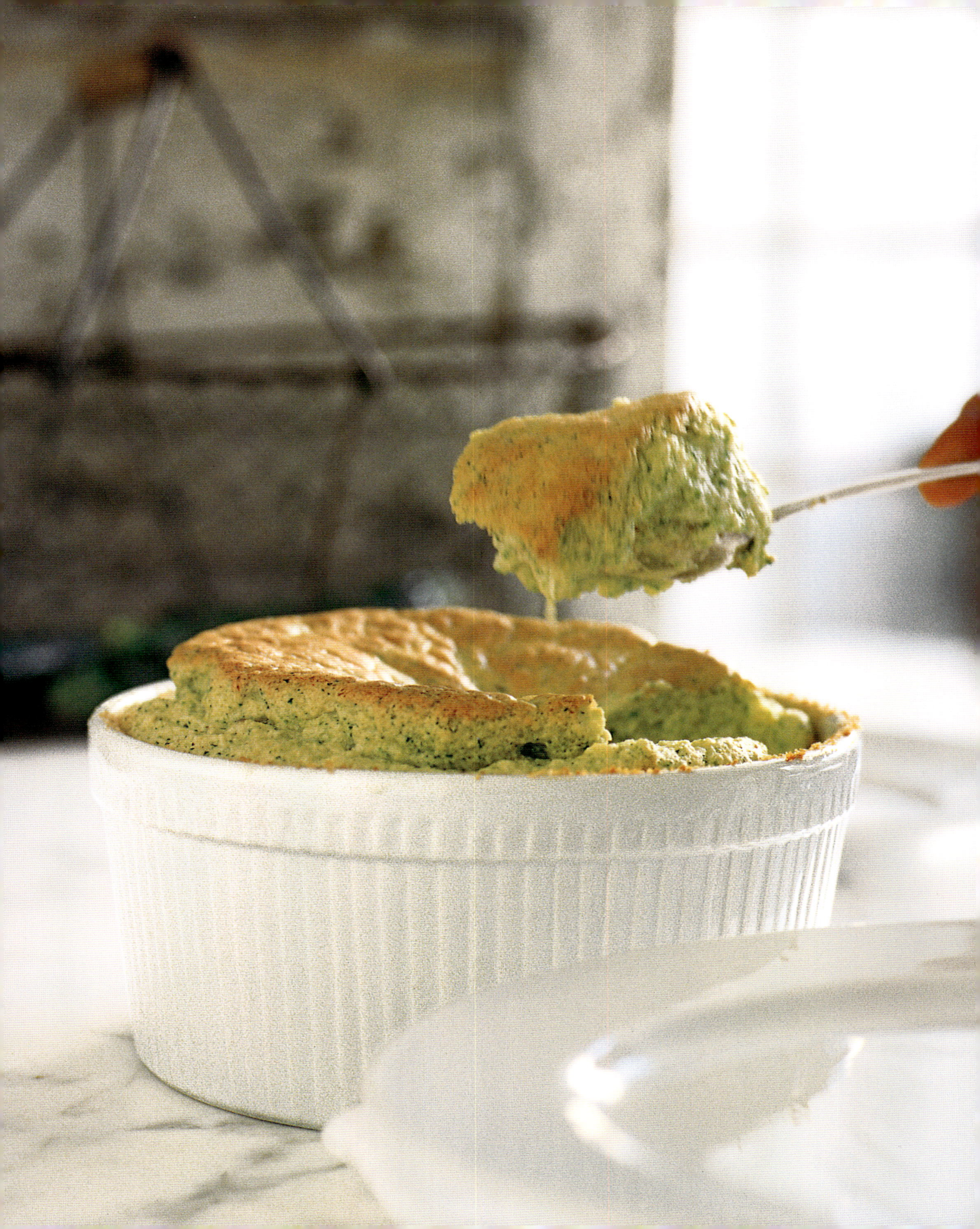

香草歐姆蛋
Herb Omelette

1 湯匙奶油
2 把切碎的紅蔥頭
1 瓣壓碎的蒜頭
2 湯匙切碎的香芹
2 湯匙羅勒
1.5 湯匙切碎的龍蒿
2 湯匙乳脂含量高的鮮奶油
8 顆打散的雞蛋
油

在平底鍋裡融化奶油，放入紅蔥頭跟蒜頭用小火炒軟，加入香芹、羅勒、龍蒿，然後倒到碗裡，加入鮮奶油、蛋跟調味料。

在不沾鍋裡倒一些油加熱，倒入1/4剛剛調味好的蛋糊，以小火慢煎，將蛋的邊緣折到中間，出現歐姆蛋的形狀，當上下兩面呈現金褐色就表示煎好了。

將歐姆蛋，以傾倒的方式滑至盤子上，折縫處朝下擺放。趁熱待客，當客人享用時，可以再繼續製作剩下三份歐姆蛋。

份量：4

洋蔥餡餅
Onion Tart

1 份塔皮（作法參考 p242）
550g 切片的洋蔥
50g 奶油
2 茶匙百里香葉
3 顆蛋
280ml 乳脂含量高的鮮奶油
65g 磨碎的格呂耶爾乳酪
1 撮磨碎的肉荳蔻

先預熱烤箱到攝氏180度。在直徑23cm的塔模上鋪上塔皮，並鋪上烤紙，然後放入烘焙重石（如果你沒有烘焙重石的話，用乾燥的豆子或米粒代替）。烤10分鐘，然後取出烤紙跟烘焙重石並再烤3到5分鐘，或是等到塔皮烤好呈現有點偏白的顏色。

同時，在平底鍋裡融化奶油並加入洋蔥，拌炒10到15分鐘，或是直到洋蔥變柔軟而焦黃，再加入百里香葉一同拌炒，炒好後放涼。將蛋和奶油以打蛋器混合在一起，最後加進乳酪、鹽、胡椒粉和肉豆蔻調味。

將洋蔥鋪在烤好的塔皮上，然後倒入剛剛調味過的蛋和奶油，烤35到40分鐘，直到塔皮變金黃色。記得讓塔在烤模裡冷卻5分鐘後再食用。

份量：6

巴斯克歐姆蛋
Basque Omelette

這道傳統的巴斯克菜餚是普羅旺斯燉菜與蛋結合而成的一道美味料理。法文原名為 Pipérade，其名稱由來是源自於當地方言 piper（意同紅椒）這個字，這裡的蛋料理除了可以做成歐姆蛋也會做成炒蛋。

2 湯匙橄欖油
1 顆洋蔥切片
2 顆去籽並切成條狀的紅椒
2 瓣壓碎的蒜頭
750g 番茄

少量卡宴辣椒粉
8 顆蛋，稍微打散
2 茶匙奶油
4 片火腿切片

在平底深鍋內將油加熱，加入洋蔥拌炒3分鐘，或炒至軟化，放入紅椒與蒜頭，蓋上鍋蓋拌炒8分鐘直到軟化，持續攪拌以免焦掉。

在每一個番茄的頂部刻一個十字，並將他們放入滾水中煮20秒，瀝乾後順著十字位置將外皮除去，把番茄切塊，並去除蒂頭。將番茄與卡宴辣椒粉放進煮好的洋蔥與紅椒裡，蓋上鍋蓋煮5分鐘。

打開鍋蓋並提高火力，煮3分鐘或煮至水分蒸發，記得要時常翻炒。以鹽與胡椒調味，加入打散的蛋並炒至熟透。

用小炒鍋加熱奶油和火腿，擺上剛剛煮好的菜餚即可上菜。

食譜照片請參考 56 頁

份量：4

右圖一：將番茄與卡宴辣椒粉放進煮好的洋蔥與紅椒裡。
右圖二：加入蛋後輕炒，記住即便離開火源鍋子內的食物還是會受熱。

巴斯克歐姆蛋（食譜請參考55頁）

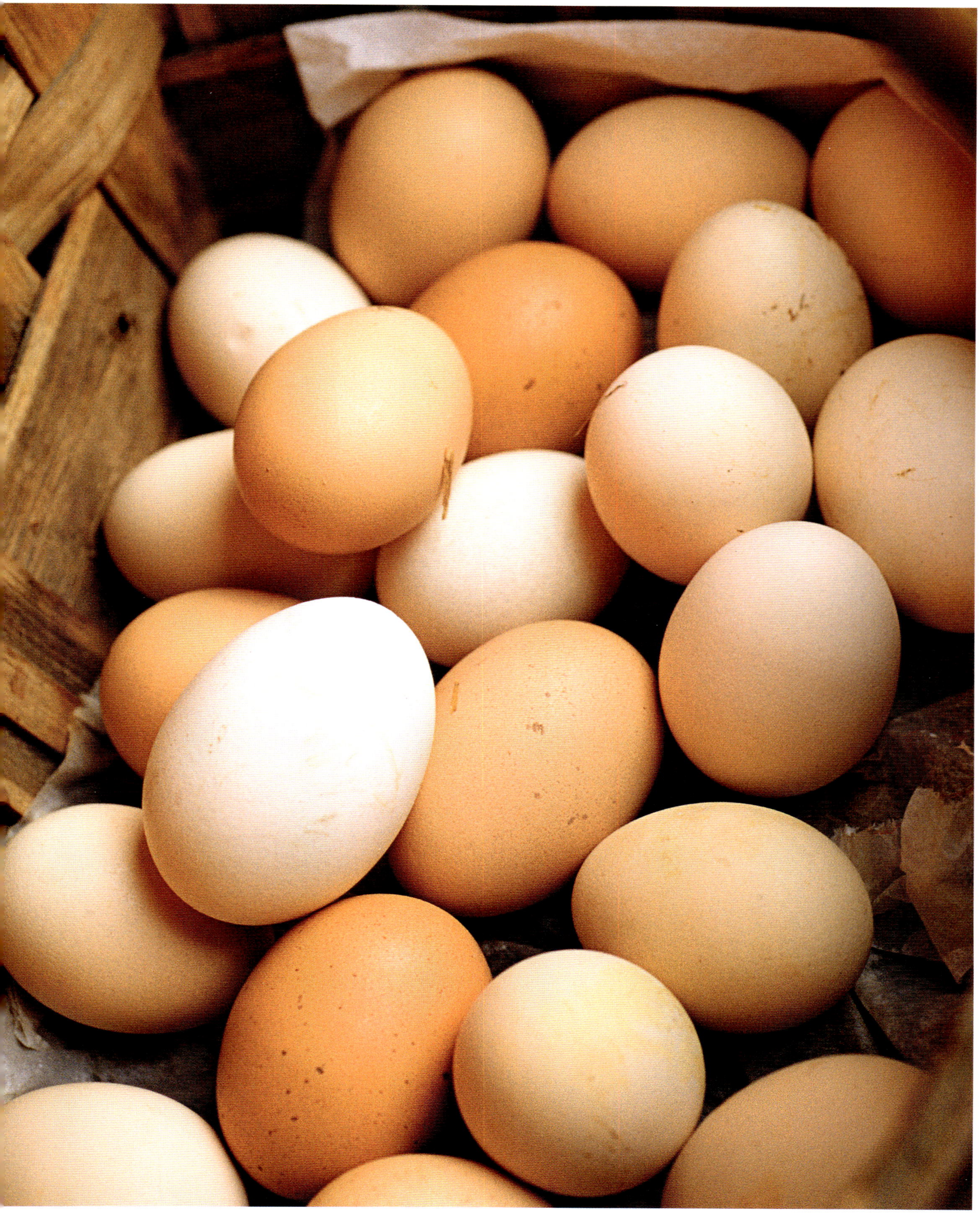

香草白乳酪
Fresh cheese with herbs

里昂的一道名菜。法文原文「Cervelle de Canut」的意思是絲織工的腦子（可見絲織工被視為特別聰明的人）。依據你所選用的乳酪，這道菜的口感可以滑順像奶油般，也可以擁有不那麼柔順、稍微粗糙的口感。

500g 新鮮白乳酪或乳酪凝塊
2 湯匙橄欖油
1 瓣切碎的蒜頭
2 湯匙切碎的細葉香芹

4 湯匙切碎的香芹
2 湯匙切碎的蝦夷蔥
1 湯匙切碎的龍蒿
4 根切碎的紅蔥頭

用一個木湯匙攪拌新鮮白乳酪或乳酪凝塊，然後加入橄欖油和蒜頭，再將它與乳酪攪拌。加入細葉香芹、香芹、蝦夷蔥、龍蒿，和紅蔥頭，並將以上材料均勻混合。

調味後並搭配土司或麵包，在甜點之後也可以搭配乳酪和餅乾一起享用。

份量：8

藍紋乳酪鹹派
Blue cheese quiche

100g 胡桃
1 份塔皮（作法請參考 p242）
200g 糊狀的藍紋乳酪
80ml 的牛奶

3 顆雞蛋
2 顆蛋黃
185ml 乳脂含量高的鮮奶油

預熱烤箱至攝氏200度。將胡桃放在烤盤上烤5分鐘，然後冷卻並切細。

在直徑25cm的塔模上鋪上塔皮並鋪上烤紙，放上烘焙重石（使用乾燥的豆子或者米粒如果你沒有烘焙重石）。放進烤箱烤10分鐘，然後取出烤紙和烘焙重石，再烤3到5分鐘，或是等到塔皮烤好呈現有偏白的顏色。降低烤箱溫度至攝氏180度。

將藍紋乳酪、牛奶、雞蛋、蛋黃和鮮奶油混合並且用鹽和胡椒調味。將其倒在塔皮上並撒上胡桃。烘烤25至30分鐘，或直到內餡烤好。上桌前，在烤模裡冷卻5分鐘。

份量：8

烤雞蛋
Baked eggs

1 湯匙融化的奶油
125ml 乳脂含量高的鮮奶油
4 個切碎的洋菇
40g 切碎的火腿
40g 切碎的格呂耶爾乳酪

4 個雞蛋
1 湯匙切碎香草，如細葉香芹、香芹和蝦夷蔥

把烤箱預熱至攝氏200度，並把烤盤放在烤箱上層。在四個烤盅上塗奶油。將一半的鮮奶油倒入烤盅內，然後把洋菇，火腿和乳酪放到每個烤盅上。在每個烤盅裡打1顆蛋。再把香草跟剩下的鮮奶油混合攪拌，倒入烤盅。

放進烤箱裡烤15至20分鐘，烤的時間取決於你想吃什麼樣口感的蛋。從烤箱中取出，若取出後雞蛋並未完全凝固還有點濕潤，可以放回烤箱繼續烤。可以搭配硬皮烤麵包一起品嚐。

份量：4

火腿乳酪三明治
Pan-friend ham and cheese sandwich

80g 無鹽奶油
1 湯匙中筋麵粉
185ml 牛奶
½ 茶匙第戎芥末醬
1 個蛋黃

1 撮磨碎的肉荳蔻
12 片白麵包
6 片火腿
130g 磨碎的格呂耶爾乳酪

將20g的奶油放進鍋子，再加入麵粉攪拌，小火炒3分鐘，然後慢慢的加入牛奶和芥末醬，不停的攪拌。直到醬汁開始變得濃稠，這時加入蛋黃攪拌。加入鹽，胡椒和磨碎的肉荳蔻調味，然後放涼。

將一半的麵包放上烤盤，並在上面放上火腿且淋上醬汁與格呂耶爾乳酪，再放上另一半麵包。將30g的奶油放進一個平底鍋加熱，煎三明治的兩面，直到表面變成金黃色，如果需要的話，可以再加入剩下的奶油。將三明治切一半即可上桌。

份量：6

Bleu d'Auvergne
45% mg
96.00
e kilo

Roquefort
45% mg Aveyron
Réserve AOC
228.00

乳酪

法國生產超過500種乳酪，其中許多被視為世界頂級的乳酪，也反映了當地對傳統的堅持。

AOC（Appellation d'Origine Contrôlée）認證為在特定區域生產高品質乳酪並建立製造方法的一個標章。AOC認證的乳酪能以標章辨別，包裝上會有AOC的認證標章。

農莊乳酪（Fermier）和牛奶是使用來自於農夫的牧群，並以古法加以製造。手工乳酪來自於農夫的牛奶或羊奶。合作型乳酪適於製作乳製品，使用的牛奶來自於合作夥拌。工廠乳酪則是在工廠製作的。許多手工乳酪與農莊乳酪製造廠商已經經營好幾世代，但只在他們自己的區域販售，只有少數AOC乳酪在外地也有販售。有一些乳酪，例如卡門貝爾乳酪，是以農莊乳酪、合作型乳酪或工廠乳酪方法製造成不同品質的乳酪。

法國乳酪是用牛、山羊、羊奶製作成的，經過加熱消菌或以生乳製作，可以增加口感。全部的農莊乳酪是用生乳製成，也是AOC乳酪的必需品。

乳酪被歸類為家庭必須品，看它的外皮和裡頭的質地可以幫助你決定它的類別和大概的味道。

新鮮的乳酪沒有外皮（因為它們還沒成熟），嚐起來是溫和的微酸並且水分含量高。

Pâte Fleurie（卡門貝爾‧布利乳酪）是軟乳酪帶有可食用的外皮，這些未擠壓（自然風乾）的乳酪含水量高，形成的白霉變成它的外皮，有奶油、融化的麵團和香菇的味道。

Pâte Lavée（芒斯特、里伐羅特乳酪）是水洗外皮的軟乳酪，它們成熟的時候會形成像貓毛一般的黴菌，在過程中會被洗掉，是為了讓橘色的黴菌由外而內的成熟，他們通常有光滑的、彈牙的口感和辛辣的味道。

Formages de Chèvre（山羊奶酪）是未經過擠壓的乳酪，有皺摺的外皮和新鮮的口感，年輕的乳酪有較強烈的堅果和山羊的味道，而熟乳酪有皺皺的外皮。

Pâte persillée（藍紋乳酪），是加入青黴素發酵，能延展出藍色的紋路，它們有刺鼻嗆味。

Pâte Pressée（壓制奶酪），是半硬質的乳酪帶有軟外皮，而過一段時間後會變硬，它們被擠壓並且有良好發酵的醇香味，這種奶酪從軟質到硬質都有。

Pâte Cuite（硬乳酪）帶有厚厚的外皮，是以切碎的乳酪凝塊煮製和擠壓，它們通常有水果和堅果的香氣。

huile d'olives vierge extra
huile d'olives vierge extra
Goûtez l'Ardèche
PELARDON FERMIER Pièce 13,50
PICODON CENDRÉ FERMIER
BANON FEUILLE
CHEVRE A L'HUILE D'OLIVE Piece 28F00

la ferme Périgou...
Place du Coderc

ine Fromagerie
Rue Limogeanne

韭蔥派

Cheese and Leek Pie

皮卡（Picardie）地區的特產，韭蔥派可以做成鹹派樣式或餡餅樣式。除了韭蔥內餡，也可以用洋蔥和櫛瓜製作。

1 份塔皮（作法請參考 p242）
500g 韭蔥細切，只要蔥白部分
50g 奶油
175g 瑪瑞里斯乳酪（Maroilles）、里伐羅特乳酪（Livarot）或波特撒魯特乳酪（Port-Salut）

1 顆雞蛋
1 顆蛋黃
60ml 乳脂含量高的鮮奶油
1 顆雞蛋，稍微打散

預熱烤箱至攝氏180度，放一個烤盤在烤箱上層。在直徑23公塔的塔模上鋪上3/4的塔皮。

將韭蔥放進一鍋煮滾的鹽水中煮10分鐘，然後瀝乾。用平底鍋融化奶油，加入韭蔥拌炒5分鐘，並將乳酪拌入。熄火倒入碗中，加入雞蛋、蛋黃和奶油。調味並均勻攪拌。

將內餡倒進塔皮中，平均鋪平。將剩下的麵團擀薄，覆蓋在派上。把邊緣捏合並修飾。在派的中間切開一個洞，並刷上蛋液。將派放進烤箱35至40分鐘直到變成金黃色。享用前先讓派在塔模上冷卻5分鐘。

份量：6

培根鹹派
Bacon Quiche

1 份塔皮（作法請參考 p242）
25g 奶油
300g 切塊的五花培根

250ml 乳脂含量高的鮮奶油
3 顆蛋
磨碎的肉豆蔻

預熱烤箱至攝氏200度，在25cm長的塔模上鋪上塔皮，並鋪上烤紙與烘焙重石。（如果沒有烘焙重石就用乾燥的豆子或米粒代替）烘烤塔皮10分鐘，取下烤紙與烘焙重石後再烤3到5分鐘，或是直到塔皮烤好呈現米白色。降溫至攝氏180度。

讓奶油在小炒鍋中融化，並加入培根煎至金黃色，將培根放上廚房紙巾瀝油。

將奶油和蛋混合，並加入鹽巴、胡椒、豆肉蔻調味，將培根放在塔皮上，並倒入剛剛調味好的奶油與蛋，烤30分鐘或烤至內餡全熟，冷卻5分鐘後即可上桌。

食譜照片請參考 68 頁

份量：8

火腿、洋菇、乳酪可麗餅
Ham, Mushroom and Cheese Crêpes

1 份可麗餅麵糊（作法請參考 242 頁）
1 湯匙奶油
150g 切片洋菇

2 湯匙鮮奶油
165g 格呂耶爾乳酪
100g 切片火腿

先熱一只平底鍋，加入奶油或是油，舀入一勺可麗餅麵糊，讓麵糊薄薄地鋪在平底鍋上。以中火加熱1分鐘，或直到可麗餅邊緣開始翻起，翻面再煎1分鐘，或者是到可麗餅已呈金黃色，將煎好的可麗餅疊在盤子上，並以烤紙將他們隔開，並用保鮮膜覆蓋，繼續再製作其他5片可麗餅。

預熱烤箱至180度，在炒鍋中將1湯匙奶油加熱並加入洋菇，調味並翻炒5分鐘，或直到水份蒸發，再加入鮮奶油、火腿和乳酪拌炒。

放一片可麗餅在工作台上，鋪上內餡對折再對折，重複動作完成6片可麗餅。放在烤盤上，加熱烤5分鐘後即可上桌。

份量：6

培根鹹派（食譜請參考67頁）

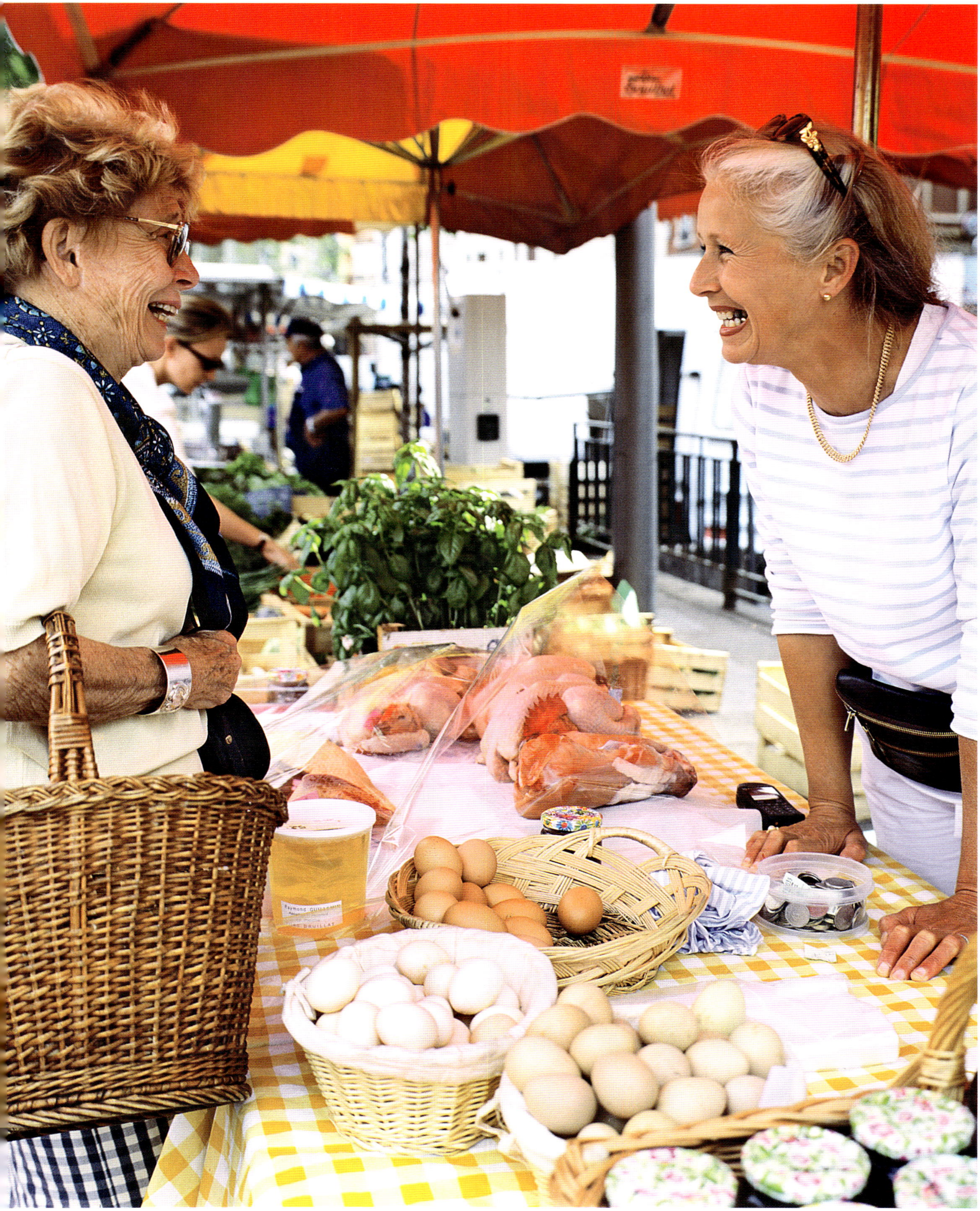

- TERRINE DE SAUMON EPINARDS ET PISTACHES 295,00 F/Kg
- TERRINE DE ROUGET 285,00 Frs/Kg
- TERRINE DE LEGUMES 191,00 Frs/Kg
- ROULEAU DE PRINTEMPS 20 Frs
- NEM 299,00
- CRABE FARCI COCKTAIL 314,00/KG
- CRABE FARCI 45 Frs

Chapter 4

肉醬與陶罐料理

這些菜色非常值得花時間去研究，
它們是完美的野餐和自助餐料理。
花點時間讓這些菜色的香味得以完全展開。

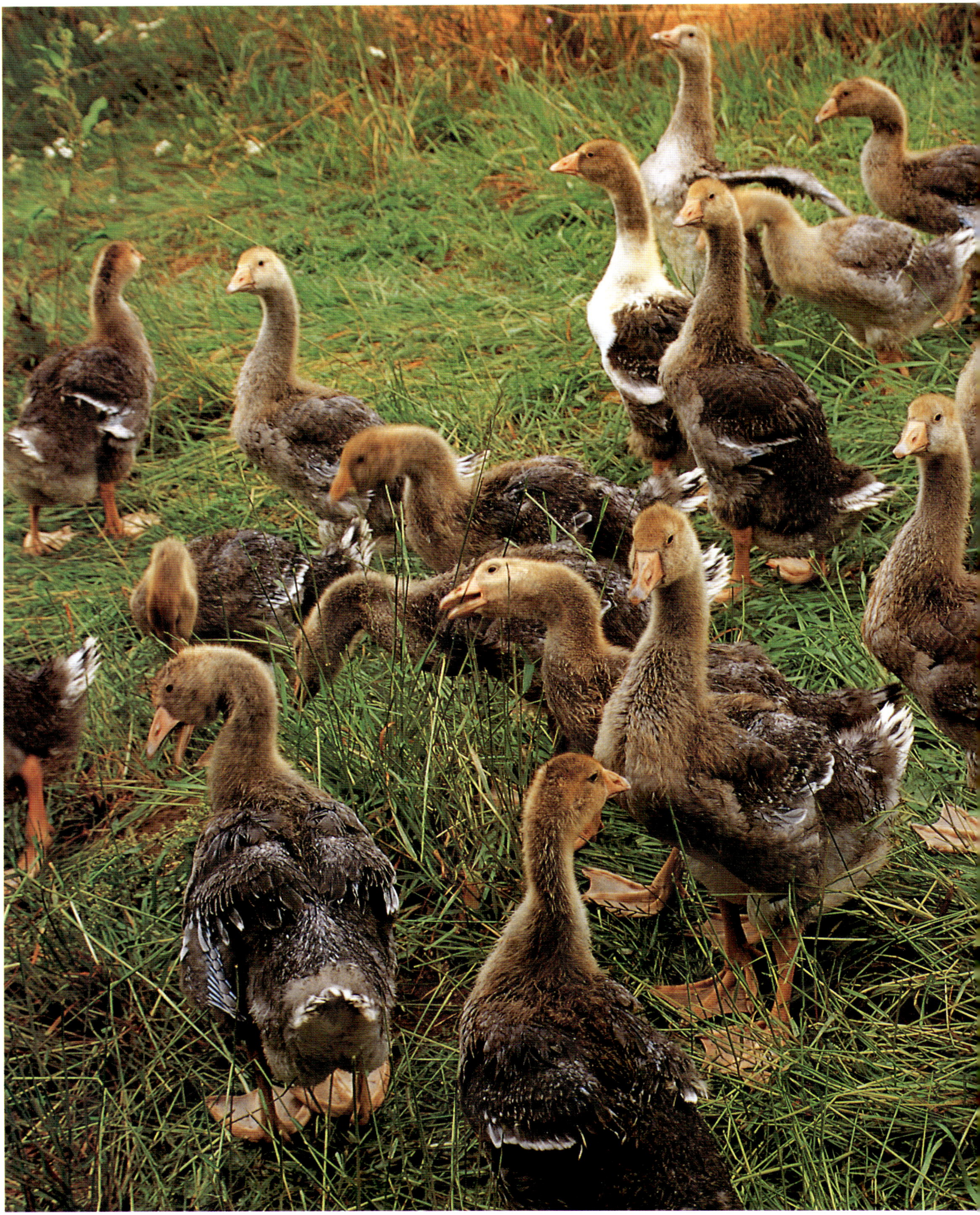

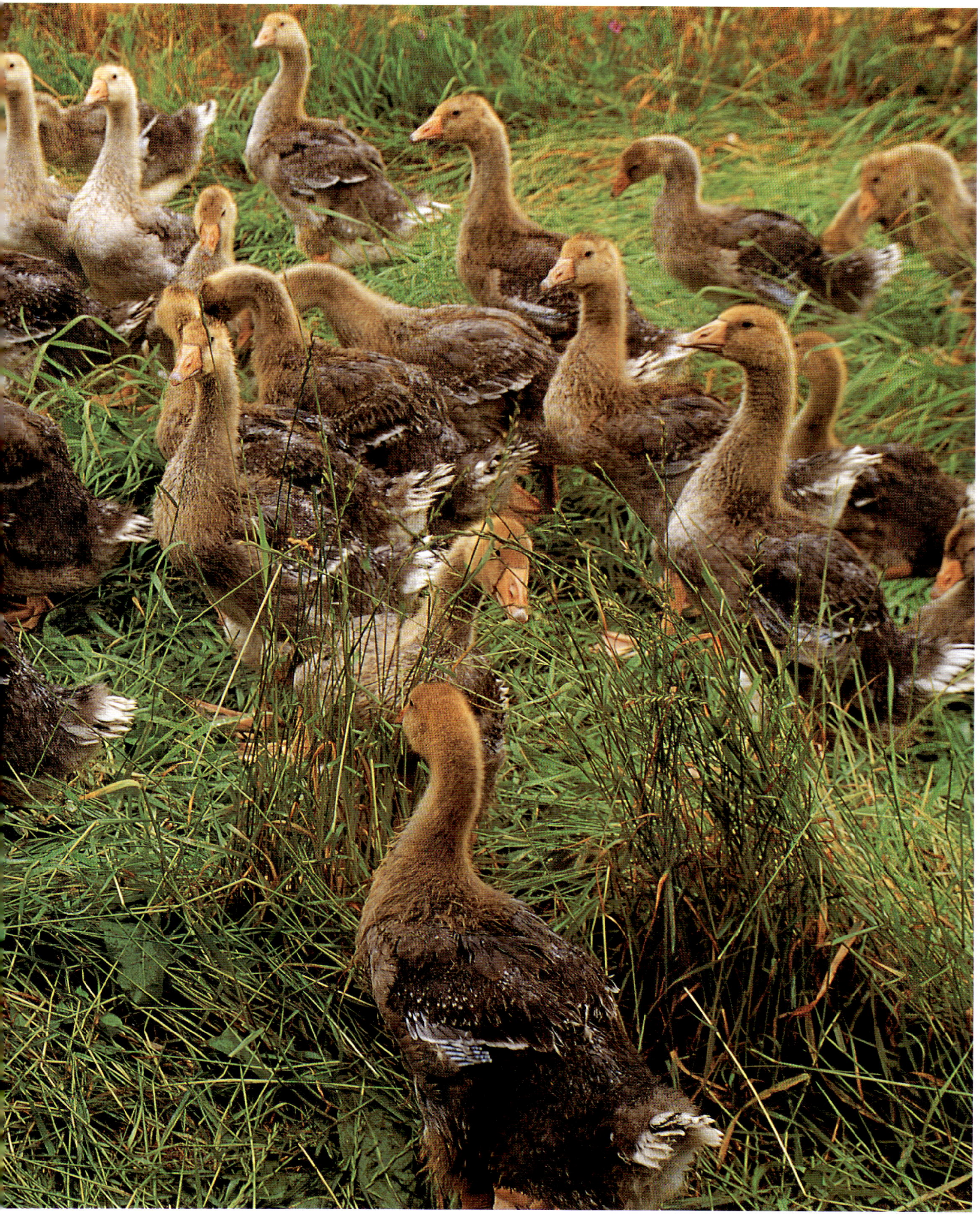

陶罐蔬菜佐香草抹醬
Vegetable Terrine with Herb Sauce

750g 切成塊的紅蘿蔔
8 大片菾蓬菜或 16 小片
12 根蘆筍
2 條櫛瓜
16 條四季豆（去頭尾切斷）
250g 法式酸奶油
6 茶匙吉利丁粉
16 顆切半的小番茄

香草醬：
1 湯匙切碎的香芹
1 湯匙細葉香芹
1 湯匙切碎的蘿勒
1 顆檸檬皮屑
300g 法式酸奶油

在滾水中煮紅蘿蔔25分鐘，或直到紅蘿蔔變軟，撈起瀝乾冷卻。把菾蓬菜放進沸水中，然後用漏勺小心地取出並平放在紙巾上。

慢慢倒油在20×7×9cm中的長形陶罐或蛋糕烤模中。容器底部鋪上保鮮膜，確定保鮮膜和容器之間沒有空隙，並保留足夠長度可以把上方完整覆蓋。然後從底部至容器邊圍鋪上菾蓬菜，注意不要留有縫隙。

先修剪蘆筍較厚那端的莖，至可以放入陶罐的長度。把櫛瓜切一半，然後分別切四片。清蒸蘆筍、櫛瓜和四季豆各約6分鐘。蔬菜用冷水洗淨濾乾，再用紙巾輕輕拍乾。

將紅蘿蔔和鮮奶油混合成泥，並用篩網過濾，以鹽調味。在一碗裡放2湯匙的水撒上吉利丁粉。靜置5分鐘直到呈現海綿狀，然後把吉利丁水倒入沸水中直到融化，再加入紅蘿蔔泥攪拌均勻。

以勺子將1/4的紅蘿蔔泥放入陶罐中，以同方向擺上6根蘆筍。再排上一層櫛瓜，這樣就完成第一層內餡。再鋪上一層紅蘿蔔泥，以切面朝上放上番茄片。再鋪上一層紅蘿蔔泥及四季豆、擺上蘆筍，以剩下的紅蘿蔔泥覆蓋。最後以菾蓬菜包覆，再包上保鮮膜，放在冰箱裡冷藏一晚。冷藏過後取下保鮮膜再切成片。

製作香草醬：先把香草和檸檬皮加入鮮奶油，調味過後，搭配蔬菜享用。

份量：8

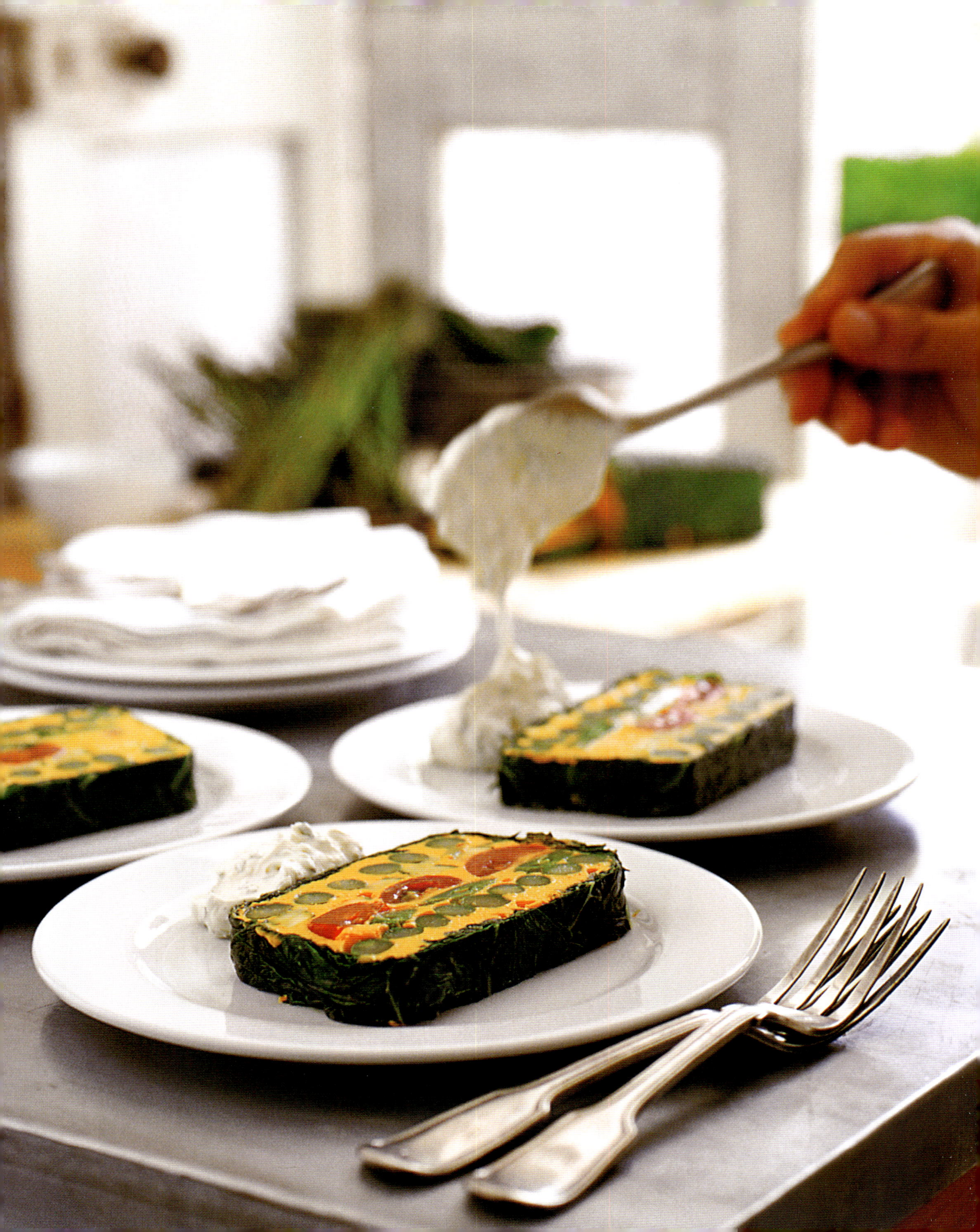

豬肉抹醬
Pork Rillettes

750g 豬脖子或豬肚，去皮和骨頭
150g 豬背油
100ml 干白酒
3 個稍微壓碎的杜松子
1 茶匙的海鹽

2 茶匙的乾百里香
½ 茶匙的肉豆蔻粉
¼ 茶匙的多香果
少量丁香
1 大顆壓碎的蒜頭

將烤箱預熱至攝氏140度。將豬肉和豬油切成條狀加上其他配料，放入鍋裡拌炒至豬肉鬆軟、豬油融化後放入烤箱烤4小時。

將豬肉和豬油用篩網過濾至碗裡，用兩隻叉子壓碎然後視情況調味。再將豬肉以每份750ml放入容器並等它冷卻，再將豬油以濕布濾網過濾。

當豬肉冷卻後，倒入豬油（如果油脂結塊必須先加熱），密封後放入冰箱至少一個禮拜，恢復室溫後品嚐。

份量：8

鴨肉抹醬
Duck rillettes

600g 五花肉，去皮和骨頭
800g 鴨腿
100ml 干白酒
1 茶匙海鹽

¼ 茶匙黑胡椒
½ 茶匙肉豆蔻
¼ 茶匙多香果
1 瓣切成碎末的蒜頭

將烤箱預熱到攝氏140度。把豬肉切成小塊狀然後放進其它配料和200ml水的烤盅。攪拌均勻後蓋上蓋子，烘烤4個小時，當肉漸漸變軟並且被油包覆便是完成了。

將肉和油用篩網過濾至碗裡，用兩個叉子將肉從鴨腿和其他碎肉中移開，如果需要就調味，並把豬肉移到750ml的碟子或罐子中冷卻。透過放有濾布的濾勺將熱油濾掉。

等肉冷卻，倒入油脂（如果油脂已經凝固了你需要先融化）。封蓋並冷藏至少一個禮拜。恢復室溫後品嚐。

份量：8

鄉村陶罐肉派
Country-Style Terrine

這是一道如果你在餐廳裡可以點到的鄉村料理，而這道菜常會附上醃漬小菜和鄉村麵包。如果你剛好有，或者是想要讓這道料理更加美味，使用事先冷藏的香檳會有更好的味道。

700g 切成丁的豬瘦肉
200g 切成條狀的五花肉
200g 切塊的雞肝
100g 切碎的五花培根
1.5 茶匙海鹽
½ 茶匙黑胡椒
少量磨碎的肉荳蔻

8 顆杜松子，輕輕的壓碎
3 湯匙白蘭地
2 根切碎的紅蔥頭
1 顆打散的蛋
1 片月桂葉
8 片切成薄片的培根

將豬肉、五花肉、雞肝和切碎的五花培根放進食物調理機，將他們都絞碎（你可能需要分成2到3次處理這個步驟），或者可以用尖銳的刀子將肉切碎。

接著將絞碎的肉放到大碗裡，然後放入鹽、胡椒、肉荳蔻、杜松子及白蘭地，小心的攪拌並且靜置在冰箱醃漬至少6個小時或者一個晚上。

烤箱預熱至攝氏180度，薄薄地塗上奶油在20×7×9cm的長型麵包烤模或是陶罐上。加些紅蔥頭和蛋在醃肉上並且小心地攪拌。

放一片月桂葉在長型麵包烤模上，然後將培根與烤模短邊平行排入，預留足夠包覆內餡的長度，掛在邊緣。用湯匙舀起餡料填入烤模中，將培根折起包覆餡料。以一層塗了奶油的烤紙蓋上頂端然後再用一層箔紙包裝整個烤模。

把烤模放置在大的烤盤上，加入熱水淹過烤模的一半高度。以隔水加熱的方式烘烤1.5小時或直到內餡縮、稍微與烤模分離。

取出陶罐冷卻，用烘焙紙與錫箔紙包起來。冷藏一個星期並瀝去多餘的水分。你可能會發現有一點的水氣從派裡蒸發了，這是一個正常的現象，做用是為了預防內餡變乾。用刀子在肉派與陶罐邊緣切繞，然後把它放在盤子上並把它切成薄片讓大家享用。

份量：8

雞肝醬
Chicken liver pâté

500g 雞肝
80ml 白蘭地
90g 無鹽奶油
1 顆切碎的洋蔥

1 瓣壓碎的蒜頭
1 茶匙切碎的百里香
60ml 奶油
4 片白麵包

首先先處理雞肝，將多餘的血管及較深色的部分切掉。再來將雞肝沖洗後再用紙巾吸乾水份，將雞肝切成兩半，放進碗裡並倒入白蘭地蓋過雞肝的表面，靜置數小時。瀝乾雞肝，並將剩餘的白蘭地作為備用。

將一半的奶油放入平底鍋用小火融化，加入洋蔥及蒜頭，烹煮至洋蔥軟化且變透明後再加入雞肝及百里香，用中火燉煮直到雞肝的顏色改變。加入剛剛備用的白蘭地後煨煮2分鐘，放涼5分鐘。

將雞肝還有煮汁放進食物調理機並打至滑順。剩下的奶油切下來加進食物調理機繼續打至滑順（或者，用叉子搗碎雞肝後過篩再加入融化的奶油混合）。

將以上食材倒進奶油裡並用食物調理機打勻。

將絞肉團調味並堪入深盤上或陶罐裡，然後將表面抹平。加蓋後冷藏至變硬且結實。如果要多保存較長時間，可以冷藏並倒入澄清奶油醃過表面來密封。

做烤薄脆麵包時，先預熱烤架。烘烤麵包兩面，用鋸齒刀將每片麵包切成8塊。小心的烤麵包還沒烤過的那面，然後再切成兩個三角形，與雞肝醬一起上菜。

份量：6

左圖一：炒洋蔥和蒜頭並加入雞肝和百里香。
左圖二：當雞肝變色後，加入白蘭地。

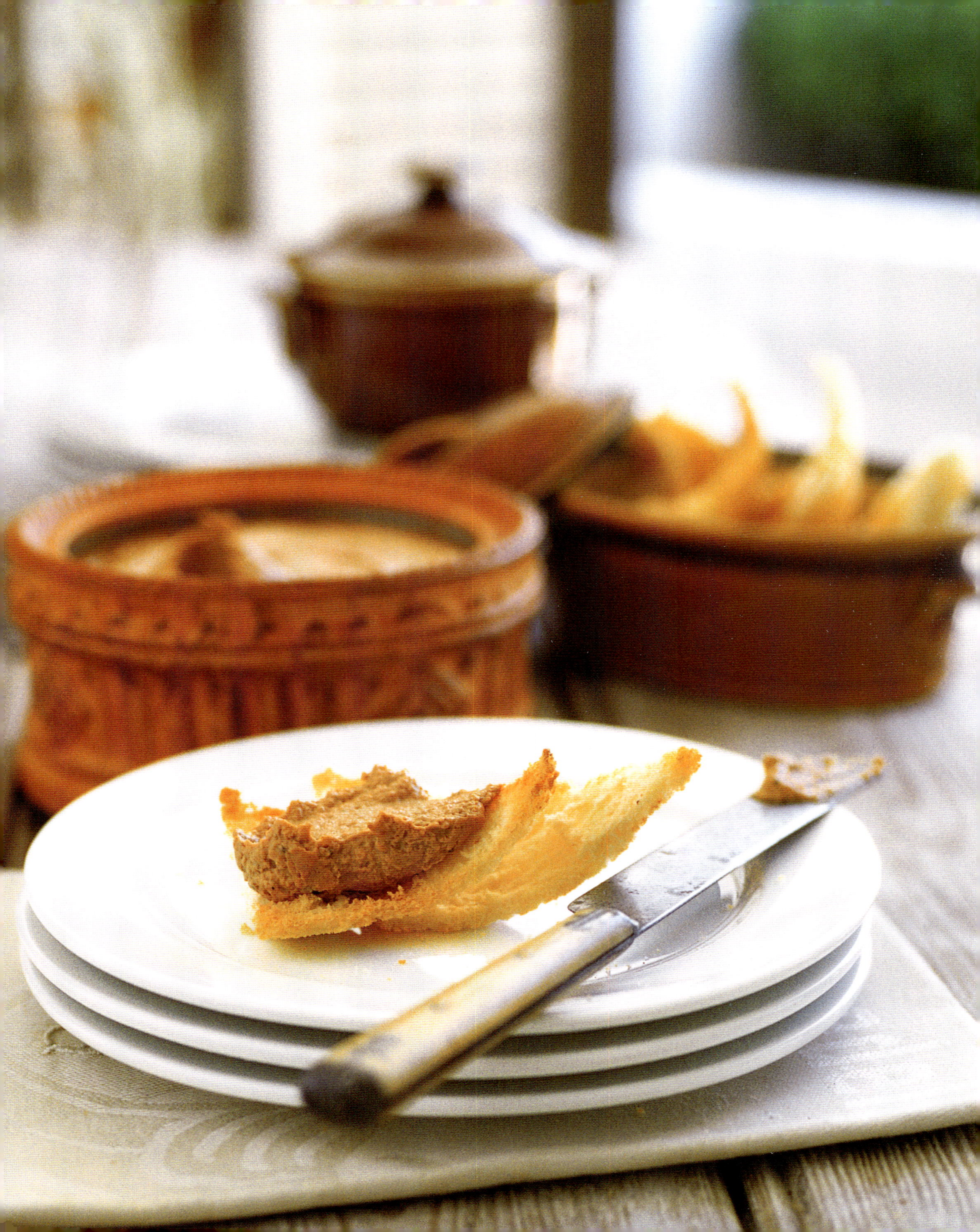

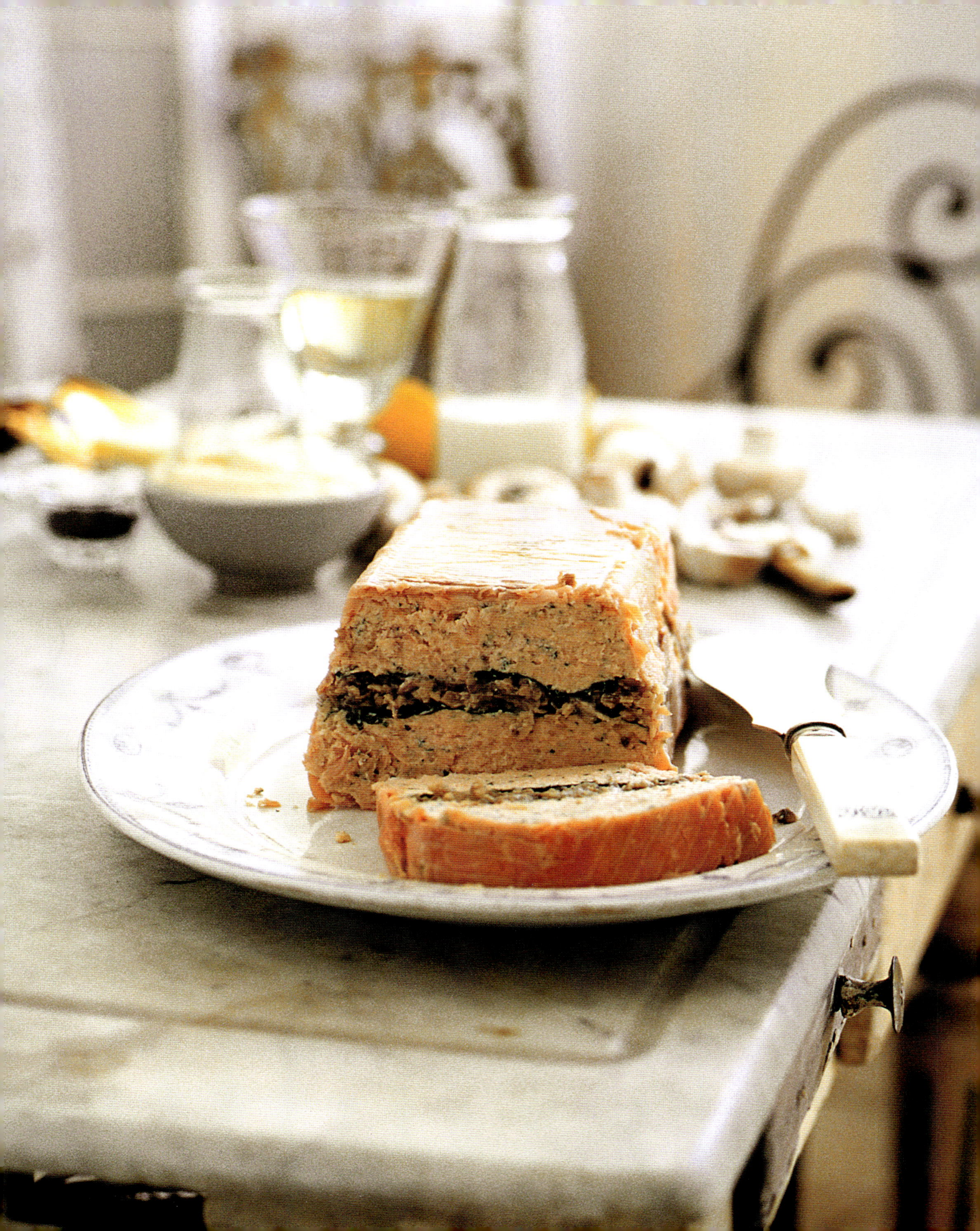

陶罐鮭魚
Salmon terrine

700g 鮭魚塊
4 個雞蛋
560ml 乳脂含量高的鮮奶油
10g 切碎的細葉香芹
250g 洋菇
1 茶匙檸檬汁
30g 奶油
1 湯匙磨碎的洋蔥

2 湯匙白酒
10 片菠菜葉
300g 切成薄片的燻鮭魚

檸檬美乃滋：
1 湯匙檸檬汁
1 顆檸檬皮屑
250ml 法式美乃滋（作法請參考 p246）

將烤箱預熱到170度。將鮭魚塊和雞蛋一起放進食物調理機。（或用叉子搗碎）過篩進玻璃碗裡。加入冰水慢慢拌勻至濃稠。拌入細葉香芹並且調味。蓋上蓋子靜置。

混和切塊的洋菇和檸檬汁。在煎鍋上先融化奶油並放入洋蔥，拌炒2分鐘。加入洋菇，再炒4分鐘。加入白酒再煮至酒精蒸發。調味並從火爐移開。

將菠菜放入滾水中汆燙，接著用漏勺將葉子撈起並攤平在紙巾上瀝乾。

在長型麵包烤模裡刷上一層油。並在底部鋪上烘焙紙。在底部和內壁排上煙燻鮭魚，預留足夠包覆內餡的長度。堪入調味過的鮭魚餡到半滿。鋪上一半的菠菜，然後撒上香菇和剩下的菠菜。最上面在蓋上鮭魚餡，並用抹了奶油的烘焙紙把它包起來。

將長型麵包烤模放置在烤盤裡並加入熱水到烤模的一半高度為止。以隔水加熱烤大約45到50分鐘。等5分鐘後即可將其從容器中取出。取下外層烘焙紙，並使冷卻。

製作檸檬美乃滋，把檸檬汁與檸檬皮拌在美乃滋裡，便可搭配鮭魚享用。

份量：8

右圖一：排列鮭魚片，並將波菜葉鋪在上方。
右圖二：當鮭魚餡填滿後，將煙燻鮭魚片反摺包覆食材。

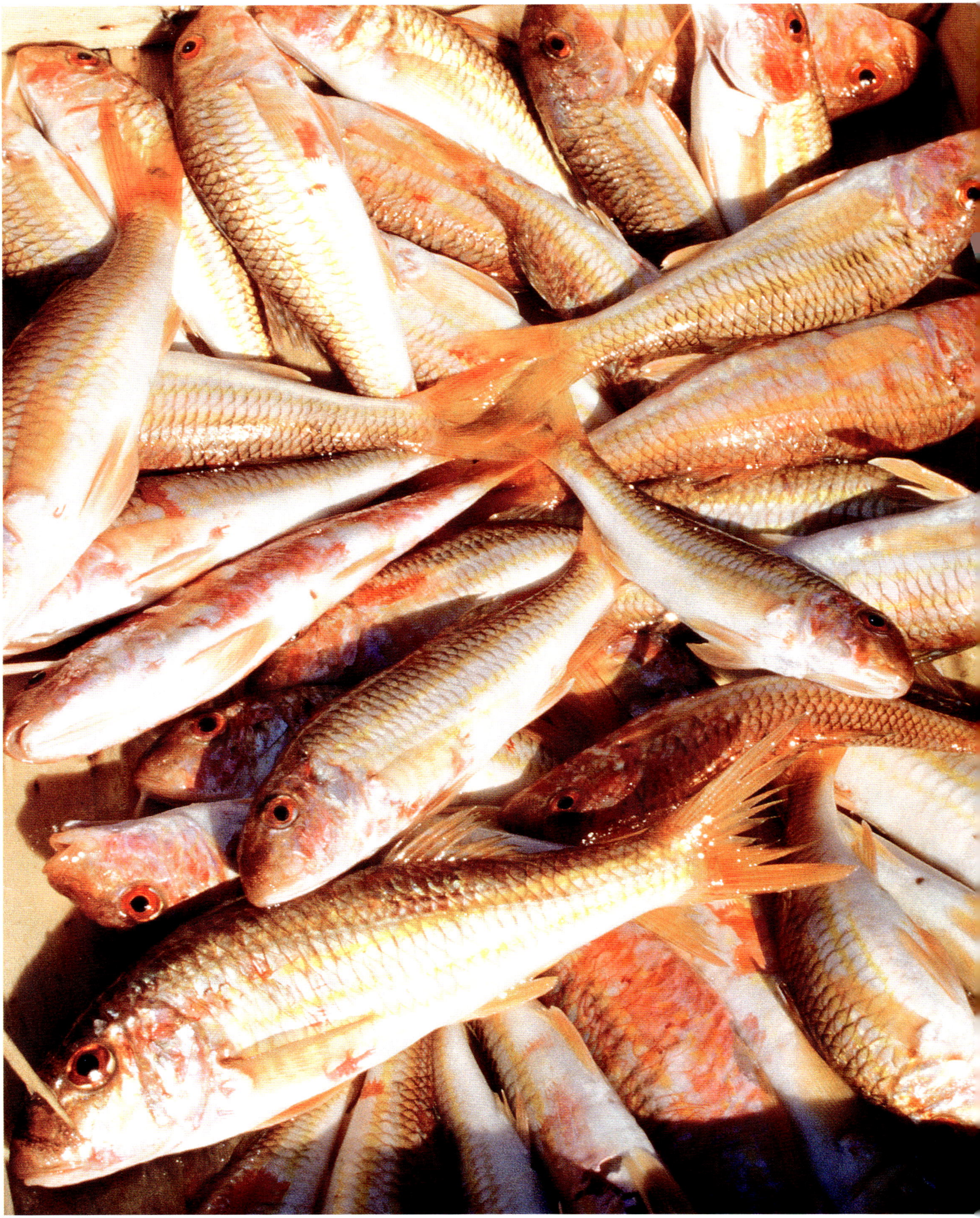

Chapter 5

海鮮

在三面環海的法國能選擇的海鮮種類既豐富又多元。
從馬賽魚湯到焗烤龍蝦,每個地區都有自己的地方特色料理。

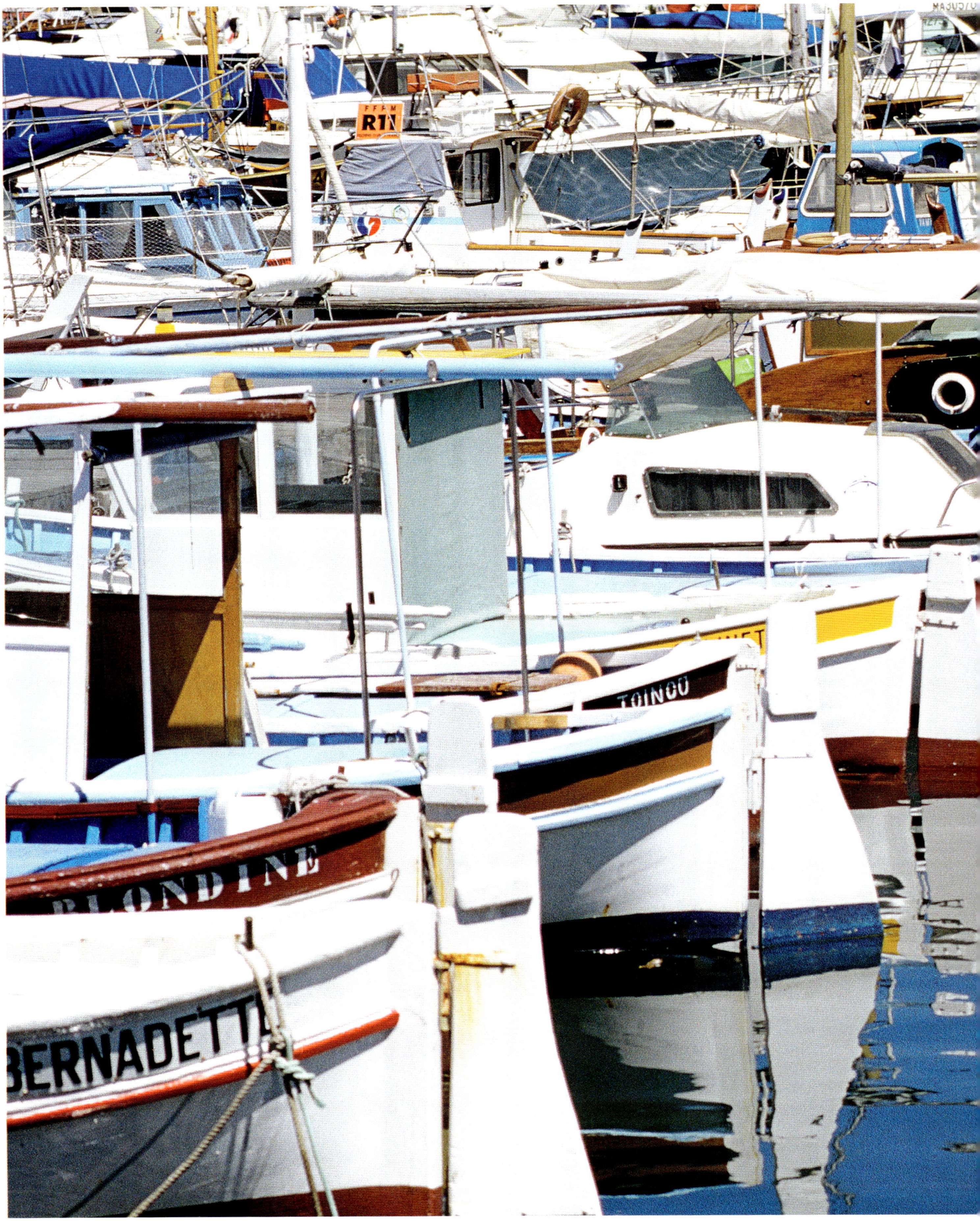
R11
TOINOU
BLONDINE
BERNADETTE

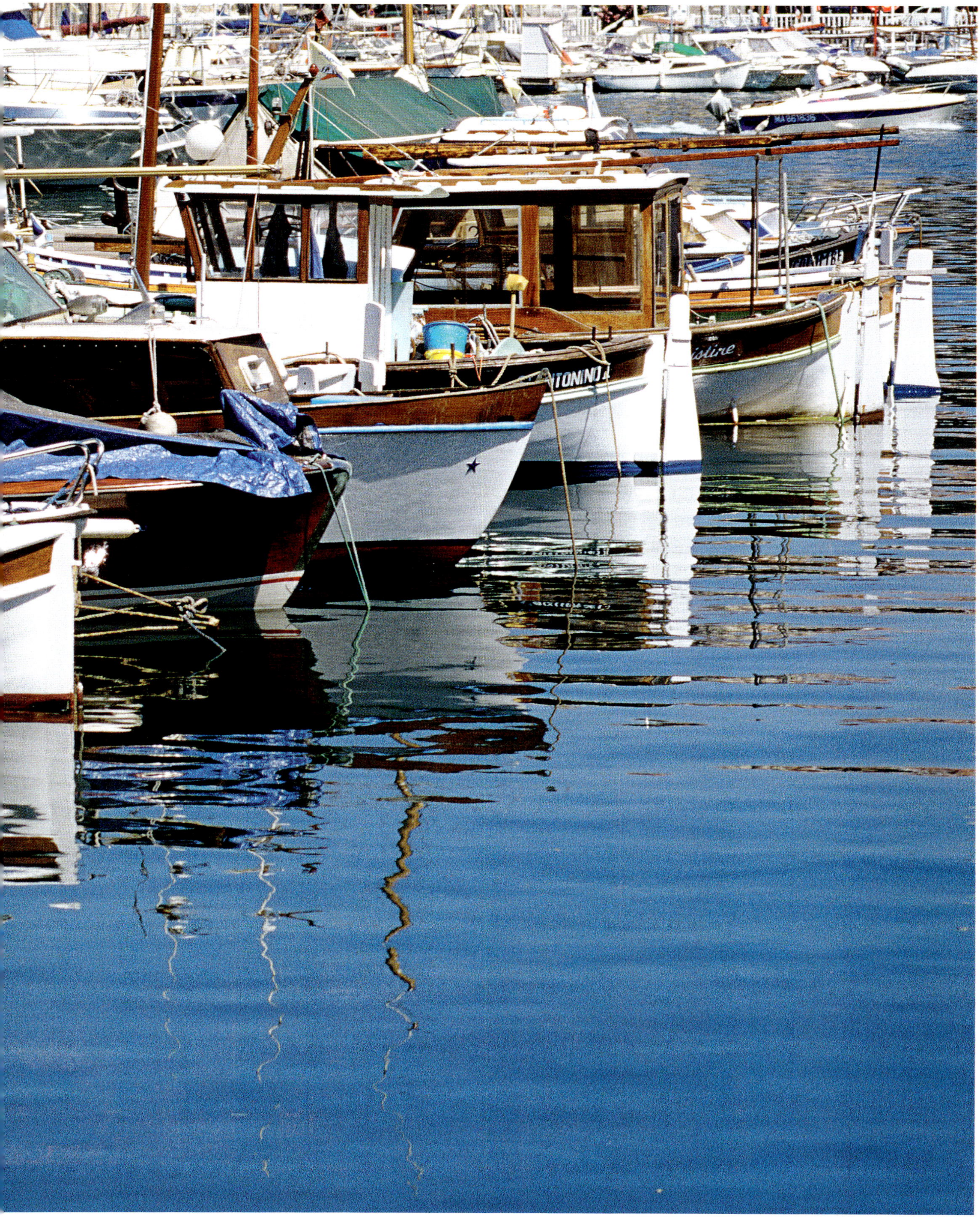

白醬扇貝
Scallops Mornay

扇貝在法國是以聖人雅各的名字命名。天主教徒在徒步走「聖雅各之路」（通往聖地牙哥康波斯特拉古城的朝聖之路）時，也會配戴貝殼在身上。

高湯：
250ml 白酒
1 顆切片的洋蔥
1 根切片的紅蘿蔔
1 片月桂葉
4 粒黑胡椒粒

24 個帶殼扇貝
50g 奶油
3 顆切碎的紅蔥頭
3 湯匙中筋麵粉
410ml 牛奶
130g 磨碎的格呂耶爾乳酪

將酒、洋蔥、紅蘿蔔、月桂葉、黑胡椒和500ml的水放進醬汁鍋裡，待水煮滾後燉20分鐘，然後過濾高湯。

將扇貝去殼，取下貝肉和橘色內臟，保持形狀完好，將貝殼洗淨備用。

將高湯以小火慢燉，加入扇貝煮2分鐘，取出扇貝，瀝乾後放在貝殼上，倒掉高湯。

將奶油用醬汁鍋融化，加入紅蔥頭拌炒3分鐘，再持續以小火拌炒3分鐘防止焦黃。熄火後緩緩加入牛奶，持續攪拌直到滑順。

放回火爐燉煮3分鐘直到醬汁變濃稠，熄火後，拌入乳酪攪拌融化，以鹽、黑胡椒調味。

預熱烤架，以小湯匙將醬汁舀在扇貝上，放置於烤架，進烤箱烘烤直到呈現金黃酥脆。

份量：6

左圖一：事先以高湯燉煮扇貝，以在煎烤前確保熟度。
左圖二：舀上醬汁待烤至金黃。

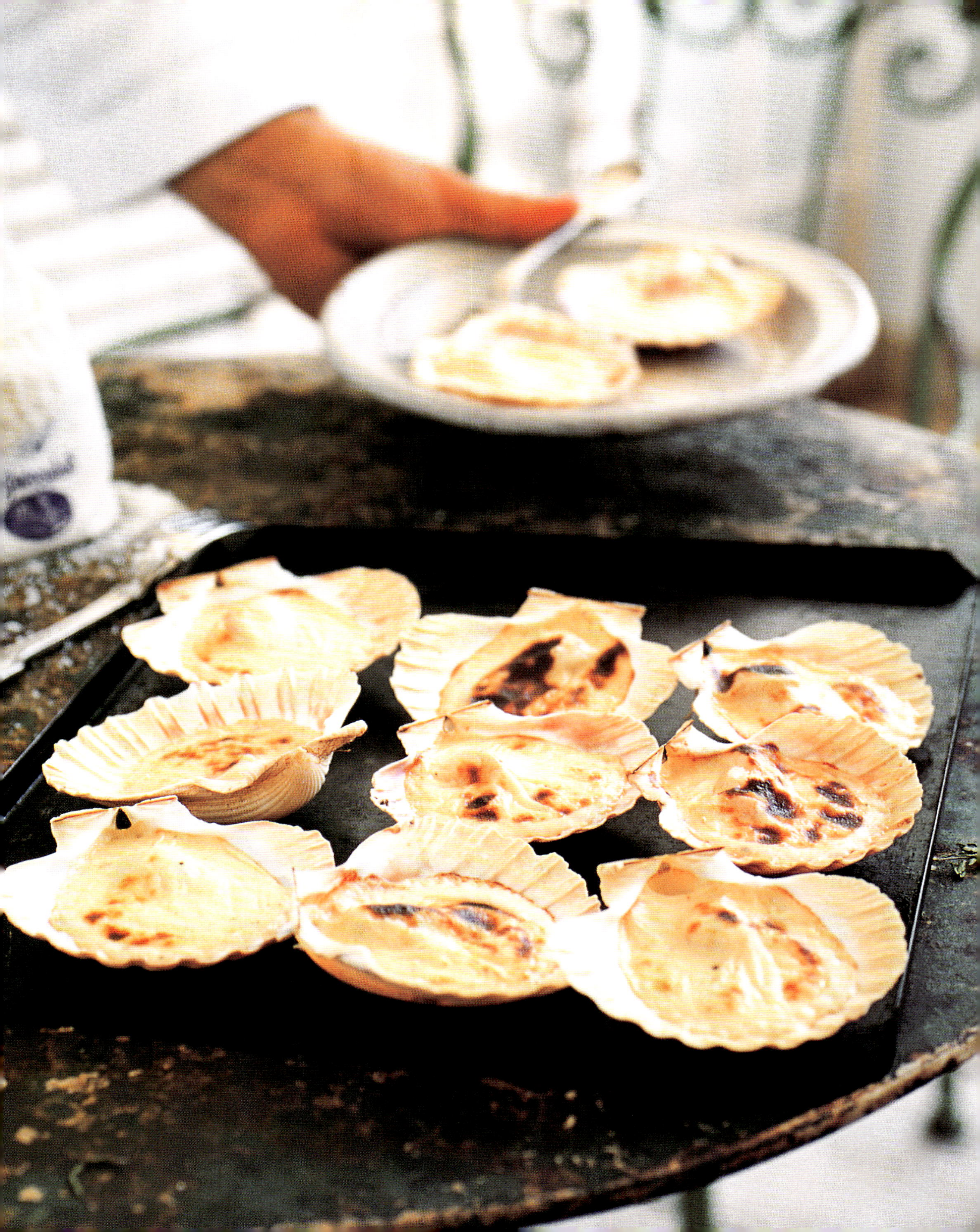

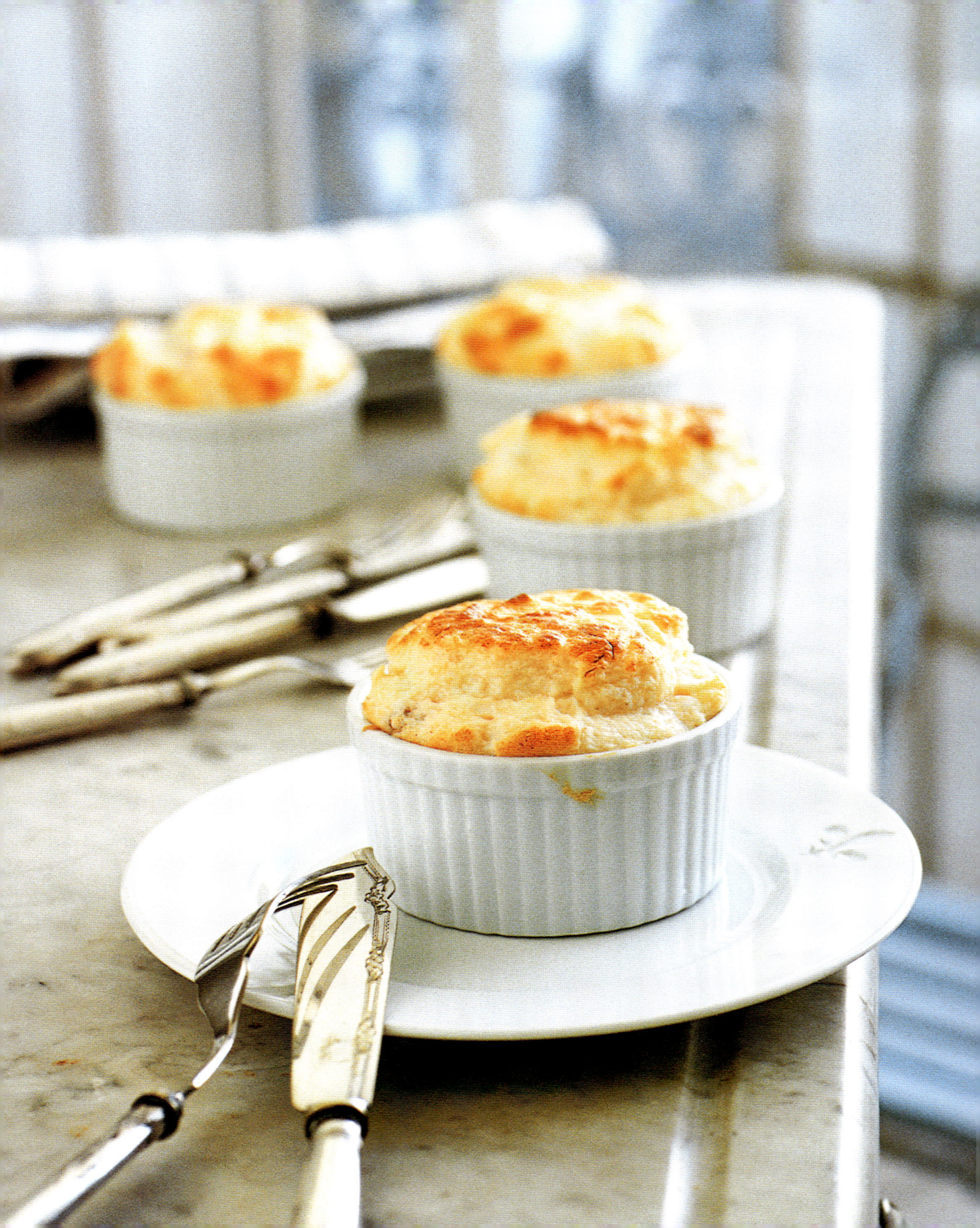

螃蟹舒芙蕾
Crab souffles

1 湯匙融化的奶油
2 顆丁香
¼ 顆小洋蔥
1 片月桂葉
6 顆黑胡椒粒
250m 牛奶
1 湯匙奶油

1 顆切碎的紅蔥頭
15g 中筋麵粉
3 顆蛋黃
250g 煮熟的蟹肉
少量卡宴辣椒
5 顆蛋白

預熱烤箱至200度，在6個125ml的烤盅裡刷上融化的奶油。

將丁香塞進洋蔥內，並取一小醬汁鍋放入月桂葉、黑胡椒跟牛奶，加熱煮至沸騰，然後熄火等待食材入味10分鐘。

在醬汁鍋裡融化奶油，加入紅蔥頭拌炒3分鐘，或是直到紅蔥頭軟化但不至焦黃。加入麵粉持續攪拌，並以小火加熱3分鐘，注意不要燒焦。熄火並慢慢加入過濾過的牛奶，持續攪拌直到麵糊變的滑順。開火燉煮並攪拌3分鐘，打散蛋黃，一次一顆的量慢慢加入鍋子並均勻混合。

加入蟹肉後攪拌直到麵糊變燙且變得濃厚（不要讓它沸騰）。倒到大的耐熱碗，加入卡宴辣椒並稍做調味。

將蛋白放進乾淨的碗中打發，將1/4匙的蛋白霜混入麵糊，迅速且輕柔的攪拌。放入剩下的蛋白霜，並把它們倒進烤盅裡，並且用拇指在每個烤盅內的邊緣劃一圈，避免烘烤時沾黏。

將烤盅放在烤盤上烤12到15分鐘，或等到舒芙蕾澎起，碰觸時會輕輕搖晃。用竹籤刺入舒芙蕾的中心，拔出來的竹籤表面應該是乾淨或是微濕的狀態。

如果微濕，表示舒芙蕾熟度剛好，便可以上桌。

份量：6

將1/4匙的蛋白霜倒進麵糊讓麵糊變的鬆軟。

諾曼地燉魚
Normandy fish stew

這道食材豐富的燉海鮮使用了蘋果酒和奶油，完全展現了諾曼第的地方風味。傳統上挑選鰈魚和比目魚，但我們這次選用鮭魚來增色。

16 個淡菜
12 隻明蝦
500ml 蘋果酒或干白酒
50g 奶油
1 瓣磨碎的蒜頭
2 顆切碎的紅蔥頭
2 根西洋芹切碎

1 大把韭蔥切絲，只留蔥白部分
250g 切片的洋菇
1 片月桂葉
300g 鮭魚片去皮，切厚塊
400g 比目魚去皮，逆紋切條狀
315ml 乳脂含量高的鮮奶油
3 湯匙切碎的香芹

擦洗淡菜並去除鬚毛部分，輕敲表面，淘汰開殼的淡菜，蝦子去殼。

將酒倒入平底鍋，加熱煮滾，加入淡菜，蓋鍋蓋後煮3到5分鐘，不時搖動鍋底。將湯汁過篩於碗中，將烹調後沒打開殼的淡菜丟掉。再次過濾淡菜湯汁去除雜質。

將奶油倒入乾淨的鍋子，以中火融化。加入蒜片、紅蔥頭、芹菜和韭蔥烹煮7到10分鐘，或者直到食材軟化。加入洋菇煮4到5分鐘，在烹調蔬菜的同時可以先幫淡菜去殼。

在蔬菜鍋裡加入過濾的淡菜湯汁，加入月桂葉並煮至沸騰。加入鮭魚、比目魚、明蝦，煮3到4分鐘或至食材全熟。拌入奶油和淡菜後以小火燉煮2分鐘。試試味道，依個人喜好加入香芹調味。

份量：6

左圖一：烹調淡菜的秘訣在於篩除未開殼的。
左圖二：燉煮蔬菜高湯，最後快速加入海鮮。

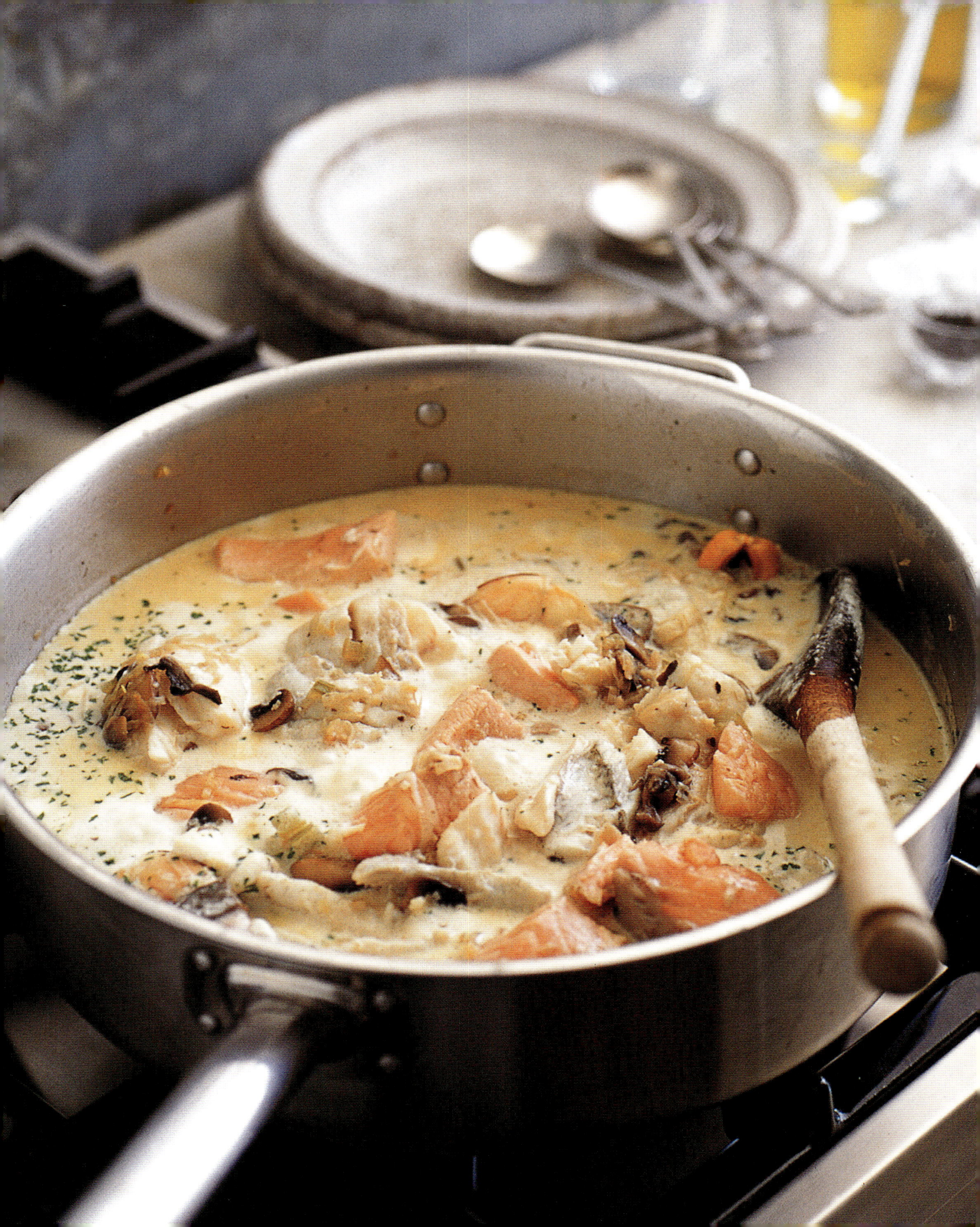

麥年比目魚
Sole with brown butter sauce and lemon

這道經典的食譜供應在一些世界頂級的餐廳，事實上這道菜在法國是既快速又簡單的晚餐。法文菜名「Meuniere」是指磨坊，或許指的是撒麵粉的這個動作。

4 條比目魚，去除內臟及顏色較深的魚皮（或使用比目魚片）
3 湯匙中筋麵粉
200g 澄清奶油

2 湯匙檸檬汁
4 湯匙剁碎的香芹
檸檬切塊

把魚以紙巾輕拍讓水分減少，依個人喜好去魚頭，然後輕輕的裹上麵粉及調味料。在可容納四隻魚的煎鍋中加入150g的澄清奶油加熱或者用一半的奶油分兩批煎魚。把魚放在煎鍋中，魚皮朝上，每面煎四分鐘，或者直到呈金黃色。

把魚放到預熱好的盤子上，淋上檸檬汁、放上香芹。把剩下的澄清奶油放到鍋裡加熱直到表面變咖啡色，倒在魚上（它會起泡和檸檬汁混和在一起），把魚和檸檬切塊擺盤後即完成。

份量：4

蒜味烤蝦
Garlic Prawns

24 隻大蝦
6 瓣壓碎的蒜頭
1-2 個切細的紅辣椒

250ml 橄欖油
60g 奶油
2 湯匙切碎的香芹

把蝦子剝殼去腸，但保留尾巴的殼，烤箱先預熱至攝氏220度。

把蒜頭和辣椒撒在四個烤盅，淋上油及奶油至每個烤盅，放至烤盤並進入烤箱烤6分鐘，或直到奶油溶化。

把蝦子放進烤盅裡（請小心放，避免熱油噴濺），再烤7分鐘或者直到蝦子呈粉紅色且肉質變軟嫩。撒上香芹，搭配硬麵包一起享用。

份量：4

白酒奶醬淡菜
Mussels with white wine and cream sauce

2kg 淡菜
40g 奶油
1 顆切碎的洋蔥
2 瓣壓碎的蒜頭
½ 根切碎的芹菜

410ml 白酒
1 片月桂葉
2 根百里香
185ml 乳脂含量高的鮮奶油
2 匙切碎的香芹

淡菜清洗乾淨並去除淡菜上的鬚毛，把開殼的淡菜丟棄。

把奶油放到醬汁鍋中煮到融化，然後放入洋蔥、蒜頭和芹菜一起煮，偶爾攪拌一下，以中火煮直到洋蔥變軟但不至於焦黃。加入酒、月桂葉和百里香燉煮直到沸騰。加入淡菜，蓋上鍋蓋慢慢以小火燉煮2到3分鐘，偶爾翻動一下鍋子。當淡菜開殼後，用夾子把它們夾到預熱好的盤子裡，3分鐘後把還未打開的淡菜丟掉。

將湯汁過濾，倒入另一個醬汁鍋，然後煮至沸騰，滾2分鐘，加入奶油後繼續加熱，但不至沸騰。加入調味料，把淡菜盛盤並倒入醬汁，撒上香芹即可搭配麵包一起享用。

食譜照片請參考 94頁　　　　　　　　　　　　　　　　　　份量：4

烤沙丁魚
Grilled sardines

8 條沙丁魚
2 湯匙橄欖油
3 湯匙檸檬汁

半顆檸檬，切半並切成薄片
半顆切塊檸檬

沿著魚肚切開沙丁魚並取出內臟，清水洗淨後晾乾，用剪刀把魚鰓剪掉。

把油和檸檬汁混合然後以鹽巴及黑胡椒均勻的調味，將魚內外都刷上油，再把檸檬片放進沙丁魚肚裡面。

把沙丁魚放在事先加熱的烤爐上烤，並不時地的塗上剩下的油，每面大概烤2到3分鐘直到烤熟，也可以將魚放在預熱好的烤肉架上烤，並和檸檬塊一同上菜。

食譜照片請參考 94頁　　　　　　　　　　　　　　　　　　份量：4

上：白酒奶醬淡菜（食譜請參考93頁）
下：烤沙丁魚（食譜請參考93頁）

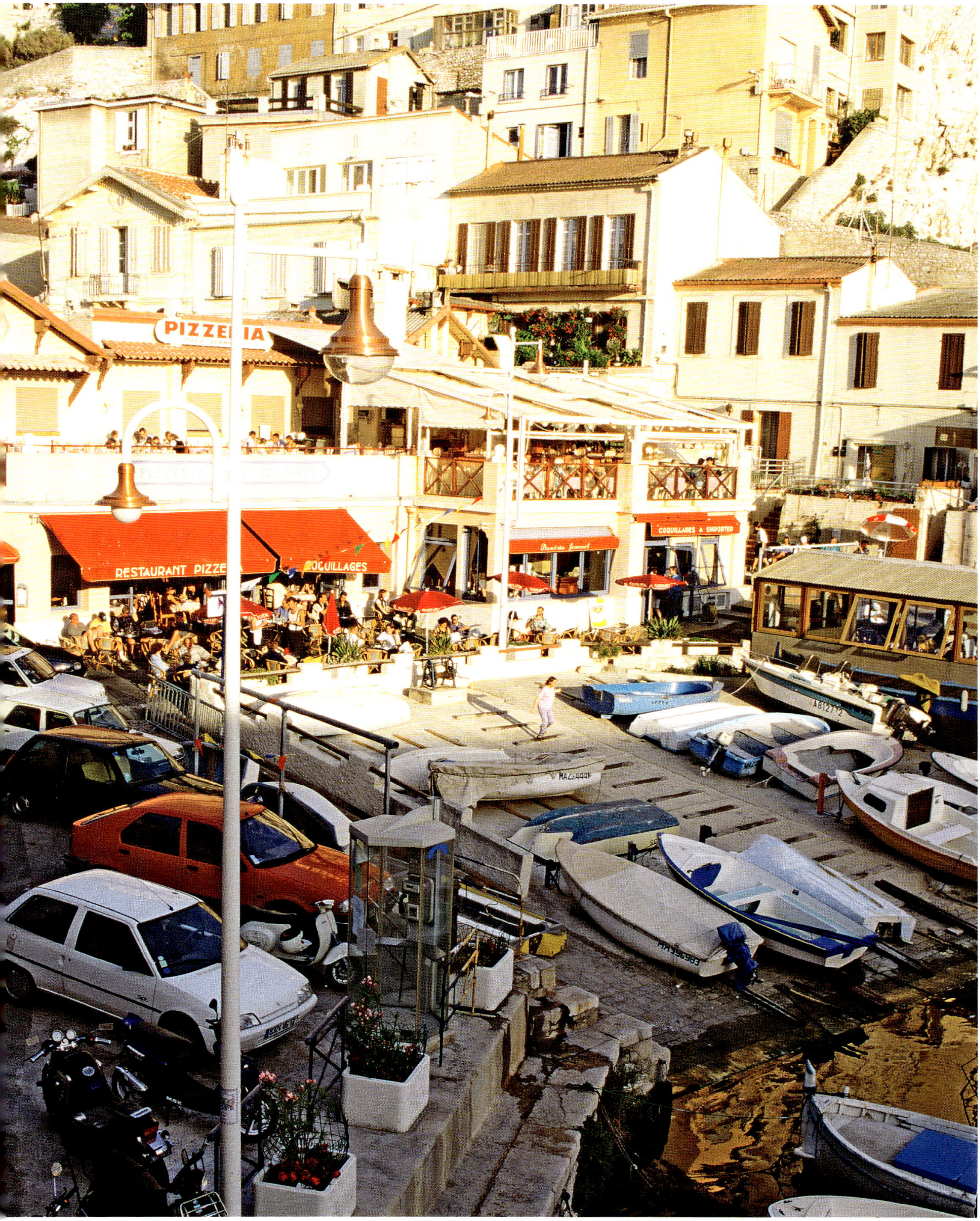
RESTAURANT PIZZE
COQUILLAGES
COQUILLAGES A EMPORTER

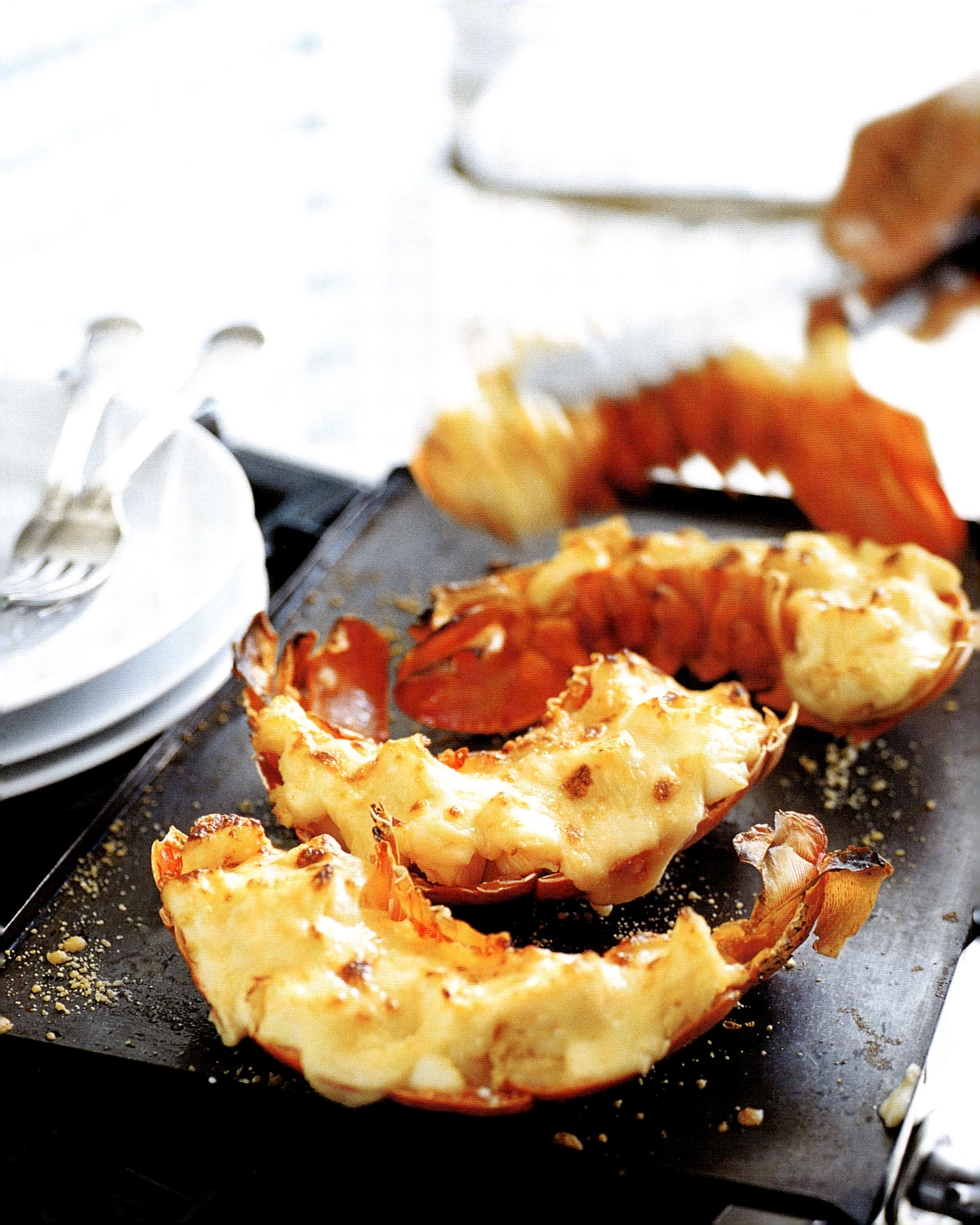

焗烤龍蝦
Lobster thermidor

2 隻活龍蝦
250ml 魚高湯
2 湯匙白酒
2 個切碎的紅蔥頭
2 茶匙切碎的細葉香芹
2 茶匙切碎的龍蒿

110g 奶油
2 湯匙中筋麵粉
1 茶匙芥末籽
250ml 牛奶
65g 磨碎的帕瑪森乳酪

在煮龍蝦之前先將龍蝦放進冷凍一小時,取一深鍋加入水煮沸,把龍蝦放入煮十分鐘,撈起龍蝦放涼並去掉頭部,縱向對切將龍蝦切成一半,小心把肉從殼裡面取出並剪成一口大小,把殼沖洗乾淨後擦乾備用。

將魚高湯、白酒、紅蔥頭、細葉芹,龍蒿放到一個小醬汁鍋裡煮到所有湯汁變成原來的一半再過濾。

融化60克的奶油且放到一個大的醬汁鍋,加入麵粉跟芥末籽,用小火邊煮邊攪拌持續2分鐘,注意不要讓它燒焦。

將火關掉並慢慢加入牛奶、調味過的魚高湯,攪拌到質地變得平滑。然後開火燉煮並持續攪拌到醬汁沸騰且變得濃稠,再煮3分鐘,最後放入一半的帕瑪森、鹽和胡椒調味。

在平底鍋上加熱剩下的奶油,且以中火煎龍蝦2分鐘直到稍微變褐色,切記不要過熟。

預熱烤箱,將一半的醬汁淋在龍蝦殼上,放上龍蝦肉再淋上剩下的醬汁,撒上剩下的帕瑪森乳酪,然後放入烤箱直到龍蝦變成金黃色且冒泡,便可以上菜。

份數:4

右圖一:拌炒奶油直至呈金黃色,但小心不要過焦。
右圖二:將龍蝦肉和醬汁填回龍蝦殼內。

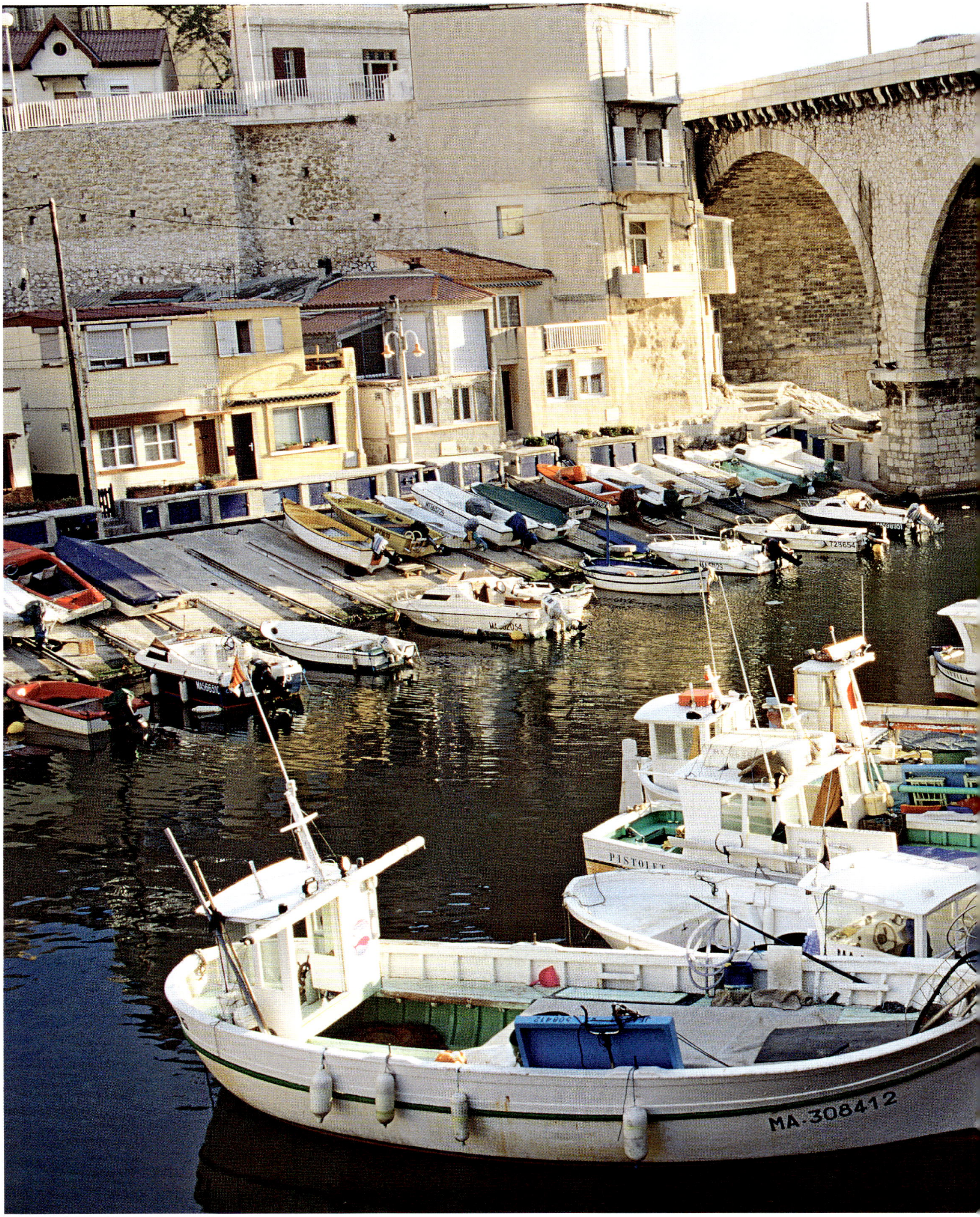
MA-308412

海鮮

在三面環海的法國有許多海產可供選擇，這是別的國家無法超越的，法國人當然知曉如何食用——這可是一個以美味海鮮料理聞名的國家。

法國的海鮮來自南邊地中海，西邊的比斯開灣和大西洋，與西北邊的英吉利海峽，還有來自河流和湖泊的淡水魚。無需遠到紐芬蘭和冰島的海域長途拖網捕魚。

捕魚船隊會將他們的魚獲帶到批發魚市，在那裡的海鮮是凌晨拍賣，並在天亮前派送到城鎮和城市。其中最重要的市場是提供給巴黎的布洛涅通道，還有布列塔尼和諾曼第的漁港。有些日常捕撈也可以在碼頭上販賣，漁夫們會將船停靠在碼頭邊賣魚，魚還悠遊在裝有海水的容器裡。離開海岸，魚和其他的海產也在魚市和超市裡販賣。

在西北地區，牡蠣、扇貝、都柏林灣蝦、蛤和海螺可見於布列塔尼和諾曼第的生冷海鮮拼盤上，

對一些法國重要的漁港而言是富饒之地。布列塔尼船隊捕撈沙丁魚和鮪魚，他們聲稱美式龍蝦是出於該區。諾曼第著名的是淡菜，笛耶波海鮮鍋（marmite dieppoise）和諾曼第醬汁比目魚（sole normande）料理中的比目魚——多佛魚（Dover sole）。

北方捕漁業的中心位在布洛涅，該處有美味的當地比目魚和淡菜，還有由漁船帶來從地中海到大西洋捕的漁獲。在內陸，淡水鱒魚是阿爾薩斯洛林的特產。在西南地區，有從巴斯克港口來的大西洋鮪魚和來自波爾多的牡蠣。

在西班牙邊境朗格多克‧魯西榮（Languedoc-Roussillon）沙丁魚和鯷魚為可見的南方口味，而從普羅旺斯的地中海的漁獲有魷魚、深海鰻、鯡魚、海鰻、海鱸和鯛魚，一一轉變為美味的菜餚，像是馬賽魚湯和蒜味蛋黃魚羹（bourride）。

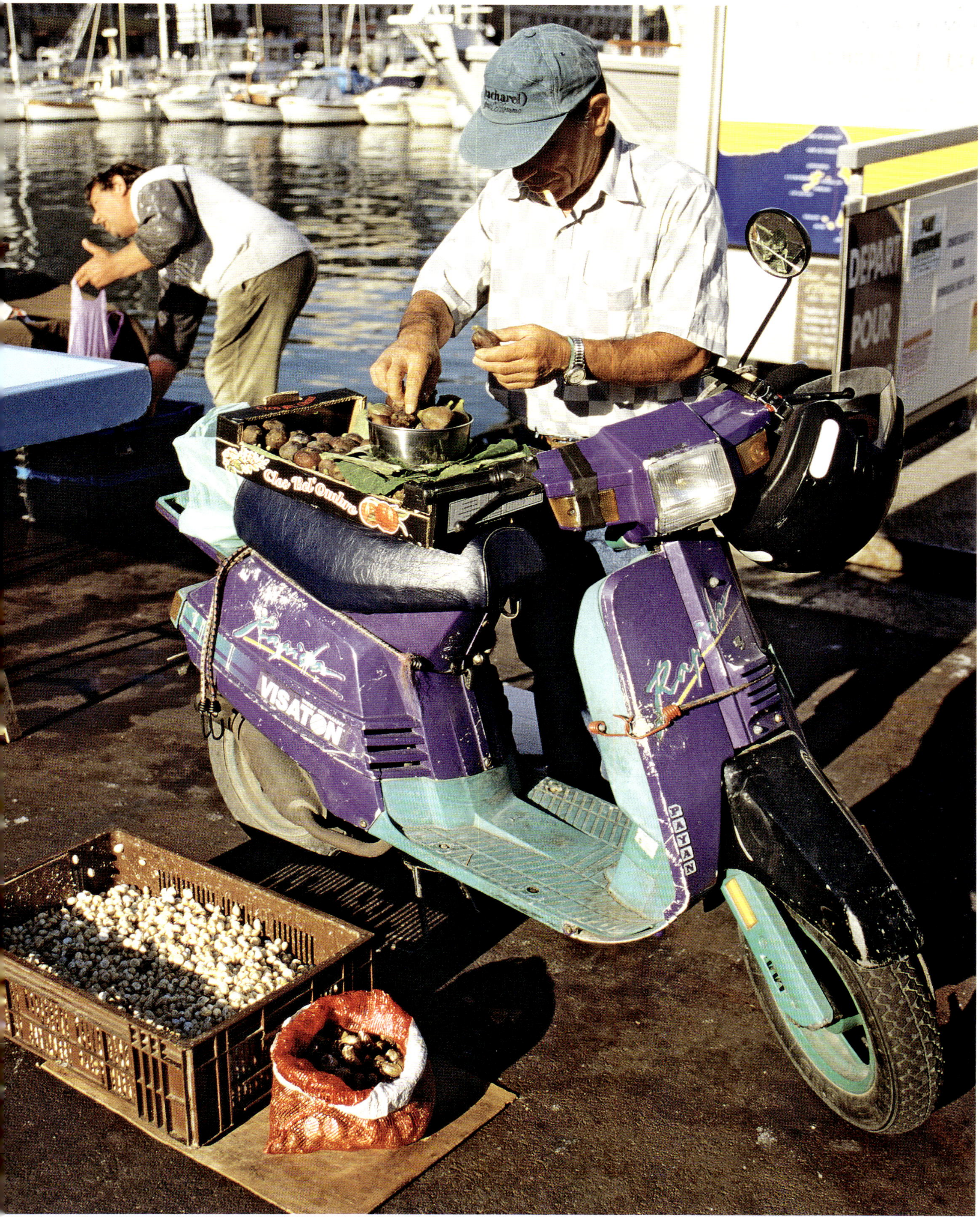
DEPART
POUR
VISATON
PAYAN

馬賽魚湯
Mediterranean fish soup

地中海魚湯是法國最有名的魚湯代表，使人聯想到美麗的南法，特別是馬賽。這是一道漁夫料理，通常以整條魚烹調，例如魽魚，也可以使用魚片製作，會比較方便。

蒜頭甜椒醬：
1 個紅椒
1 片白吐司（去邊）
1 個紅辣椒
2 瓣蒜頭
1 個蛋黃
80m 橄欖油

湯：
18 個淡菜
1.5kg 帶皮白肉魚（紅鰹、鱸魚、鮟鱇魚、魽魚或鰻魚）
2 湯匙油

2 個切片的茴香球莖
1 個切碎的洋蔥
750g 番茄
1.25L 魚高湯或水
少許番紅花
1 束香草束
5cm 的橙皮

製作醬汁，首先預熱烤箱，將紅椒切開去籽並去膜，皮朝上放入烤箱烘烤直到變黑起泡，放涼後削皮。大概切一下紅椒，把麵包浸泡在三湯匙水裡，將紅椒、辣椒、麵包、蛋黃放進食物調理機裡混和攪碎，慢慢倒進油，攪拌直到醬汁呈現美乃滋般的質感，將做好的甜椒醬封好，並放進冰箱裡冷藏備用。

製作魚湯，先刷洗淡菜並除掉鬚毛，輕輕敲打淡菜，並丟掉已經開殼的，把魚切成一口大小。

在大的醬汁鍋以中火熱油，並加入茴香和洋蔥片加熱5分鐘或是直到它們變成金黃色。

在每個番茄上面用刀劃十字，並用熱水汆燙20秒，瀝乾後並從十字記號處把皮剝掉，將剝好皮的番茄切塊，且去掉蒂頭。

將番茄放到醬汁鍋裡加熱3分鐘，放入魚高湯、番紅花、香草、柳橙，然後滾10分鐘。取出香草，並過濾高湯，將過濾過的高湯倒進另一個醬汁鍋，煮滾後調味。

將火轉小持續燉煮，然後加入魚肉及淡菜，燉煮5分鐘或者直到魚肉變得軟嫩。淘汰還沒有開殼的淡菜，便可以與蒜頭甜椒醬以及麵包一同品嚐。

份量：6

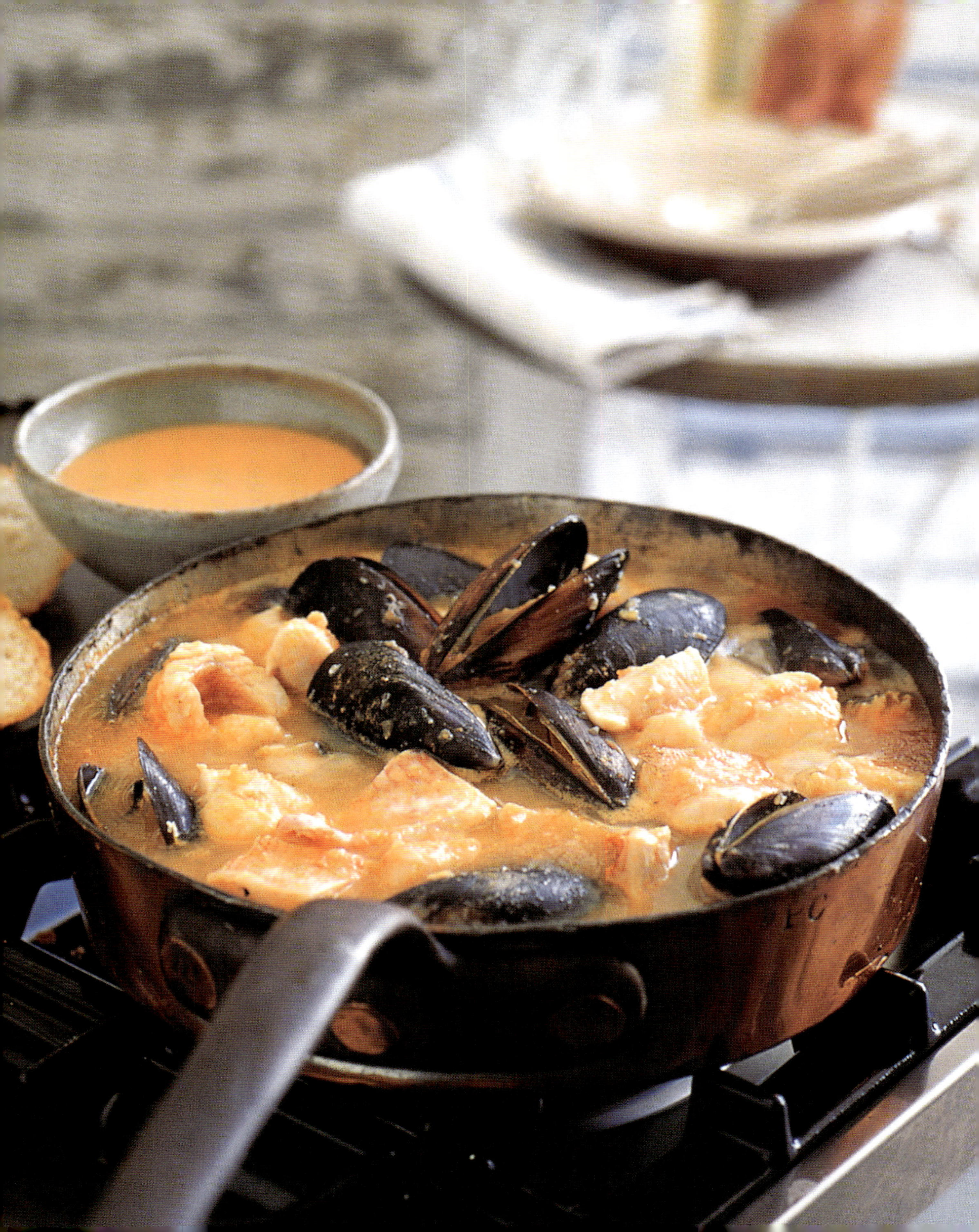

香草醬鮭魚
Salmon en papillote with hearb sauce

10g 的奶油
4 × 200g 鮭魚片
8 片切片檸檬，對半切

香草醬汁：
315ml 魚高湯
80ml 白酒

2 根切碎的紅蔥頭
250ml 乳脂含量高的鮮奶油
4 匙切碎的香草（細葉香芹、蝦夷蔥、香芹、龍蒿或酸模）

先預熱烤箱到200度，將烤紙剪出4個大約30cm的圓形，並且對摺後打開，塗上奶油，並在圓形的一邊放上鮭魚，再放上檸檬片，再將烤紙對摺並將封口封緊。接著放入烤箱內烤10到15分鐘或者鮭魚已經熟為止。

製作香草醬汁，先在醬汁鍋內倒入高湯、白酒以及紅蔥頭，持續燉煮直到稍微收汁，接著加入鮮奶油煮幾分鐘，使醬汁更濃厚，加入切碎的香草，便可搭配烘烤鮭魚上菜。

份量：4

諾曼第比目魚
Sole Normandy

500ml 白酒
12 個去殼的牡蠣
12 隻去殼去腸的蝦子
12 朵洋菇

4 片比目魚
250ml 的鮮奶油
1 個切成薄片的松露
1 湯匙切碎的香芹

將白酒倒入醬汁鍋後煮至沸騰，加入牡蠣煮2到3分鐘後用濾網撈起瀝乾，再將蝦子放入鍋子內煮約3分鐘，再撈起瀝乾，接著倒入洋菇煮約5分鐘並撈起瀝乾，放入比目魚片煮大約5分鐘，撈起並瀝乾，加蓋保溫備用。

接著倒入鮮奶油到前述高湯中沸騰，持續燉煮，直到收汁且濃稠到可以吸附在湯匙背面。以鹽及胡椒調味。

最後將比目魚盛盤，放上蝦子、牡蠣、洋菇，淋上醬汁且撒上松露薄片，便可以上菜了。

份量：4

蕃茄佐龍蝦
Lobster with tomato sauce

4 隻生龍蝦
80ml 橄欖油
1 顆切碎的洋蔥
4 顆切碎的紅蔥頭
1 條切碎的紅蘿蔔
1 條切碎的芹菜
1 顆壓碎的蒜頭
500g 蕃茄

250ml 的魚高湯
125ml 的白酒
2 湯匙白蘭地酒
2 湯匙番茄糊
1 束香草束
60g 軟化的奶油
3 湯匙切碎的香芹

先將龍蝦放入冷凍庫1小時後切掉龍蝦頭以及螯，將油倒入平底鍋內加熱，加入龍蝦頭、尾以及螯以中火煮至龍蝦變紅且龍蝦肉漸漸縮小與殼分離。待龍蝦稍微冷卻後將龍蝦頭對半切，取出龍蝦卵及淡黃色的肝臟作為醬汁材料備用，切掉龍蝦最尾端，小心地從中央將龍蝦肉從龍蝦殼內取出。

接著在平底鍋加入洋蔥、紅蔥頭、龍蝦螯、龍蝦頭以中火翻炒大約3分鐘，或是洋蔥已變成金黃色，再加入紅蘿蔔、芹菜、蒜頭拌炒大約5分鐘，或是食材已變得軟嫩。

在每個番茄的頂端用刀劃出十字，接著放入滾水煮20秒，撈起番茄並瀝乾，從十字記號處將皮去除，將番茄切塊並去除蒂頭。在鍋內加入切好的番茄、高湯、白酒、白蘭地、蕃茄醬以及香草束燉煮直到沸騰。

將龍蝦肉放在醬汁上燉煮5分鐘或是直到龍蝦煮熟。取出龍蝦肉、龍蝦頭及螯在一旁備用，再翻煮醬汁直到醬汁減少變得濃郁。

接著將龍蝦卵及肝臟混和奶油。在醬汁裡加入香芹，調味後將香草束取出。將龍蝦肉切片，平均放在4個盤子上，接著淋上醬汁並用蝦螯裝飾，就能上菜了。

份量：4

右圖一：將龍蝦肉從龍蝦殼中取出，可先切除龍蝦殼邊緣以方便取出龍蝦肉。
右圖二：使用小火燉煮龍蝦肉。

FOIRE PRIMÉE AUX VEAUX DE LAIT
ACHETEUR
7ER PRIX
10 AVRIL 1995
SAINT ROBERT
FOIRE PRIMÉE
VEAUX DE LAIT
5 AVRIL 1998
SAINT ROBERT
LE LONZAC CORREZE
ACHETEUR
Boeuf
Côte
Rumsteck
15.12.1998
1ER PRIX
ACHETEUR
GRAND PRIX D'HONNEUR
VILLE D'OBJAT
PRIMÉE AUX VEAUX DE LAIT
ACHETEUR

Chapter 6

家禽、鮮肉與野味

禽肉和豬肉、牛肉在法國料理中扮演一個很重要的角色。
有許多世界知名的菜像是橙汁鴨胸、紅酒燉香雞、
紅酒燉牛肉和雞肉佐獵人醬汁等等。

7e ARR.
RUE SAINT-DOMINIQUE
BOUCHERIE FONTAIN
VENTE
47 05 25 38
TRIPERI

MARS ☏ 01 47 05 48 29

VOLAILLES

雞肉佐龍蒿醬
Tarragon Chicken

龍蒿是一種精緻，具有特殊香氣的植物，在法國菜中是一種時常用來調味的香草。和雞肉意外的適合，特別是加上奶油之後。

1.5 湯匙切碎的龍蒿
1 小瓣壓碎的蒜頭
50g 軟化的奶油
1.6kg 全雞
2 茶匙的油

170ml 雞高湯
2 湯匙的白酒
1 湯匙的中筋麵粉
1 湯匙的龍蒿葉
170ml 乳脂含量高的鮮奶油

先預熱烤箱倒到攝氏200度。把切碎的龍蒿、蒜頭和一半的奶油混合，用鹽和胡椒調味接著塞入雞身裡。把雞腿綁好再把雞翅壓在雞隻底下。

用小火在一個大鑄鐵鍋加熱剩下的奶油和油，並且將熱油均勻澆淋在雞肉上，讓表面變成咖啡色。加入雞高湯和白酒，加蓋並放入烤箱烤1小時20分鐘，或等到雞肉軟嫩了用叉子戳雞腿有肉汁流出時。取出雞肉，將燉汁過濾進砂鍋，用鋁箔紙和布包裹雞肉保溫備用。

加熱燉汁，從表面撈出一湯匙的油脂放入小碗。把剩下的油脂撈出並丟掉。在撈出來的油脂裡加入麵粉，並攪拌到質地變得滑順，之後將它拌入燉煮中的醬汁，以中火慢燉，並持續攪拌直到醬汁沸騰且變得濃稠。

再次過濾醬汁倒入乾淨的醬汁鍋並加入龍蒿，煮2分鐘，拌入鮮奶油繼續加熱但注意不要沸騰。用鹽巴和胡椒調味。最後切開雞肉淋上醬汁就可以上菜了。

份量：4

加入高湯和酒前把整隻雞用高溫的油澆淋成咖啡色。

110　World Kitchen France

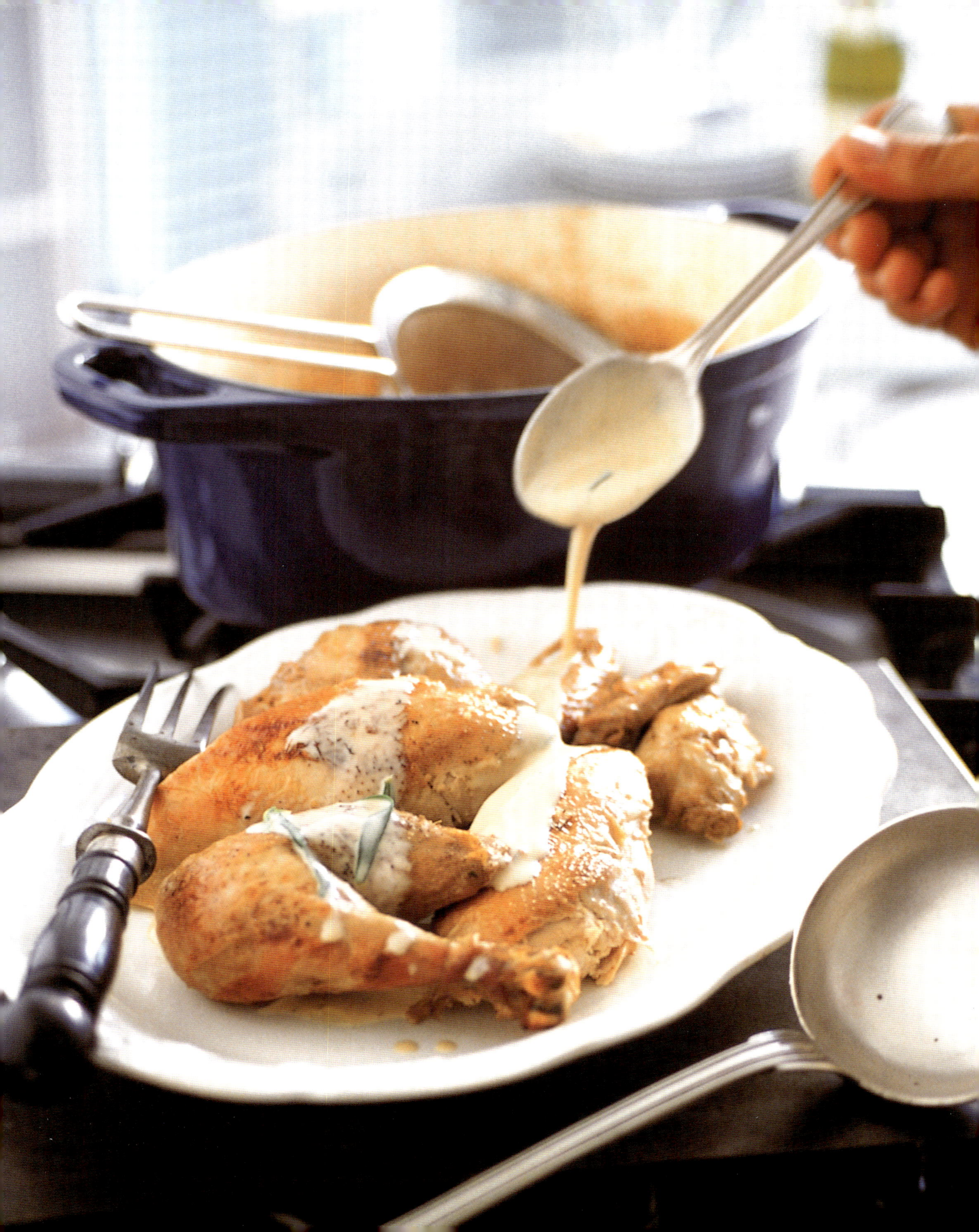

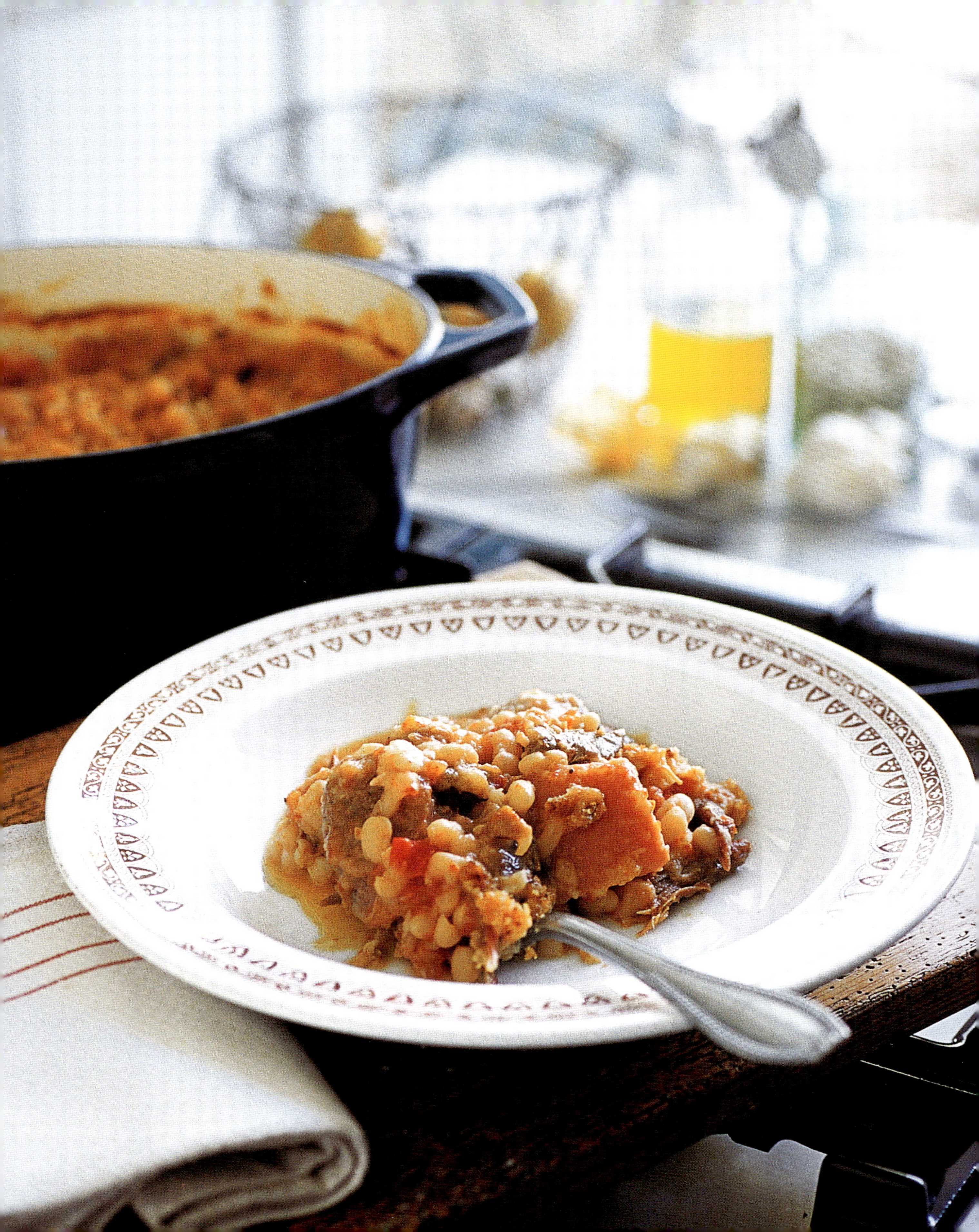

卡酥來燉鍋
Casserole of Beans with mixed meats

這道菜名稱的由來是因為它是道經由砂鍋燜煮的傳統佳餚。法國南部依地區有不同的烹調方式，最著名的是來自卡爾卡松、土魯斯以及卡斯泰爾諾達里。

400g 乾扁豆
1 束香草束
½ 顆切成四等份的洋蔥
2 瓣壓碎的蒜頭
225g 鹽醃豬肉或非煙燻培根（切丁）
1 湯匙澄清奶油
400g 小羊肩

350g 水煮香腸
1 根切片的芹菜
4 塊油封鴨（請參考 165 頁）或 4 塊烤鴨
6 顆番茄
180g 的土魯斯香腸
4 片壓碎的法國麵包

將扁豆浸泡在冷水裡。放置隔夜，瀝乾水分再沖洗過。

將瀝乾的扁豆放入醬汁鍋，再加入香草、洋蔥、蒜頭以及鹽醃豬肉（或培根）。加入2到3L冷水，煮至沸騰並持續燉煮1小時。

在平底鍋內放入奶油加熱，將羊肉切成八塊並放入平底鍋裡煎至表面呈咖啡色。把羊肉、水煮香腸、芹菜和油封鴨放到煮好的扁豆上並用力擠壓到食材出水。用刀在番茄上劃十字，放入滾水煮20秒，從十字記號處將皮剝掉。將番茄切塊並去掉蒂頭，放到燉菜上，並再一次擠壓到出水。

將土魯斯香腸煎至咖啡色，再將其放在燉菜頂端。壓出水後再續煮30分鐘。預熱烤箱到攝氏160度。

取出香草束，過濾燉菜的醬汁到醬汁鍋裡，並且以中火煮到沸騰，持續燉煮直到醬汁剩下1/3。取出肉塊及香腸並將鴨肉去骨，將所有的肉塊及扁豆放在一個砂鍋裡，加入淹過扁豆的醬汁。

撒上壓碎的法國麵包並放進烤箱烤40分鐘。每十分鐘用湯匙壓一下麵包以便讓湯汁滲透。如果扁豆有點乾，加入少許高湯或水，便可上菜。

份量：6

紅酒燉牛肉
Beef Braised in Red Wine

傳統上燉肉通常使用煨肉鍋的陶鍋烹煮，但有密合鍋蓋的鑄鐵砂鍋也很適合。燉肉來自普羅旺斯，時常搭配奶油通心麵和馬鈴薯一起享用。

醃肉醬汁：
2 顆丁香
1 顆洋蔥，切成四份
500ml 紅酒
2 條橙皮
½ 根芹菜
2 瓣蒜頭

2 片月桂葉
少許香芹
1.5kg 牛肉，後腿或前腿肉切塊
2 湯匙油
3 條豬肥肉
1 隻豬腳或 255g 培根
750ml 牛肉高湯

在大碗裡將丁香及洋蔥跟其餘的醬汁用料混和攪拌。將牛肉用鹽和胡椒調味，然後放到醬汁裡浸泡整夜。

撈起牛肉並瀝乾，保留醃肉醬汁。在醬汁鍋裡熱油，分批放入牛肉，煎至表面呈咖啡色便可起鍋。期間可能需要加一些醬汁讓牛肉不沾黏鍋底。

過濾醬汁至碗中，將過濾出來的食材放進鍋子裡煮熟。然後取出食材，倒入過濾後的醬汁並煮至沸騰，持續攪拌30秒以免沾鍋。

將豬肥肉和豬腳、牛肉和醬汁食材放在大砂鍋裡。加入醬汁和高湯並煮至沸騰，然後加蓋燉煮2到2個半小時，或是到牛肉變得軟嫩。

將牛肉盛盤，並加蓋保溫。取出蒜頭、洋蔥、豬油和豬腳。過濾醬汁並盡可能地撈掉油脂。接著把醬汁倒進砂鍋裡煮滾，直到醬汁減少一半且變得濃郁。把醬汁淋在肉上便可上菜。

份量：6

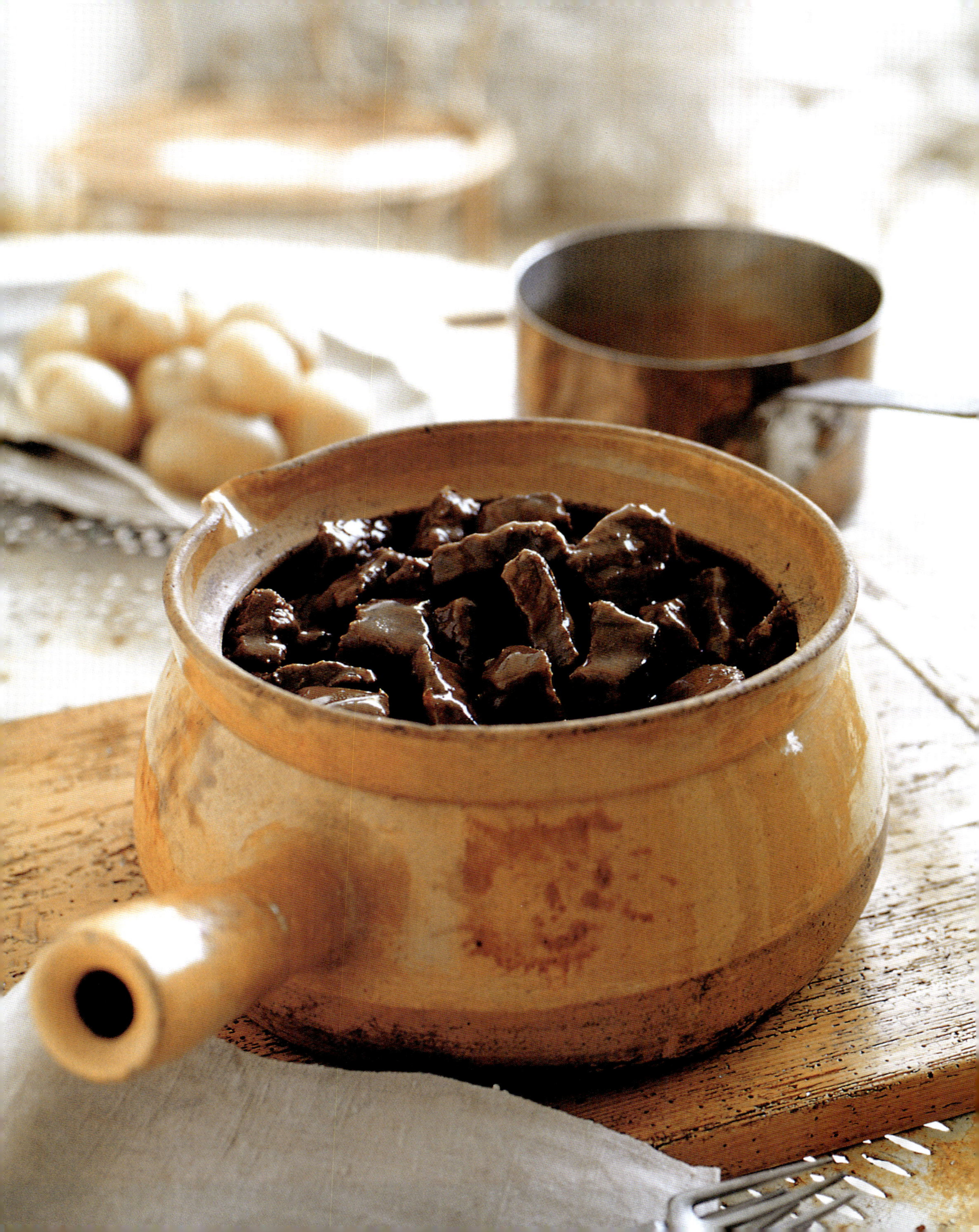

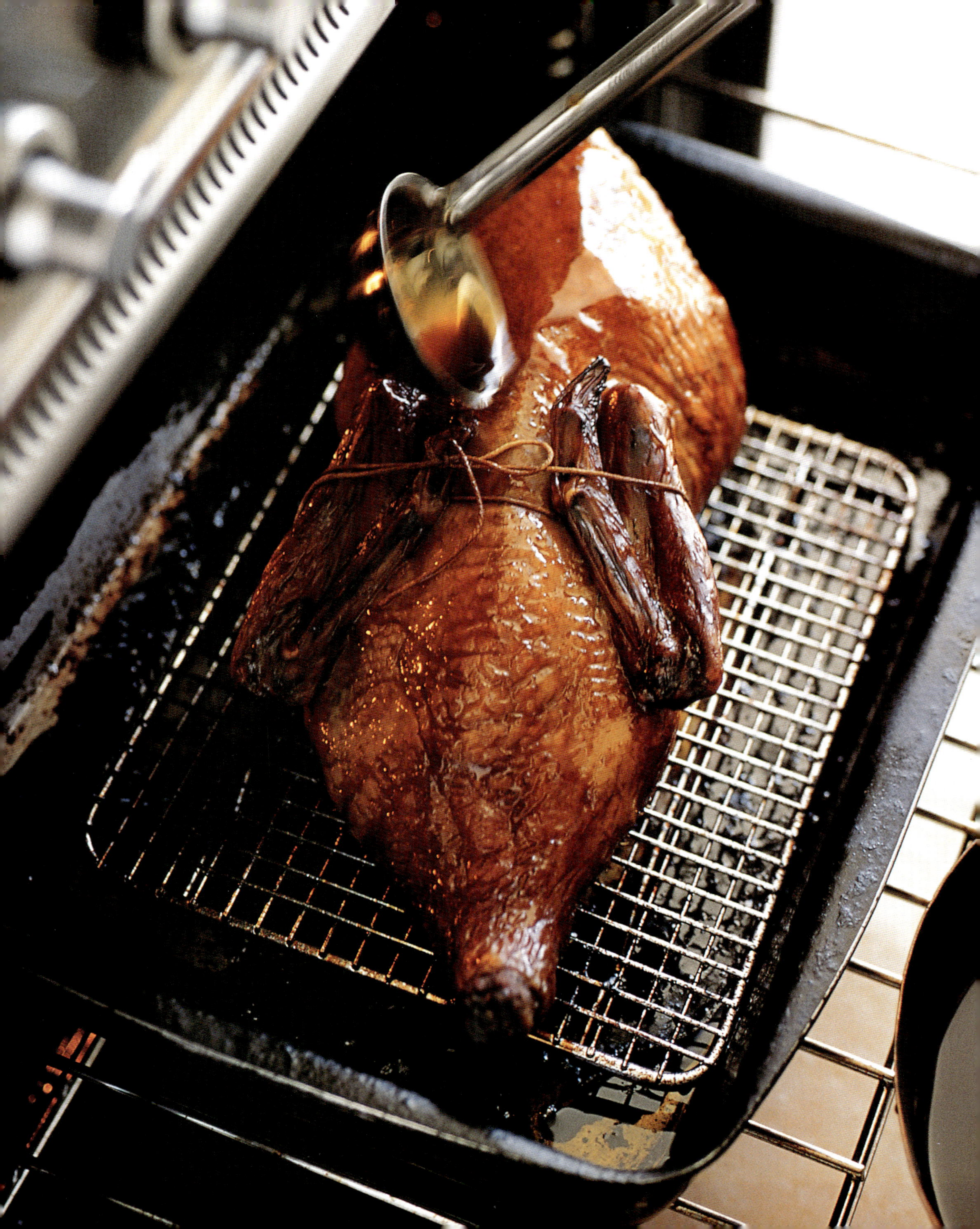

橙汁鴨肉
Duck à L'Orange

鴨肉的油脂較多，為了能讓肥油流出來，我們需要在上面戳許多洞且在烤架上烤。酸甜的橙汁配上油脂豐富的鴨肉，是這道料理如此美味的理由。

5 顆柳橙
2kg 鴨肉
2 根肉桂棒
15g 薄荷葉

95g 紅糖
125ml 蘋果醋
80ml 柑曼怡酒
30g 奶油

先預熱烤箱到攝氏150度。將兩顆柳橙對半切並抹上整隻鴨，和肉桂棒及薄荷葉塞進鴨子裡，再將兩隻鴨腿和兩隻鴨翅分別捆在一起。用叉子在整隻鴨子上戳洞，並把它放在烤架上，放上烤盤，鴨胸朝下，烤45分鐘後翻面。

同時，將剩餘的柳橙去皮後榨汁（保留果皮備用）。在醬汁鍋中將砂糖用小火加熱，直到融化變成焦糖狀。當砂糖呈棕色，加入醋（當心油會噴濺）熬3分鐘，然後加入橙汁和柑曼怡酒燉煮2分鐘。

將橙皮絲放入滾水汆燙1分鐘，重複3次，每次都要換水。接著泡在冷水中降溫，撈起瀝乾備用。

去除烤盤上多餘的油脂。將烤箱預熱到攝氏180度。在整隻鴨上淋上柳橙醬汁烤45分鐘，每5到10分鐘就反覆澆淋上剩餘的醬汁，記得翻面讓醬汁可均勻地淋到鴨肉上。

從烤箱取出鴨肉，包上鋁箔紙，將橙汁濾到醬汁鍋。去掉多餘油脂，接著在鍋中加入橙皮絲和奶油，攪拌使奶油融化。再次加熱醬汁，淋在鴨子上即可上菜。

份量：4

加入柳橙汁和柑曼怡酒燉煮2分鐘。

家禽、鮮肉與野味

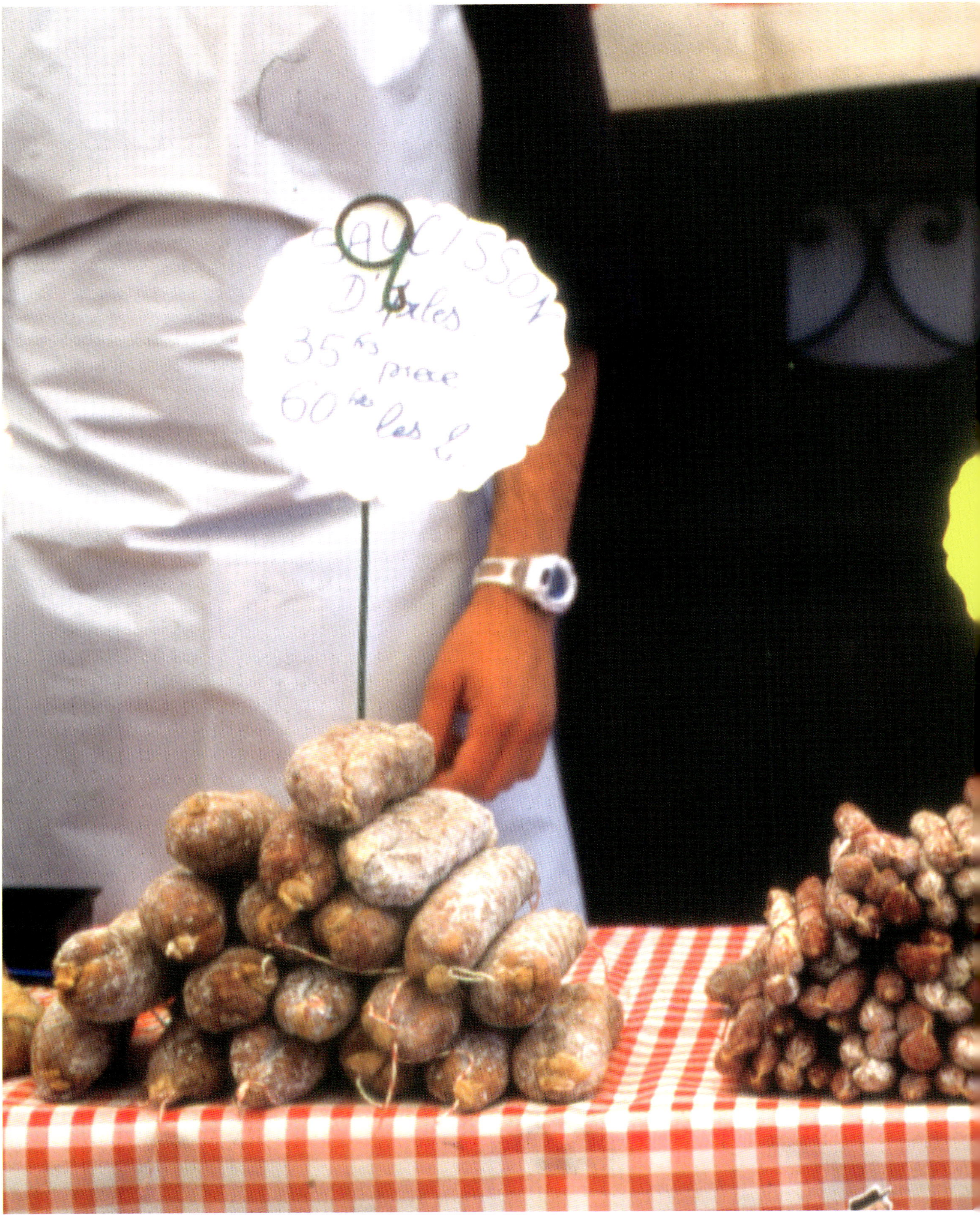
35
piece
60
les

SAUCISSE
SECHE
* NATURE   * AIL
35 Frs pièce
60 frs les 2

FAGOT
le paquet
porc

小牛菠菜火腿卷

Roast Veal Stuffed with Ham and Spinach

250g 的菠菜
100g 切丁備用的帶骨火腿
2 瓣壓碎的蒜頭
2 湯匙切碎的香芹
2 茶匙第戎芥末醬
1 顆檸檬的皮
600g 切片去骨牛腰脊肉，事先以肉垂敲薄成約
　　30 × 15cm 的面積

4 條培根
2 湯匙橄欖油
50g 奶油
16 根迷你紅蘿蔔
8 顆馬鈴薯，不須削皮
8 顆紅蔥頭
185ml 馬德拉葡萄酒

將烤箱預熱至170度。菠菜洗淨放入鍋子，加水淹過菠菜。蓋上蓋子煮2分鐘，使菠菜軟爛。撈起瀝乾並放涼，擠乾水分。剁碎後和火腿、蒜頭、香芹末、芥末及檸檬皮屑混和。

在牛肉片中央鋪上菠菜泥。從肉片比較短的一端開始捲起。外面再裹上一層培根，稍加調味，然後用繩子固定綁好。

在一個大的平底鍋內，加熱橄欖油和奶油，放進迷你紅蘿蔔、馬鈴薯和紅蔥頭，炒到微焦，接著放上烤盤。加進四湯匙馬德拉酒，使之沸騰，接著攪拌大約30秒，讓黏在鍋底的肉屑脫離，然後淋上小牛卷排。

為了不要讓肉過焦，先將肉烤30分鐘之後，再包上鋁箔紙，接著繼續烤45到60分鐘。或是，用叉子刺入肉最厚的部份，看到肉汁流出，即算完成。將肉繼續包在鋁箔紙裡放涼。這時，若蔬菜燉的不夠鬆軟，可以放入烤箱烘烤。

把蔬菜從烤盤取出，再把烤盤稍稍加熱。剩下的馬德拉酒倒進烤盤，烘烤至沸騰，再加入剩下的奶油調味，就可以準備享用了。小牛肉厚切，放在蔬菜上，淋上馬德拉酒醬汁。可以將剩餘的醬汁到進罐子裡保存。

份量：4

左圖一：在牛肉片中央鋪上菠菜泥。從肉片比較短的一端開始捲成瑞士捲起。
左圖二：外面再裹上一層培根，稍加調味，然後用繩子固定好。

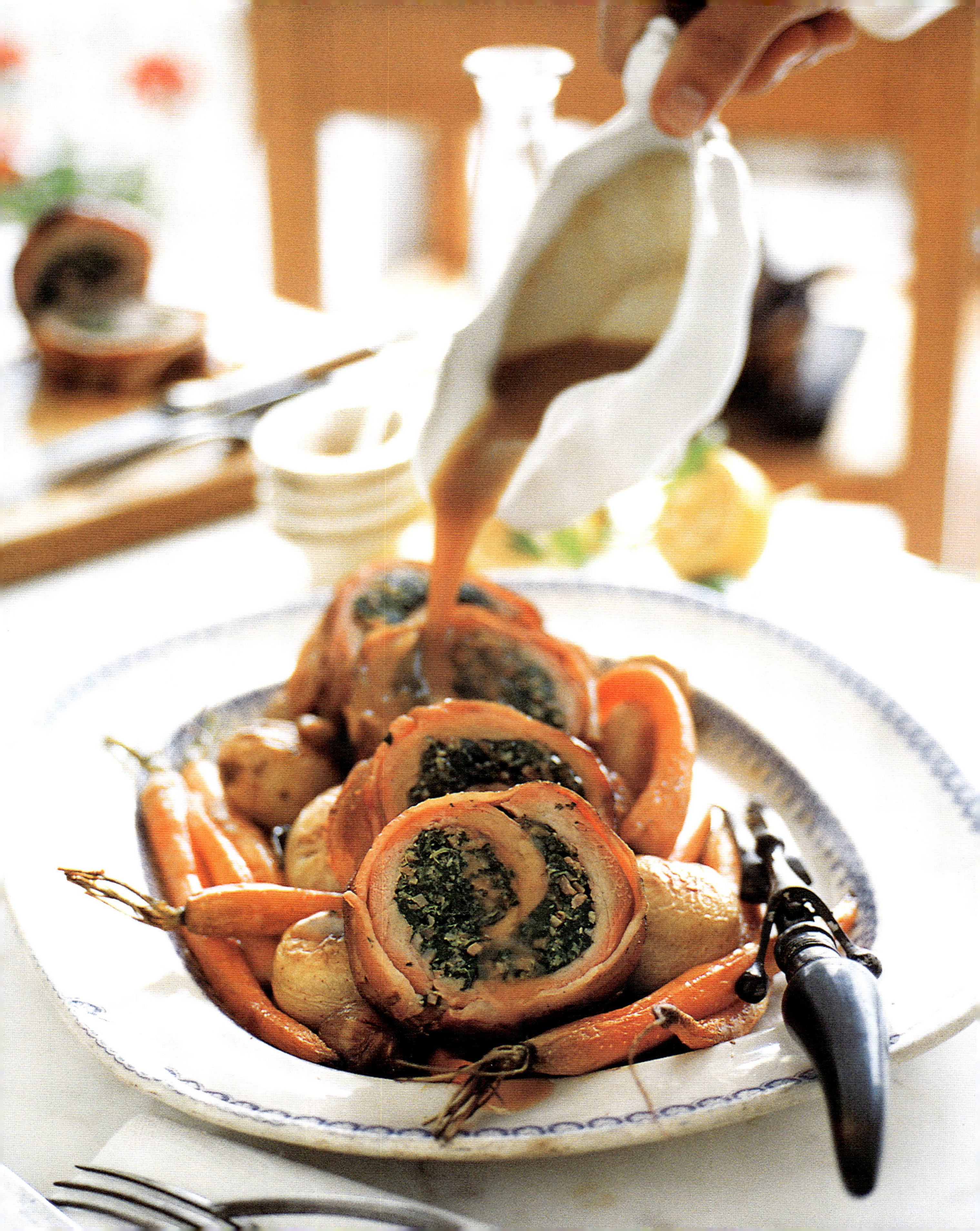

里昂香腸
Lyonnais Sausages

50g 的奶油
500g 切碎的洋蔥
1 湯匙糖
12 條含開心果的豬肉香腸（思華力腸）

2 湯匙白酒醋
150ml 干白酒
3 湯匙切碎的香芹

準備一個醬汁鍋，以文火融化奶油。加入糖與洋蔥並攪拌均勻。蓋上蓋子，悶煮40到45分鐘，或是煮到出現焦糖色即可。預熱烤架。

將香腸刺出數個小洞，放入滾水煮15分鐘，或是煮到香腸熟透為止。撈出並瀝乾，接著放上烤架，烤至表面呈現金黃色。

先將白酒醋及白酒混和，接著轉大火燉煮洋蔥，並將混和好的酒醋倒進去，沸騰直到半數水分蒸發。

加入香芹並試吃調味，便可搭配烤香腸上菜。

份量：6

伯那西醬牛排
Steak Bearnaise

1 顆切碎的紅蔥頭
2 湯匙白酒醋或龍蒿醋
2 湯匙白酒
3 根新鮮龍蒿
1 茶匙乾燥龍蒿

3 顆蛋黃
200g 澄清奶油
1 湯匙切碎的龍蒿葉
4 × 200g 牛排塊
1 湯匙油

將紅蔥頭、醋、酒、新鮮龍蒿、乾燥龍蒿放進醬汁鍋裡。加熱煮滾，讓水分蒸發至剩下約1湯匙量的醬汁即可。把鍋子從瓦斯爐上移開，稍微放涼。

混和蛋黃和1/2匙的開水，放進鍋子裡隔水加熱，持續攪拌直到蛋黃變得濃稠。切忌溫度不要太高，不然會變成炒蛋。

熄火後，持續攪拌並緩緩加入澄清奶油。接著以濾網過濾，加入切好的新鮮龍蒿，可依喜好再調味，保溫醬汁並備用。

將牛排抹上一層油，稍加調味後兩面各以大火煎2到4分鐘。接著淋上做好的醬汁享用。

份量：4

豬排佐蘋果白蘭地
Pork Chops with Calvados

55g 奶油
2 顆蘋果，每顆去核並切成 8 塊
0.5 茶匙糖
1.5 湯匙油
4 × 200g 豬排切片

2 湯匙卡爾瓦多斯蘋果白蘭地
2 顆切碎的紅蔥頭
250ml 蘋果酒
125ml 雞高湯
150ml 乳脂含量高的鮮奶油

在平底鍋內融化一半的奶油，加入蘋果跟糖。小火慢熬，時不時的攪動，直到變得柔軟光亮。

在平底鍋內熱油，加入豬肉煎熟並以鹽調味。倒掉鍋內多餘油脂，倒入蘋果白蘭地炙燒（當點火時退後並保持鍋蓋在易取得之處以防緊急狀況）。將豬肉盛盤並保溫備用。

將剩餘奶油加入平底鍋，放入紅蔥頭炒軟且注意不要燒焦，加入蘋果酒、雞高湯、和鮮奶油煮滾。轉小火煨15分鐘或是收汁至一半份量，且醬汁濃稠倒能依附在湯匙上。

依喜好調味醬汁並加入豬排，煨煮3分鐘至熟透。和煮好的蘋果一起上菜。

份量：4

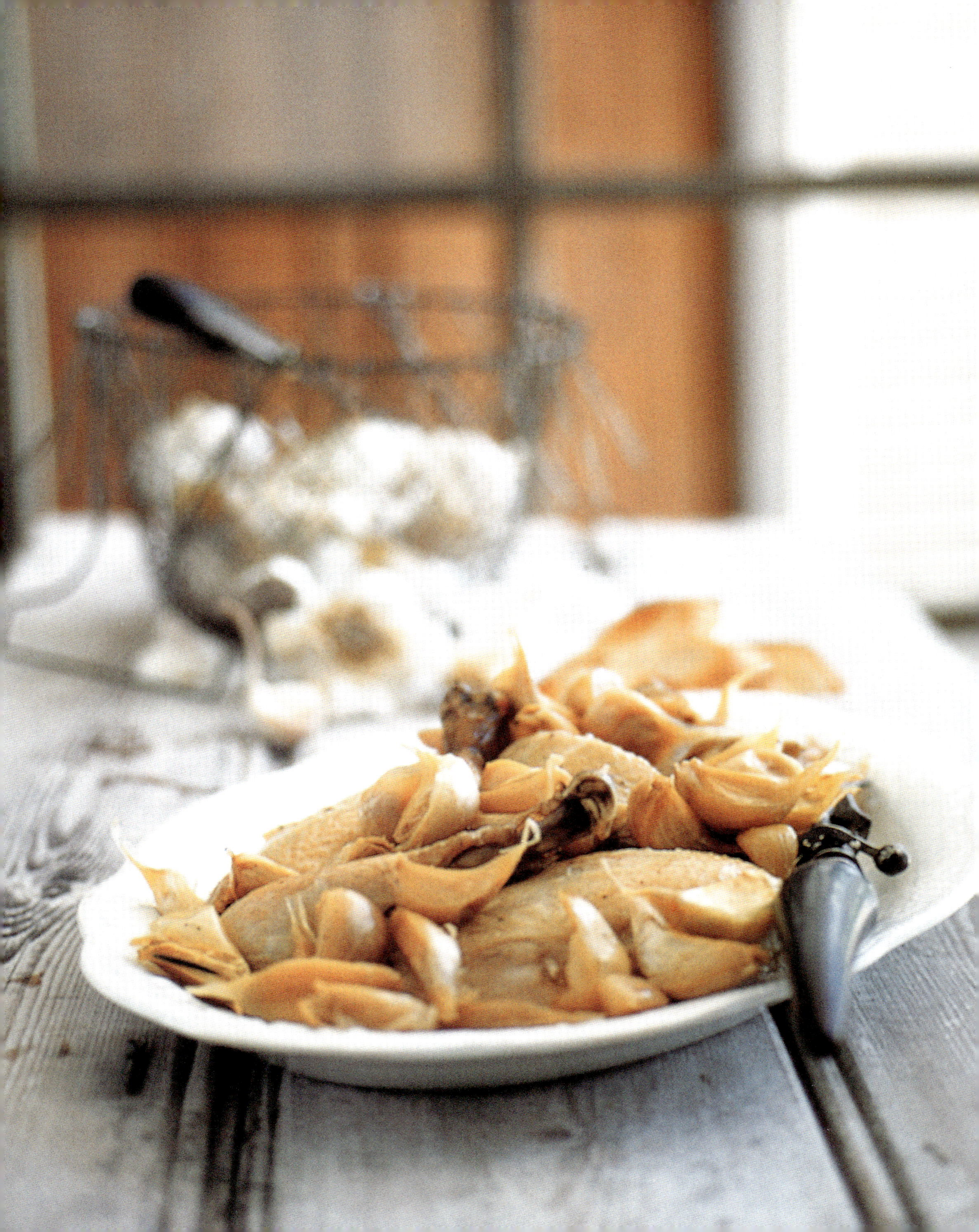

法式蒜頭雞

Chicken with Forty Cloves of Garlic

這道菜直譯為「雞肉與40顆蒜瓣」，可能會讓你受到很大的驚嚇，不過只要是曾經烤過蒜頭的人都會知道，當蒜頭烤好時香味會變得濃厚，且甜味更盛，當你享用時，鮮美的湯汁從蒜頭內流出，跟未料裡過的生蒜頭是非常不一樣的。

2 根含葉的芹菜
2 根迷迭香
2 根百里香
4 根平葉香芹
1.6kg 雞肉
40 瓣沒剝皮的蒜頭

2 湯匙橄欖油
1 個約略切碎的紅蘿蔔
1 顆洋蔥，切成 4 份
250ml 白酒
1 條法國麵包切片
數小枝裝飾用香草

預熱烤箱至攝氏200度。將切碎的芹菜、迷迭香、一半的百里香和一半的香芹塞進雞隻裡。加入6瓣蒜頭。將雞腿綁在一起並將雞翅壓在雞肉底下。

刷上一些橄欖油在雞肉表面並充分調味。把10瓣或更多的蒜頭撒在砂鍋底部。將剩下的香草、剁碎的芹菜、紅蘿蔔以及洋蔥放入砂鍋。

將雞放在香草與蔬菜的上面。將剩下的蒜頭撒上，接著放入剩下的橄欖油和白酒。加蓋放進烤箱烤1小時20分鐘，或烤至雞肉柔軟，且用叉子刺入雞腿肉時會有肉汁流出。

小心的把雞隻從砂鍋取出。過濾砂鍋內的雞湯到另一個小的醬汁鍋，用夾子將雞湯內的蒜瓣夾出，撈除雞湯裡的油脂，並加熱煮滾2到3分鐘，直到雞湯變少且變得濃郁。

將雞肉切至適當的大小，淋上一些雞湯並撒上蒜瓣。烤法國麵包片，並以香草枝點綴雞肉，便可一起上菜。

份量：4

使用砂鍋燉煮雞肉和蔬菜，可以煮至非常入味。

砂鍋鹿肉

Venison Casserole

這種冬季的砂鍋料理通常是在狩獵季中一些受歡迎的打獵區域供應的,比如阿登高地,奧弗涅和阿爾薩斯。在烹飪前最好先將鹿肉浸在滷汁裡,否則鹿肉口感可能會比較柴。

醃肉醬汁:
½顆洋蔥
4顆丁香
8個碾碎的杜松子
8個碾碎的胡椒粒
250ml 紅酒
1個稍微切碎的紅蘿蔔
½根芹菜
2片月桂葉
2瓣蒜頭
2片檸檬皮
5根迷迭香

1kg 切塊的鹿肉
30g 中筋麵粉
1 湯匙油
1 湯匙澄清奶油
8 顆紅蔥頭
500ml 小牛高湯
2 湯匙紅醋栗果醬
數根迷迭香

製作醃肉醬汁,先把洋蔥切成4塊,並在每一塊中嵌上一顆丁香。將其放入大碗中與其它醃汁的材料混合。加入鹿肉攪拌入味,放入冰箱,使其在醬汁裡浸泡一整晚。

撈起鹿肉並用廚房紙巾吸乾水份,保留剩餘醬汁備用。將麵粉加鹽調味,並裹在鹿肉上。

預熱烤至攝氏160度。將油和澄清奶油放入一個大的砂鍋中加熱,加入紅蔥頭,並煮至表面焦黃,然後將紅蔥放入盤中備用。將鹿肉放在油和奶油中烹煮,直到鹿肉變得焦黃,從砂鍋中鹿肉取出備用。

過濾醃肉的醬汁到砂鍋裡,加熱至沸騰,並持續攪拌30秒溶解剩餘的肉渣。然後倒入小牛高湯並煮至沸騰。

將過濾的醬汁食材取出放在滷包袋內做成香料包,放入砂鍋並加入鹿肉與醬汁至沸騰。然後將砂鍋放入烤箱中烤45分鐘。加入紅蔥頭再烤1個小時。

取出香料包。將鹿肉和紅蔥頭取出保溫備用。在醬汁中加入紅醋栗果醬燉煮4到5分鐘,直到水份蒸發剩一半份量。過濾醬汁並將其澆淋在鹿肉上,以迷迭香做裝飾後即可上菜。

份量:4

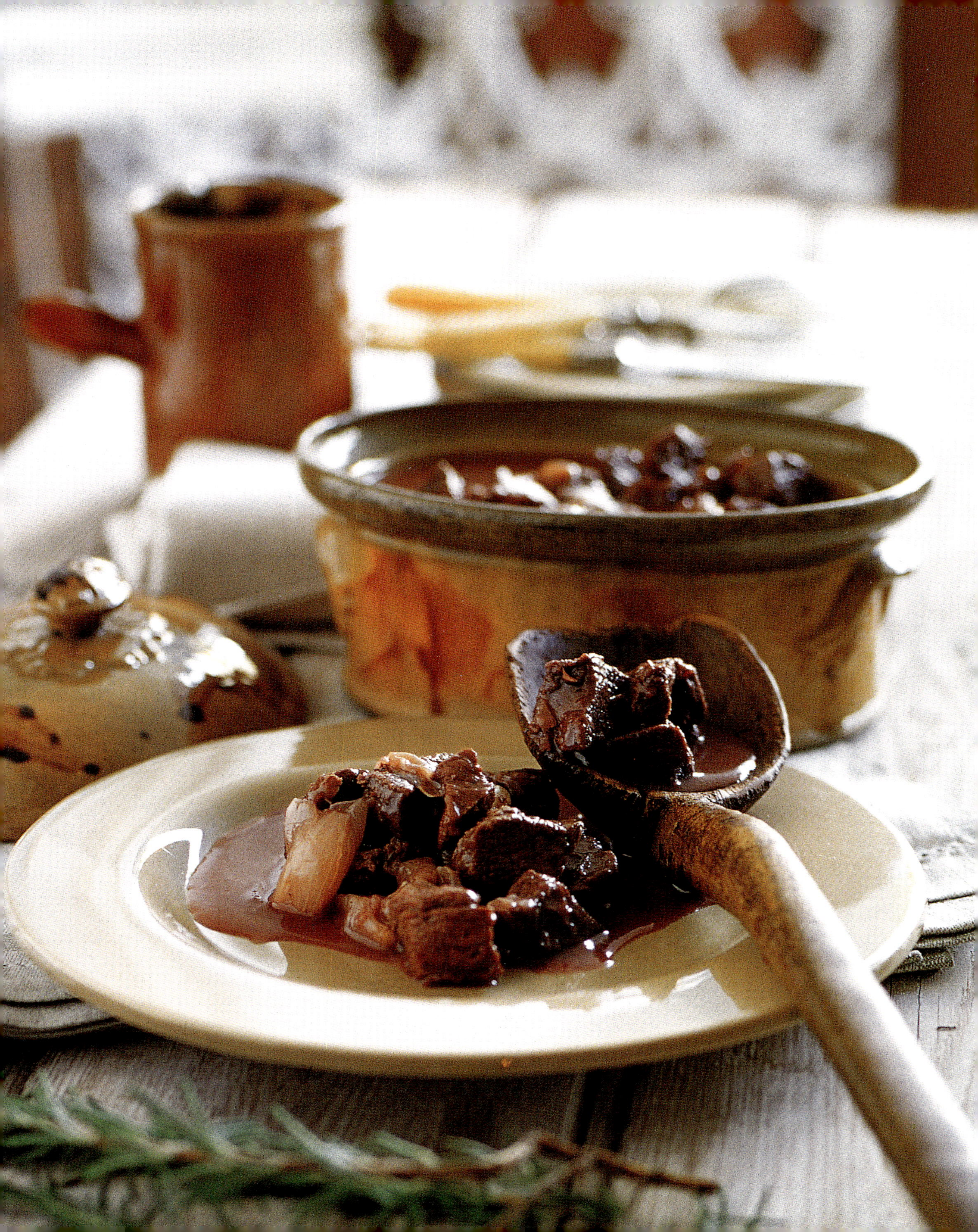

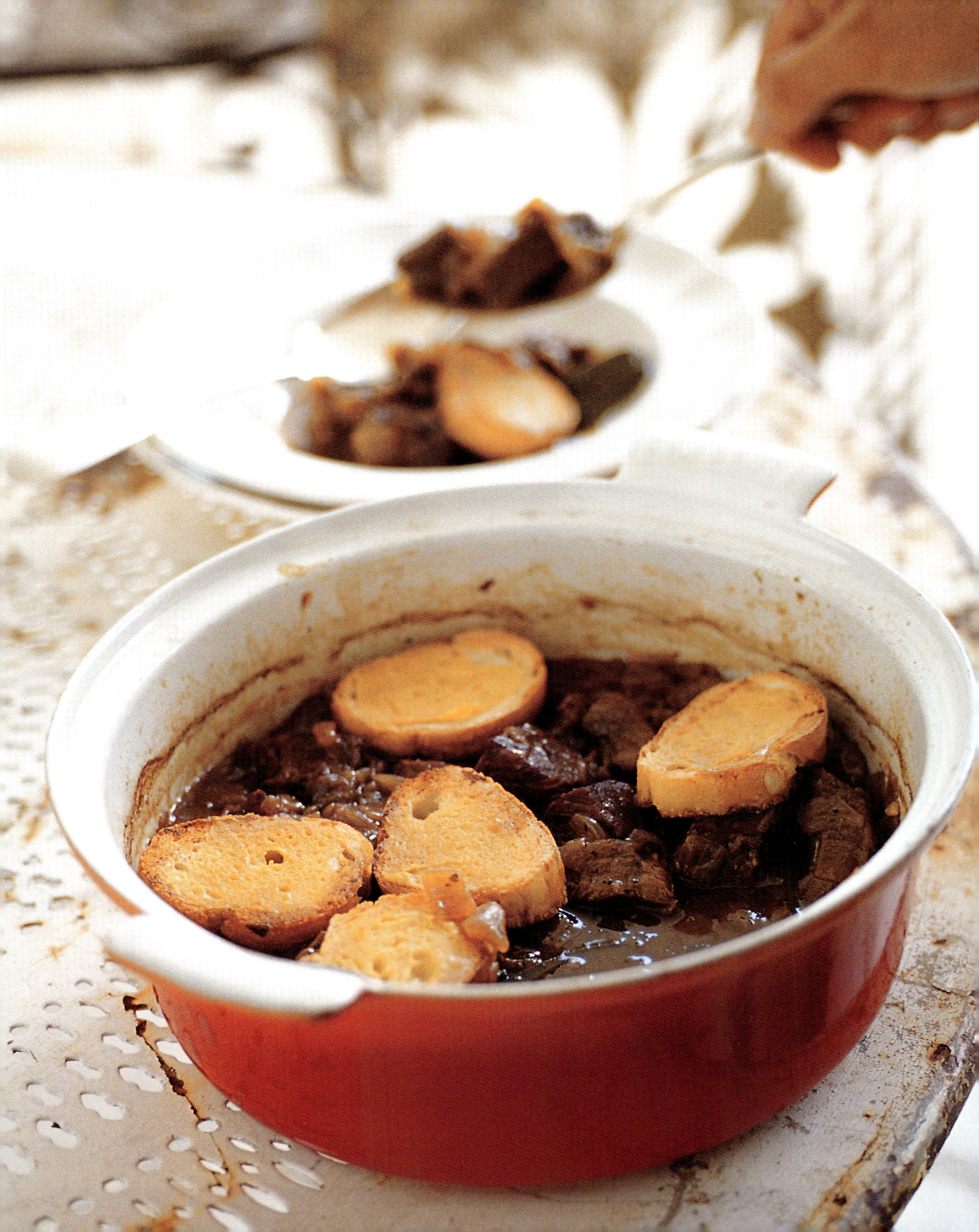

啤酒燉牛肉
Beef Carbonnade

這是一道佛萊明的菜餚,但是也是在法國北部的一種傳統的烹飪方法。「Carbonnade」原指「用木炭烹飪的」,是一道味道豐富,使用啤酒與牛肉做成的料理。和帶皮的馬鈴薯一起烤風味更好。

30g 奶油
2-3 湯匙油
1kg 切成方塊的瘦牛臀肉或牛頸肉
4 個切碎的洋蔥
1 瓣碾碎的蒜頭
1 茶匙紅糖
1 湯匙中筋麵粉

500ml 啤酒(苦味或烈性黑啤酒)
2 片月桂葉
4 根百里香

烤麵包片:
6-8 片法國麵包
第戎芥末醬

先把烤箱預熱至攝氏150度。在大的醬汁鍋裡融化奶油及1湯匙油。將牛肉分批煎至焦黃,然後盛於盤中備用。

在平底鍋中加入1湯匙油並放入洋蔥。以中火炒10分鐘後加入蒜頭和糖再炒5分鐘,可依個人口味再加入油。將洋蔥盛於盤中備用。

從剛剛煎好的牛肉中過濾出肉汁,並加入麵粉,以小火熬煮並持續攪拌。熄火後分數次加入啤酒,每次都只加一點(啤酒會起泡沫)。繼續開火燉煮,直到質地變得滑順濃稠,最後用鹽和胡椒調味。

將牛肉與洋蔥分層交錯放入砂鍋,並加進月桂葉和百里香,可依個人口味用鹽和胡椒調味。將剛剛做好的啤酒醬汁倒進砂鍋裡直到淹過牛肉,加蓋放入烤箱烤2.5到3個小時,或是直到牛肉變得軟嫩。

製作烤麵包片,先預熱烤架。將法式麵包的兩面都稍微烤一下,在其中一面塗上第戎芥末醬,並放上燉牛肉鍋,有芥末的那面朝上,然後將燉牛肉放在烤箱最上層烤1分鐘即可上菜。

份量:4

將牛肉與洋蔥分層交錯放入砂鍋,並用香草及調味料調味。

Saucisson au Noix
30,00 Pièce
Saucisson au Comté
= 50,00 les 2
Saucisson au Herbes
30F,00 Pièce
50F,00 les 2
Sergio
Tacchini
EXPRESS

豬肉熟食店

在法國，幾乎每個村莊都有一間豬肉熟食店，販賣新鮮或風乾的香腸、火腿和肉醬，而這些地方的熟食店也保存了豐富製作肉類加工品的地域特色。

熟食店，字面上的意思是「保存的肉類」，是指加工過或烹煮過的豬肉產品。除了豬肉之外，其他肉類也可能被使用，例如香腸中的野味和牛肉，以及鵝肝醬、肉醬中的鵝肉和鴨肉。傳統熟食也會使用馬肉及驢肉，但現在已經很少見了。提到熟食店一般最先會聯想到豬肉，因為幾乎豬隻身上所有的部位都可以被加工製成食品。鄉村人家傳統上習慣在秋天宰殺豬隻，吃不完的肉就會被做成熟食保存下來，這樣一來整個冬天都有豬肉可以吃。

無論是商業化製造，或是由傳統熟食店手工加工，整個法國地區都盛行製作熟食。在法國東北的阿爾薩斯地區（Alsace），熟食店的製作受到德國傳統的影響；而在亞爾丁（Ardennes）的森林地區，則會使用野豬等等野味製作火腿和肉醬。西北的圖爾（Tours）和武夫賴（Vouvray）

以製作熟肉醬（rillettes）出名，而西南部則是擅長於製作鴨和鵝的肥肝以及風乾火腿（Bayonne ham）。法國東部，特別是里昂地區，是製作熟食店的大本營，他們生產的法式內臟腸（andouillettes）、耶穌火腿（Jésus）、燻牛腸（cervelas）及玫瑰乾肉腸（rosettes）都是全法國最好的。而法國南部則擅長製作乾香腸、硬香腸以及風乾的火腿。

火腿腸（saucisses）、鮮香腸，從圖盧茲（Toulouse）的粗肉腸到史特拉斯堡（Strasbourg）的法蘭克福腸不等。血腸（Boudin noir），血腸，和白豬腸（boudin blanc），都是香腸形狀的熟食。而辣燻腸（andouilles）及法式內臟腸（andouillettes），則是用豬小腸或肚作成的。法式料理中的香腸，通常是水煮而非烘烤。水煮過的香腸，通常形狀較大且油脂較多，在菜餚中常和醃酸菜拼盤（choucroute garnie）、卡酥來燉鍋（cassoulet）等作搭配。

硬香腸就像義大利的薩拉米香腸（salamis）一樣，通常是風乾來保存。做為冷盤，並不需要經過烹煮，直接切片就可以食用。大部分的硬香腸是使用豬肉，雖然有時候也會加入馬肉及牛肉，添加的香料以及調味的方式也因地域而有所不同。里昂地區是製作這種熟食店的中心，包含玫瑰乾肉腸（rosettes）和耶穌火腿（Jésus）。其他地方則包含普羅旺斯豬肉加牛肉的亞爾火腿腸（saucisson d'Arles），受德國影響的阿爾薩斯，還有鄉村地區，利穆贊（Limousin）、亞維儂（Auvergne），皆有不同風味的肉腸。

早在羅馬時代法國人就開始燻製火腿。拜雍火腿（Jambon de Bayonne）是最廣為人知的一種生火腿，風乾製成，甜味如巴馬火腿（Parma ham）。阿爾薩斯及亞爾丁地區皆以煙燻生火腿出名。

陶罐肉醬餡餅（pâté en croûte），pâté多指裝在陶罐中的食物。

鴨和鵝的肥肝是法國西南部的特產，會單獨販售也會被作成抹醬。油封料理是由豬肉鴨肉或鵝肉和肉類本身的油脂製成，用於卡酥來燉鍋（cassoulet）或捲心菜濃湯（garbure）等菜餚。

Jésus
Targe
Pur Porc
Garanti

PAVE
PUR PORC
14 Frs les 100g
ARDECHE

法式鴨胸佐黑醋栗覆盆莓
Duck breasts with cassis and raspberries

「Magret」在法文中指的是鴨胸，是鴨肉中最嫩的一部分，通常呈現酥脆的粉紅色表皮，你也可以在這道菜裡加入冷凍覆盆莓，不過要確定是否完全退冰。

4 × 200g 鴨胸肉
2 茶匙海鹽
2 茶匙肉桂粉
1 湯匙黑糖

250ml 紅酒
170ml 黑醋栗酒
1 湯匙玉米粉或是葛粉
250g 覆盆莓

以刀在鴨皮面劃出菱形格紋，注意不要整個切開。在平底鍋內放入鴨胸肉，鴨皮朝下，煎到表皮變得焦黃，且開始有油脂流出，盛出鴨肉到另一個鍋子裡，並倒掉大部分的油脂。

把海鹽、肉桂粉和黑糖拌在一起，平均的撒在鴨皮上，稍微按壓使它入味，並用胡椒粉調味。將鴨胸肉放入平底鍋裡，鴨肉朝下煎10到15分鐘，將煎好的鴨胸肉放到砧板上，並預熱烤架。

同時，在醬罐裡混合紅酒和黑醋栗酒，然後取一小碗，倒進大約80ml的酒，並加入玉米粉或是葛粉攪拌混合，再將它倒回醬罐裡。

倒掉平底鍋裡多餘的油脂，只留大約2湯匙的量在平底鍋裡，倒進紅酒以及黑醋栗酒，加熱2到3分鐘，不斷地攪拌直到醬汁變濃厚。加入覆盆莓，再悶煮幾分鐘讓果肉熟透，最後依個人喜好調味。

將鴨胸肉放上烤架，鴨皮朝上烤1分鐘，或是直到表面的糖開始有焦糖的顏色。把鴨胸肉切片，淋上醬汁，可以將剩下的醬汁裝回醬罐裡保存，便可以上菜。

份量：4

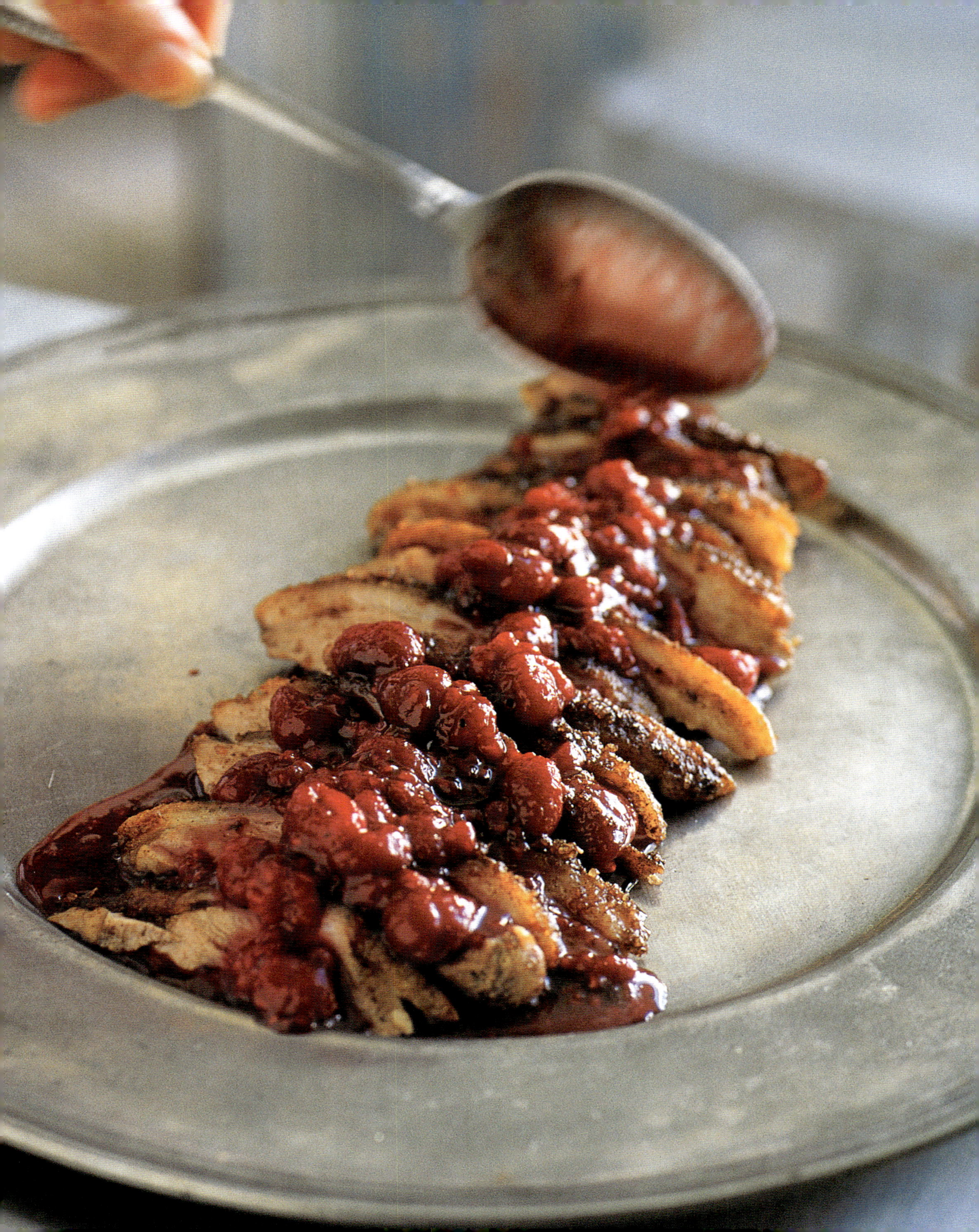

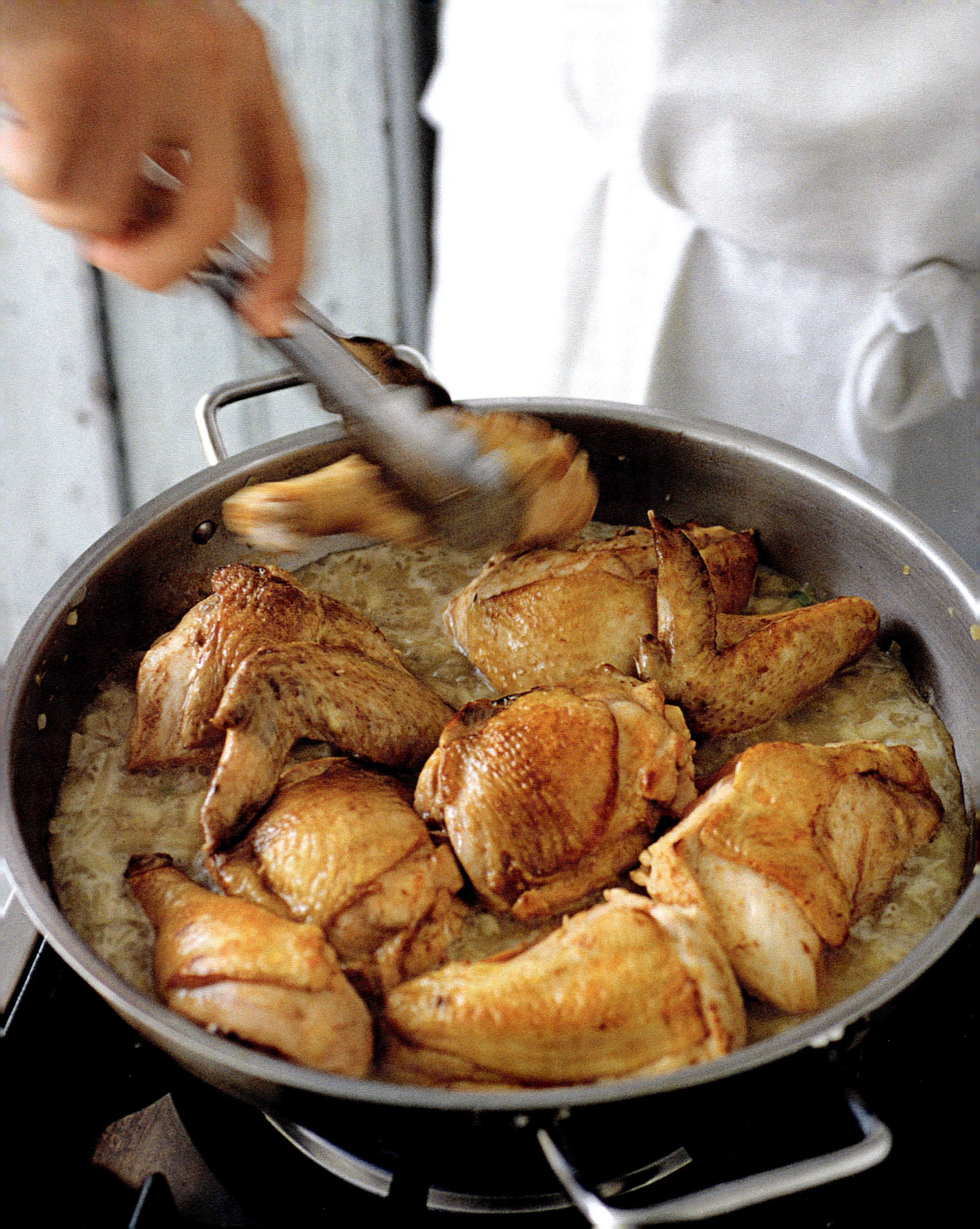

雞肉佐蘋果白蘭地
Chicken with calvados

諾曼第和布列塔尼是法國著名的蘋果栽種區，這是一道很經典的地方菜餚。如果你聽到「Poulet au cidre」，表示這雞肉是用蘋果酒烹煮，而非高湯。

1.6kg 雞肉
2 顆蘋果
1 湯匙的檸檬汁
60g 奶油
½ 顆切碎的洋蔥

½ 根芹菜
1 湯匙的中筋麵粉
80ml 卡爾瓦多斯蘋果白蘭地
375ml 雞高湯
80ml 法式酸奶油

將雞肉切成8等分，將腿拉開，由內側根部切入，分離出雞腿，並沿著雞腿的關節處切開，將雞腿分成兩份。背部朝上，頭部朝向自己，將刀刃由胸口中心刺入，沿著胸骨中央凸起處切開一邊，將肉沿著胸骨把肉切下來，另一邊的胸肉也以同樣手法取下，將兩塊胸肉對半切，並保留雞翅部分。

蘋果削皮去核，再切半，一半的蘋果切碎，一半切成12塊，然後把它們泡進檸檬汁裡。

在大的平底深鍋裡融化一半的奶油，放入雞肉且雞皮朝下，煎到表面呈現金黃色為止，翻面再煎5分鐘，盛出雞肉，將多餘的油脂倒掉。在相同的鍋子裡放入一湯匙的麵粉跟洋蔥、芹菜及切碎的蘋果，拌炒5分鐘且注意不要燒焦。

熄火後加入麵粉攪拌混和，倒進蘋果白蘭地後開火燉煮，慢慢的攪拌直到沸騰。放入雞肉，加蓋燉煮15分鐘或直到雞肉熟透且變得軟嫩。

同時，在小平底鍋中把剩下的奶油加熱，加入蘋果塊以中火煎至柔軟焦黃。取出蘋果保溫備用。

從平底深鍋中取出雞肉並保溫，並撈掉醬汁裡多餘的油脂。加入法式酸奶油燉煮直到沸騰，並繼續滾4分鐘，或是醬汁已經變得濃厚到可以依附在湯匙背面。適當調味後淋上雞肉，便可搭配蘋果塊上菜。

份量：4

右圖一：放入雞肉直到表面變得金黃。

右圖二：加入麵粉、洋蔥、芹菜，和切碎的蘋果拌炒。

酸菜豬腳醃肉拼盤
Sauerkrout with mixed pork products

白酒醃酸菜（Choucroute）是阿爾薩斯地區的菜餚中一項很重要的食材。這道菜根據招待人數的多寡而有不同的變化，習慣上人越多，使用的肉類就越多。

1.25kg 新鮮或是罐裝的酸菜
4 湯匙的豬油
1 顆切片的洋蔥
1 瓣切碎的蒜頭
1 顆洋蔥，塞入 4 顆丁香
1 隻豬蹄膀
2 片月桂葉
2 根切丁的紅蘿蔔

8 顆稍微壓碎的杜松子
450g 豬肩肉
450g 五花肉，切成粗條狀
185ml 干葡萄酒，雷司令葡萄酒味道更好
12 顆未剝皮的馬鈴薯
3 條水煮香腸
6 條法蘭克福香腸

如果是使用新鮮的酸菜，要先用冷水沖洗並擰乾。若是罐裝的酸菜，簡單過濾掉湯汁即可。

預熱烤箱至190度，在大的砂鍋裡融化豬油，放進切好的洋蔥片及蒜頭拌炒10分鐘，或是直到它變軟但不至焦黃。盛出一半的洋蔥備用，在砂鍋中加入一半的酸菜，將塞有丁香的洋蔥和豬蹄膀鋪在上面。撒上月桂葉、紅蘿蔔丁和杜松子，稍做調味，加入剩下的洋蔥和酸菜再做調味，最後再鋪上豬肩肉及五花肉。

在砂鍋內倒入酒及125ml的水，加蓋燉2.5小時（1個小時後若需要也可以加點水）。再加入馬鈴薯燉煮30至40分鐘，或是煮到馬鈴薯變軟。

把水煮香腸在滾水中煮20分鐘，再加入法蘭克福香腸煮10分鐘，然後撈起瀝乾並保溫。把塞有丁香的洋蔥丟棄。

豬蹄膀切塊，豬肩肉及香腸切片。將酸菜、馬鈴薯、香腸、及切好的肉擺盤，即可上菜。

份數：8

將豬蹄放在酸菜上並加入其他食材，最後加進剩下的洋蔥與酸菜，並在上面鋪上豬肩肉及豬五花。

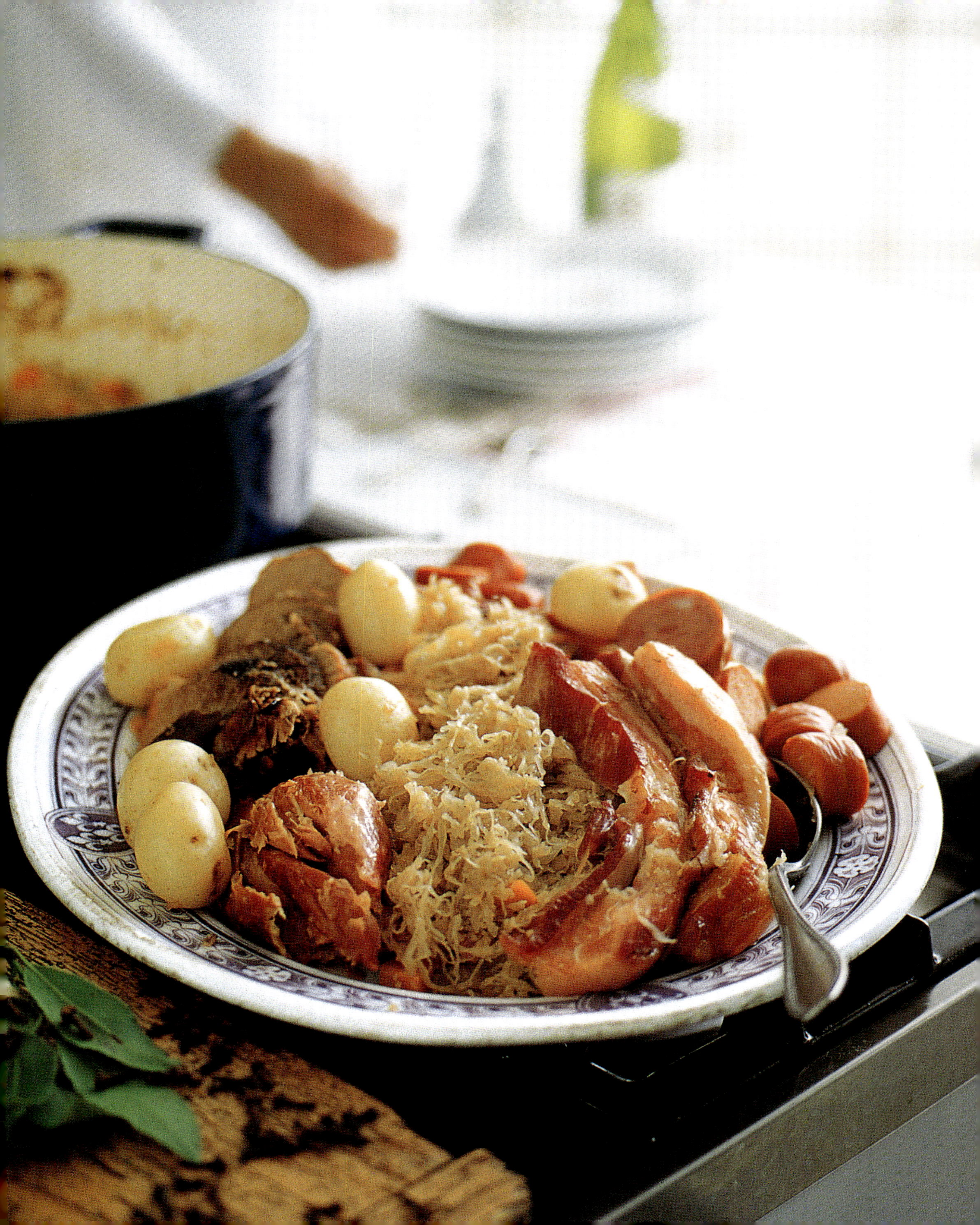

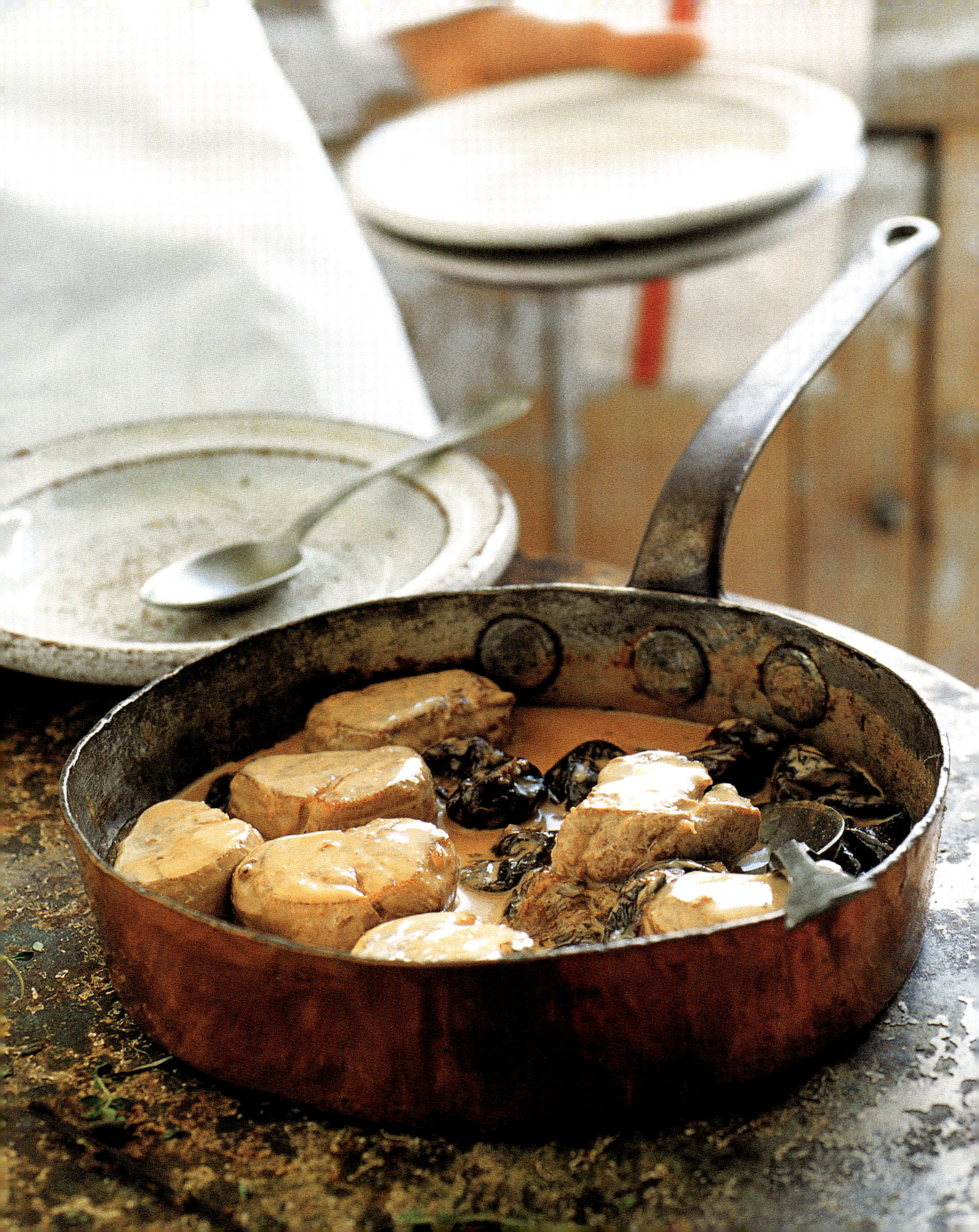

西梅香煎豬肉

Pork Noisettes with Prunes

豬肉佐西梅是法國圖賴訥省（Touraine）一道傳統的菜餚。通常法國人不將水果和肉，甜的和鹹的一起料理，但西梅和蘋果卻常與豬肉一起烹煮。

8 塊豬肋脊或 2 × 400g 豬菲力
16 顆去核西梅
1 湯匙油
50g 奶油
1 顆切碎的洋蔥

150ml 白酒
280ml 雞高湯或小牛高湯
1 片月桂葉
2 根百里香
250ml 乳脂含量高的鮮奶油

將豬肉多餘的脂肪切除，確定沒有薄膜殘留，如此豬肉才不會在烹煮時縮水。如果使用的是豬菲力，斜刀切成四片。將西梅放入小鍋中，倒入水煮至沸騰。關小火燜煮5分鐘後瀝乾。

在平底深鍋上熱油並加入一半的奶油。當奶油開始起泡，放入豬肉嫩煎（依鍋子的大小可以分批煎）。兩面都煎熟後盛起放在熱過的盤子上，加蓋並保溫。

倒掉鍋裡多餘的油，融化奶油後加入洋蔥，小火拌炒至變軟但不至於焦黃。接著倒入白酒煮至沸騰後續煮2分鐘。加入高湯、月桂葉和百里香，煮到沸騰後關小火燜煮10分鐘。

在碗裡過濾煮好的湯汁，倒入乾淨的鍋裡，加入鮮奶油和西梅燜煮8分鐘或直到醬汁變得有點濃稠。放入煎過的豬肉，煮到豬肉熟透即可上菜。

份數：4

右圖一：嫩煎豬肉，兩面都煎熟後盛起放在熱過的盤子上，加蓋並保溫。
右圖二：加入高湯、月桂葉和百里香，以小火悶煮到醬汁收乾至一半份量。

西梅核桃填餡烤春雞
Prune and Walnut-suffed spatchcocks

法國的西梅被公認是世界上最棒的。尤其是法國西南部同地區生產的核桃和西梅，搭配在一起堪稱經典。

填餡：
10g 奶油
4 顆切碎的紅蔥頭
1 瓣切碎的蒜頭
70g 切碎的去殼核桃
14 顆切碎去核西梅

4 隻春雞
4 片月桂葉
4 片培根
50g 奶油
1 小顆檸檬汁
2 湯匙蜂蜜
60ml 乳脂含量高的鮮奶油或法式酸奶油

製作填餡，先在鍋中加熱奶油，放入紅蔥頭拌炒10至15分鐘，加入蒜頭續煮1分鐘。移開火爐，拌入切碎核桃和西梅，調味後放置一旁冷卻。預熱烤箱至180度。

在每一隻雞身裡均勻的塞進一湯匙填料，並加入一片月桂葉。將雞腳綁在一起，並將雞翅壓在雞身下。用培根裹住雞胸後，將春雞放在烤盤上。

在醬汁鍋裡放入奶油、檸檬汁和蜂蜜，加熱融化並淋在春雞上。將春雞放入烤箱，邊烤邊塗上醬汁，烤45分鐘或是直到使用烤肉叉插入雞肉裡，將叉子拔出來後叉子高溫至無法直接觸碰。

把烤好的春雞取出，加蓋並保溫。將烤盤放到爐子上加熱至醬汁沸騰，接著拌入鮮奶油。調味好醬汁後，淋上春雞，便可盛盤上菜。

份量：4

使用烤肉叉插入雞肉裡，將叉子拔出來後叉子燙到無法直接觸碰時，表示雞已經烤熟了。

水煮雞肉
Poached chicken

亨利四世曾說過，他希望所有的子民都能在星期天享用一隻雞，看的出來他覺得雞肉是餐桌上非常重要的料理。這道料理煮起來很容易，使用放山雞可以有更好的味道。

1.6kg 的雞肉
1 根稍微切碎的紅蘿蔔
½ 顆切半的洋蔥
1 支切碎的芹菜
1 瓣蒜頭
4 根香芹
2 片月桂葉
8 顆黑胡椒粒

8 顆杜松子
2 根帶骨培根
1 茶匙鹽
12 根小蘿蔔
8 根嫩韭蔥
8 顆小蕪菁
12 顆小馬鈴薯

先將雞肉以鹽調味，用棉布將雞肉包起來，並用細繩固定。將雞肉放進大的醬汁鍋裡，再用另一條棉布把紅蘿蔔、洋蔥、芹菜、蒜頭、香芹、月桂葉、黑胡椒、和杜松子包在一起，並放進鍋中。加入帶骨培根和鹽，加水至覆蓋過食材，煮至沸騰並轉小火燉煮40分鐘。

將其它蔬菜切好，放進醬汁鍋裡，撈起雞肉並瀝乾，繼續燉煮蔬菜10分鐘。將雞肉去皮，與蔬菜搭配上桌。過濾鍋子裡的肉湯，取出帶骨培根，便可以當作開胃菜享用，也可以將肉湯冷藏做高湯備用。

份量：4

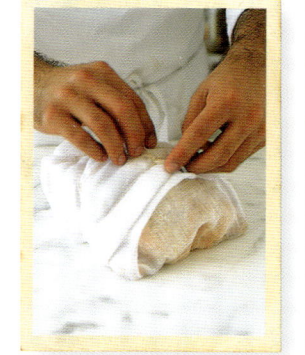

右圖一：用棉布包裹雞肉並以繩子固定。
右圖二：在燉煮蔬菜的同時撈起雞肉並瀝乾。

春菜燉羊肉
Lamb stew with spring vegetables

傳統上這是一道用來迎接春天和新收成農作的料理，但其實這道春菜燉羊肉一整年都可以製作，也可以使用冬季根莖類蔬菜像是馬鈴薯、紅蘿蔔和蕪菁。

1kg 羊肩肉
30g 奶油
1 顆切碎的洋蔥
1 瓣壓碎的蒜頭
1 湯匙的中筋麵粉
500ml 的牛高湯

1 束香草束
18 根小紅蘿蔔
8 支帶葉小洋蔥
200g 小蕪菁
175g 小馬鈴薯
150g 新鮮或冷凍豌豆

去除羊肉的脂肪和筋，然後切成一口大小。在砂鍋上以大火加熱奶油，並分批加入羊肉，將羊肉炒至變色，盛盤備用。

在砂鍋裡加入洋蔥、以中火拌炒3分鐘，或是直到洋蔥變軟但不至於焦黃。加入蒜頭，爆香1分鐘，或直到有香氣出來。

把肉和肉汁倒回砂鍋，並撒入麵粉，以大火拌炒到每塊羊肉都均勻的裹上湯汁，且湯汁開始沸騰。慢慢倒進高湯並攪拌，加入香草束後煮至沸騰。轉小火並加蓋燉煮1小時15分鐘。

切小根紅蘿蔔並留下一點綠色的莖，用同樣的方式處理帶葉小洋蔥與蕪菁。若是馬鈴薯太大可以切半。

加入蔬菜至砂鍋中，煮至沸騰再加蓋燉煮15分鐘，或者直到蔬菜變軟（如果你是使用冷凍豌豆，最後再加入豌豆即可。）在上菜前用鹽及胡椒調味。

份量：6

左圖一：分批拌炒羊肉，這樣才不會因為肉塊太過於擁擠而受熱不均。
左圖二：當羊肉變的焦黃且已經均勻的裹上麵粉，加入高湯並慢慢攪拌。

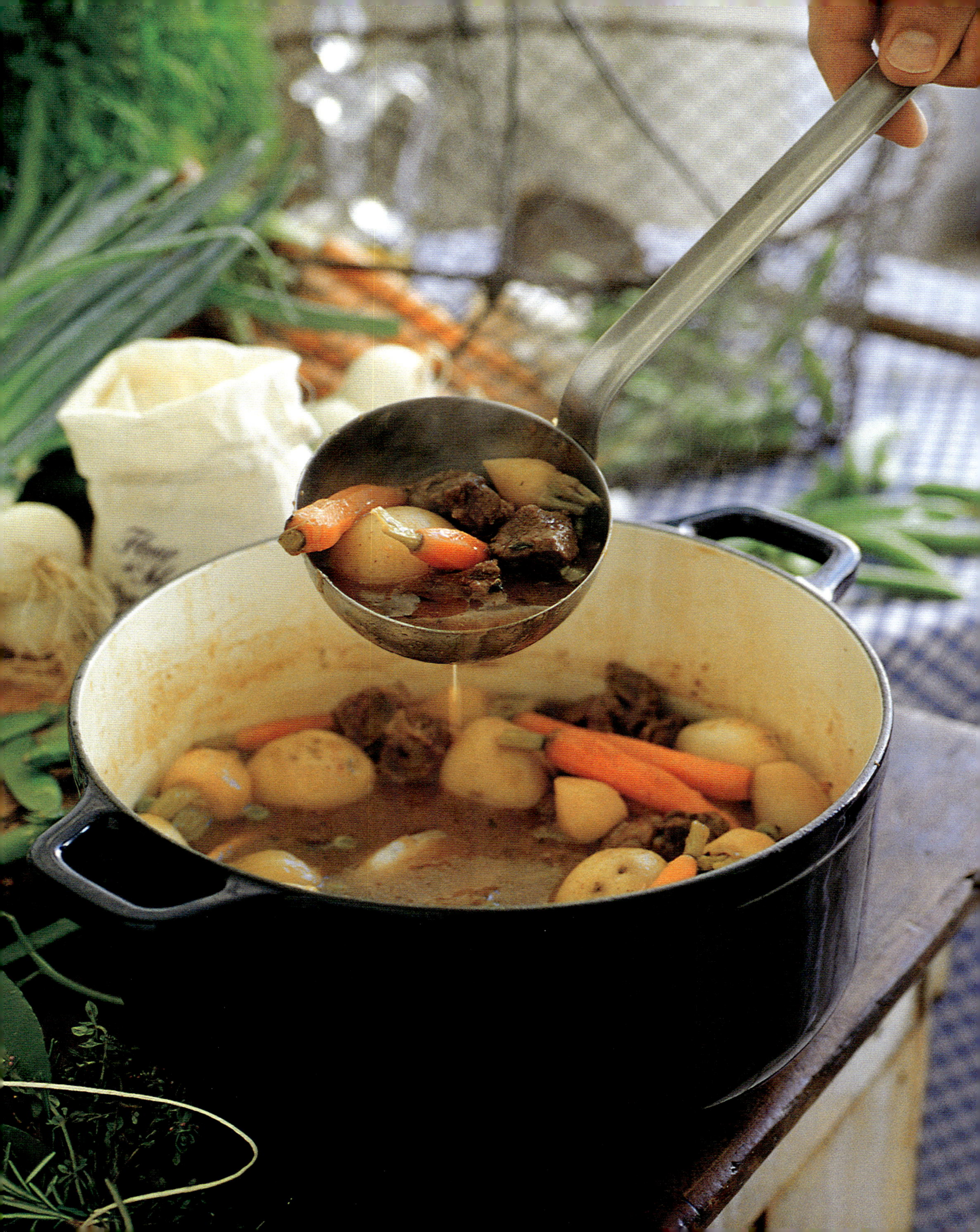

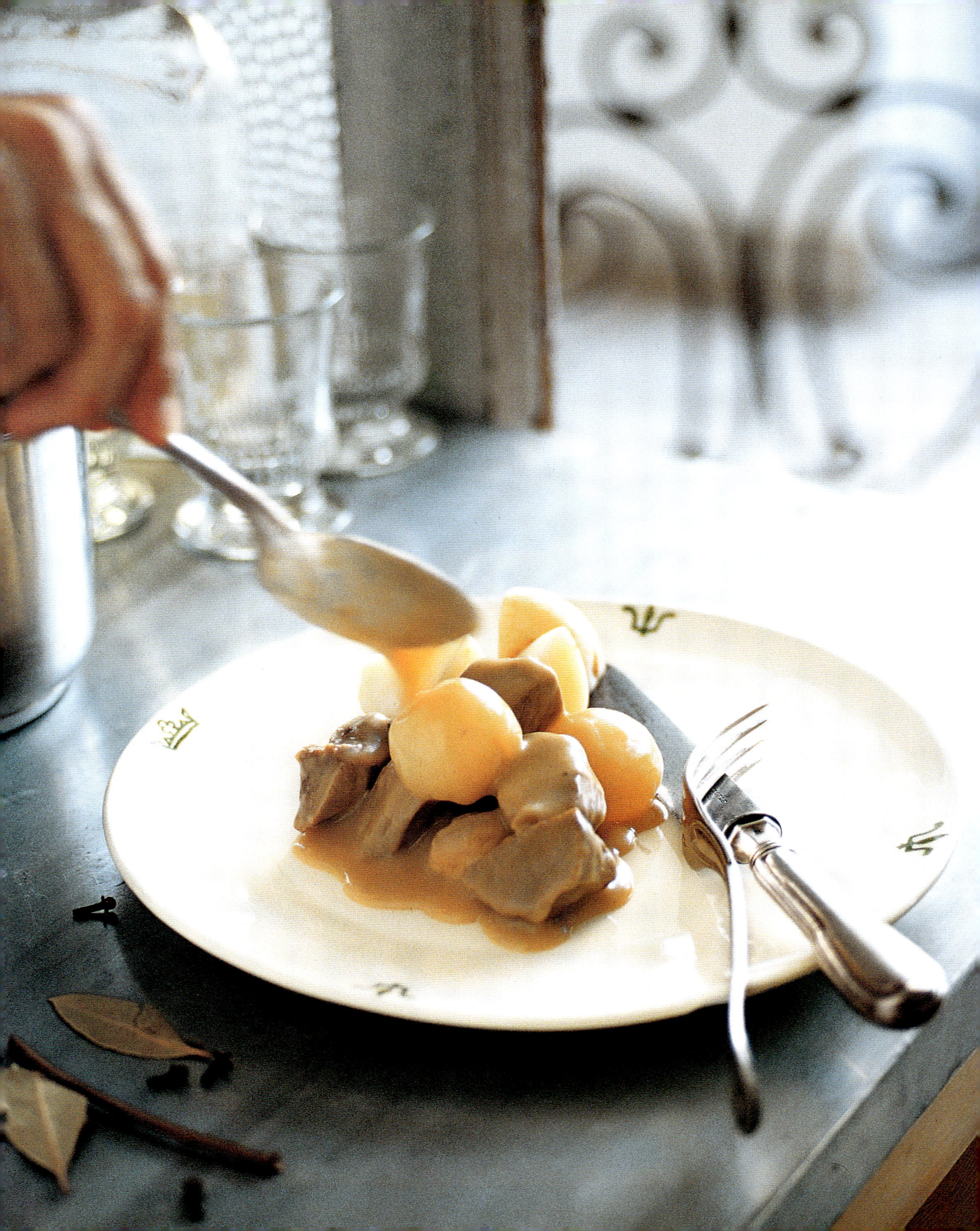

奶油燉小牛肉
Creamy veal stew

奶油燉小牛肉通常搭配白米飯或煮熟的小馬鈴薯。它們根據不同的地區有不同的變化，但最經典的食譜還包含了洋菇、洋蔥、以及以鮮奶油和蛋做出來的濃厚的醬汁。

800g 無骨小牛肩，切成 3cm 大小的肉塊
1L 牛高湯
4 顆丁香
½ 顆洋蔥
1 根稍微切碎的小蘿蔔
1 根稍微切碎的韭蔥，只取蔥白部分
1 根切碎的西洋芹
1 片月桂葉
30g 奶油
30g 中筋麵粉
1 湯匙檸檬汁
1 顆蛋黃

2.5 湯匙乳脂含量高的鮮奶油

洋蔥配料：
250g 醋漬或珍珠洋蔥
10g 奶油
1 茶匙糖粉

洋菇配料：
10g 奶油
2 茶匙檸檬汁
150g 切片洋菇

把小牛肉放進醬汁鍋，加水淹過牛肉煮沸。把水倒掉並以清水沖洗牛肉，瀝乾牛肉，再放進平底深鍋中並加入高湯，將丁香塞入洋蔥，並與剩下的蔬菜和月桂葉一起放入鍋中。

煮到沸騰，然後轉小火加蓋燉煮小牛肉40到60分鐘，或是直到它變得軟嫩。撈去浮在高湯表面的雜質，撈起並瀝乾小牛肉，放在一旁保溫備用。撈起並去除鍋內的蔬菜並保留鍋內的高湯。

製作洋蔥配料，將醋漬小洋蔥放入小鍋中，加水至洋蔥的一半高度，並加入奶油和糖。在洋蔥頂部放一張褶皺的烤紙，再以小火燉煮20分鐘，或者直到水已經收乾且洋蔥變軟。

製作洋菇配料，先倒入小鍋一半的水量，並加熱煮至沸騰。加入奶油、檸檬汁和洋菇煮3分鐘，或者直到洋菇變軟。撈起並瀝乾洋菇。

在大的平底深鍋中加熱奶油，並加入麵粉拌炒成麵糊，持續攪拌3分鐘注意別讓麵糊燒焦。移開火爐，慢慢加入剛剛煮牛肉的高湯，持續攪拌直到醬汁變得均勻且滑順。放回火爐加熱，持續攪拌醬汁直到沸騰，轉小火燉煮8分鐘，或是直到醬汁濃稠可以附著在湯匙背面的程度。

加入檸檬汁並調味，然後加入蛋黃和奶油快速攪拌，並加入牛肉、洋蔥配料及洋菇配料，重新開火加熱但不至於沸騰，便可以上菜。

份量：6

圖爾比戈羊腰子
Kidneys Turbigo

這道含有羊腎、香腸、洋蔥的燉菜，是以一個位於義大利倫巴底的城鎮——圖爾比戈命名，十九世紀有兩起法國軍隊戰勝了奧地利軍隊的戰績在此地發生。

8 個羊腎（羊腰子）
60g 奶油
8 條直布羅陀腸
12 顆醋漬小洋蔥或紅蔥頭
125g 切片的洋菇
1 湯匙中筋麵粉
2 湯匙干雪莉酒
2 茶匙番茄糊

200ml 牛肉高湯
2 湯匙切碎的香芹

香蒜麵包：
油（塗刷用）
2 瓣壓碎的蒜頭
12 片切片的法式麵包

將羊腎切半，並用剪刀剪除白色皮膜。在一個大平底鍋中加熱一半的奶油，加入羊腎煎2分鐘或者直到羊腎變得焦黃，盛出羊腎到盤子上備用。放入小直布羅陀腸煎2分鐘或直到香腸變的焦黃，盛到另一盤子上備用，並將香腸用斜切的方式切成兩半。

轉小火加入剩餘的奶油、洋蔥和洋菇並持續拌炒5分鐘，或直到食材變軟或表面呈金黃色。

混合麵粉和雪莉酒，再加入番茄糊和高湯，攪拌混合直到變得滑順均勻。

在炒好的洋蔥和洋菇裡加入雪莉酒番茄醬汁，開火並持續攪拌直到沸騰，且湯汁變得濃稠。依個人喜好做調味，加入羊腎、香腸，轉小火並加蓋燉煮25分鐘，或是直到羊腎煮熟。

同時製作香蒜麵包，預熱烤箱至180度。將油、蒜頭混合，並輕刷在麵包片上。將麵包片放在烤盤烘烤3到4分鐘，然後再翻面烤3分鐘，或者直到表面呈金褐色。將香芹撒在羊腎上並即可搭配香蒜麵包上菜。

份量：4

左圖一：加入奶油後將羊腎炒至表面呈金黃色。
左圖二：將洋蔥和洋菇拌入奶油後炒至金黃。

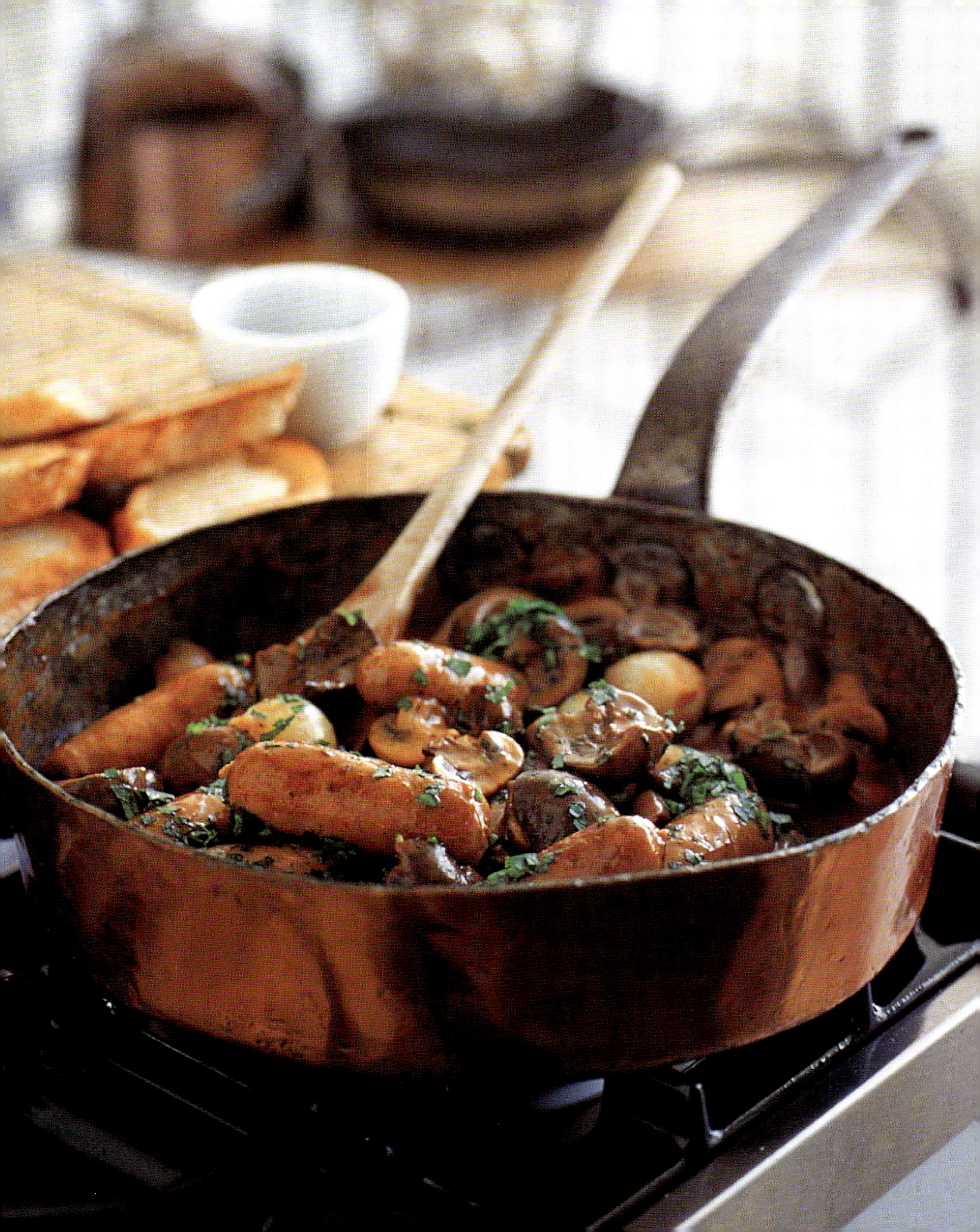

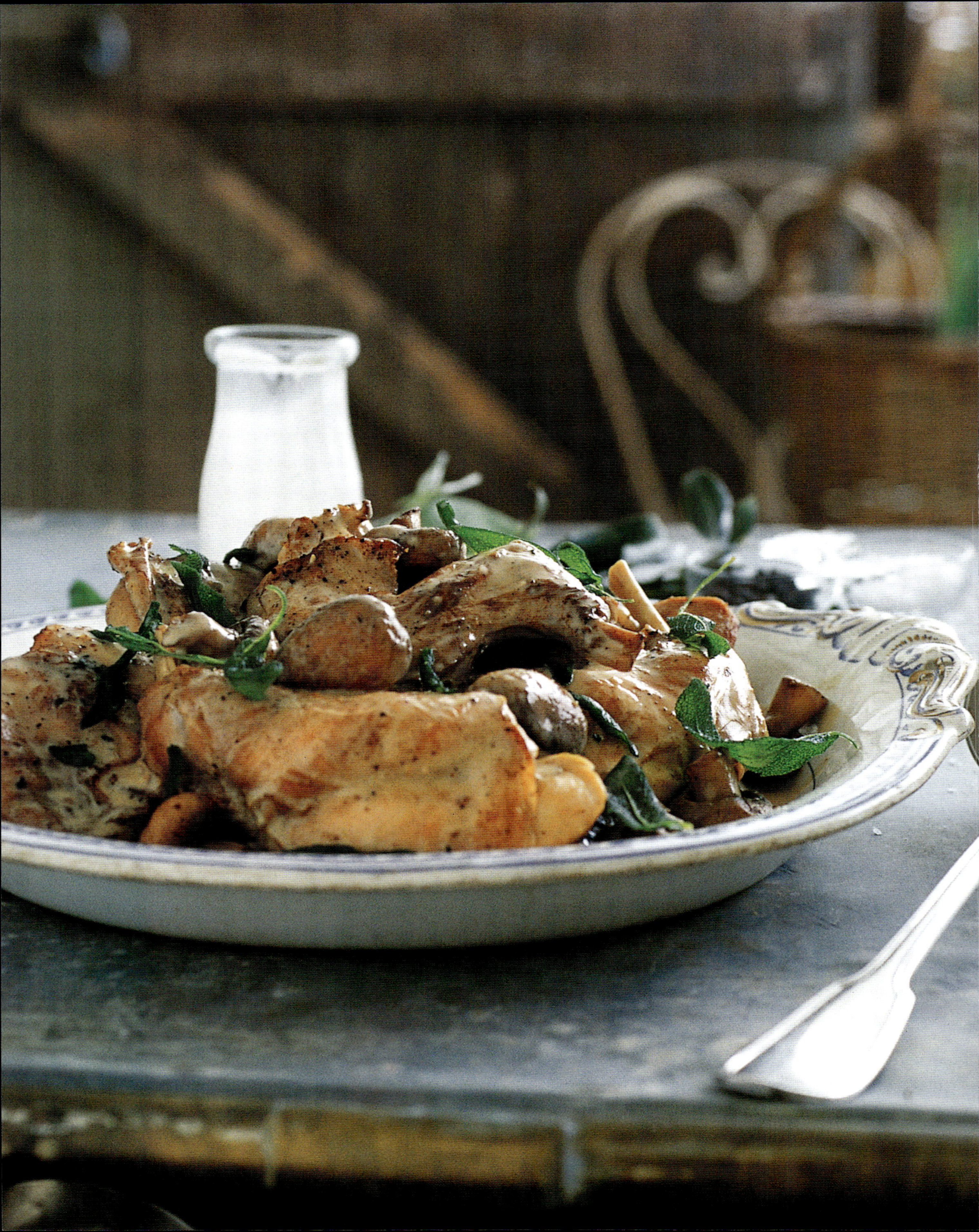

奶油燉兔肉
Rabbit Fricassée

這道料理的名稱來自於法文的「Fricassée」，意思為油煎。這道料理使用的是白肉，一般會選擇用雞肉、小牛肉或兔肉，淋上絲絨濃醬後再加入蛋黃和鮮奶油。如果買得到野兔，這會比養殖的味道來得好。

60g 澄清奶油
1.5kg 兔肉，切成 8 塊
200g 洋菇
80ml 白酒
170m 雞高湯

1 束香草束
80ml 油
1 束鼠尾草
125ml 乳脂含量高的鮮奶油
2 顆蛋黃

在醬汁鍋裡加熱一半的澄清奶油。調味兔肉並分批放進鍋子裡煎至焦黃，其間要翻面一次。煎至焦黃後取出兔肉，再放入剩下的奶油和洋菇。

把煎好的兔肉放回鍋裡，倒入白酒，滾1到2分鐘。接著倒入雞高湯和香草束。蓋上鍋蓋，小火燉40分鐘。

在另外一個醬汁鍋上熱油，將鼠尾草的葉子摘下，並一片一片放入鍋中油炸，葉子的外圍很快就開始起泡。炸30秒或葉子變得酥脆且呈鮮綠色。注意不要用大火或炸得過久，不然葉子會黑掉並有燒焦味。把鼠尾草葉放在廚房紙巾上瀝油，再撒上鹽。

取出鍋子裡的兔肉及洋菇並保溫備用，然後把鍋裡的香草束扔掉。熄火後倒入鮮奶油和蛋黃至高湯裡並快速攪拌。再用小火燉煮，持續攪拌5分鐘，煮到醬汁變得濃稠（醬汁不要煮滾不然蛋黃會結塊）。最後以鹽與胡椒調味。

在兔肉和洋菇上淋上絲絨醬汁，並用鼠尾草的葉子裝飾，即可上菜。

份數：4

右圖一：燉煮之前先在兔肉裡加入高湯和香草束。
右圖二：兔肉燉煮的過程中，將鼠尾早葉子油炸至酥脆。

家禽、鮮肉與野味　151

牛肉漢堡排
Hamburger Steak

「Bifteck haché」意思是切碎或剁碎的牛排，又稱漢堡排。好品質的漢堡排是由肉質細嫩的肉做成的，因為較容易熟。建議搭配沙拉和薯條使用。

30g 奶油
1 瓣壓碎的蒜頭
1 顆切碎的醋漬或新鮮小洋蔥
500g 牛絞肉

1 湯匙切碎的香芹
少許磨碎的肉荳蔻
1 顆稍微打散的雞蛋
1 湯匙的油

在醬汁鍋上融化10g的奶油，加入洋蔥和蒜頭拌炒至10到15分鐘或至洋蔥變軟但不至於焦黃。放涼備用。

把牛絞肉放入大碗裡，加入洋蔥、蒜頭、肉荳蔻、蛋及黑胡椒。攪拌均勻後分成4份，將每份絞肉揉成球狀，必放在盤子上壓成漢堡排的形狀。再放入冰箱冷藏至少1小時。

在平底鍋裡加入剩下的奶油和油，放入漢堡排並以鹽調味。用中火煎10到12分鐘，其間記得翻面。煎好的漢堡排應該會有酥脆的外皮，裡面則會呈現軟嫩的粉色。

份量：4

牛肋排佐紅酒醬
Rib Steak with Red Wine Sauce

醬汁：
50g 無鹽奶油，冷藏並切成丁
3 顆切碎的紅蔥頭
500ml 紅酒（推薦波爾多紅酒）
250ml 牛高湯

80g 帶骨骨髓
1 湯匙切碎的香芹

800g 肋眼牛排或沙朗牛排
1.5 湯匙油

製作醬汁，首先在醬汁鍋上融化20g奶油，放入紅蔥頭拌炒7分鐘或炒至軟化。倒入紅酒燉至水分剩下1/3份量。再倒入高湯和骨髓，燉至水分剩一半份量，在煮的同時將骨髓搗碎。加入剩下的奶油並攪拌，用鹽和胡椒調味，最後放入香芹。

以鹽調味牛排，並在上面抹油。在平底鍋裡倒入剩下的油，牛排兩面各煎2到4分鐘，將煎好的牛排淋上醬汁，即可上桌。

份量：4

鹿肉佐黑莓醬
Venison with blackberry sauce

60g 澄清奶油
12 顆醋漬或新鮮小洋蔥
150g 黑莓或黑醋栗
3 茶匙紅醋栗果醬
800g 鹿肉（切塊）

60ml 紅酒
410ml 牛高湯
2 茶匙常溫奶油
2 茶匙中筋麵粉

在醬汁鍋上加熱澄清奶油，放入小洋蔥。將一張沾濕並折皺的烤紙鋪在小洋蔥上，再蓋上鍋蓋。用小火煮20到25分鐘，持續攪拌至醬汁變得焦黃。

在另一個醬汁鍋上加入紅醋栗果醬和3湯匙水。煮至沸騰後再煮5分鐘，直到果肉變軟且醬汁變濃稠。

先將鹿肉以鹽調味，加入剩下的澄清奶油至平底鍋，分批放入鹿肉並以大火煎1到2分鐘，將煎好的鹿肉盛出，保溫備用。將紅酒倒入鍋裡，煮滾沸騰30秒，再倒入牛高湯，煮至沸騰並持續燉煮到水份剩下一半份量。

把奶油和麵粉混合做成屑狀，倒入高湯裡煮至沸騰，並繼續燉煮並攪拌2分鐘。過濾醬汁裡的紅醋栗果，把醬汁倒進高湯裡，攪拌均勻並做調味，將醬汁淋上小洋蔥和鹿肉，最後也可以用紅醋栗果做裝飾。

食譜照片請參考 154頁

份量：4

右圖一：不要一次放入所有鹿肉，以免煎肉時水分太多。
右圖二：過濾掉醬汁裡的紅醋栗果，並把醬汁倒進高湯裡。

家禽、鮮肉與野味　153

鹿肉佐黑莓醬（食譜請參考153頁）

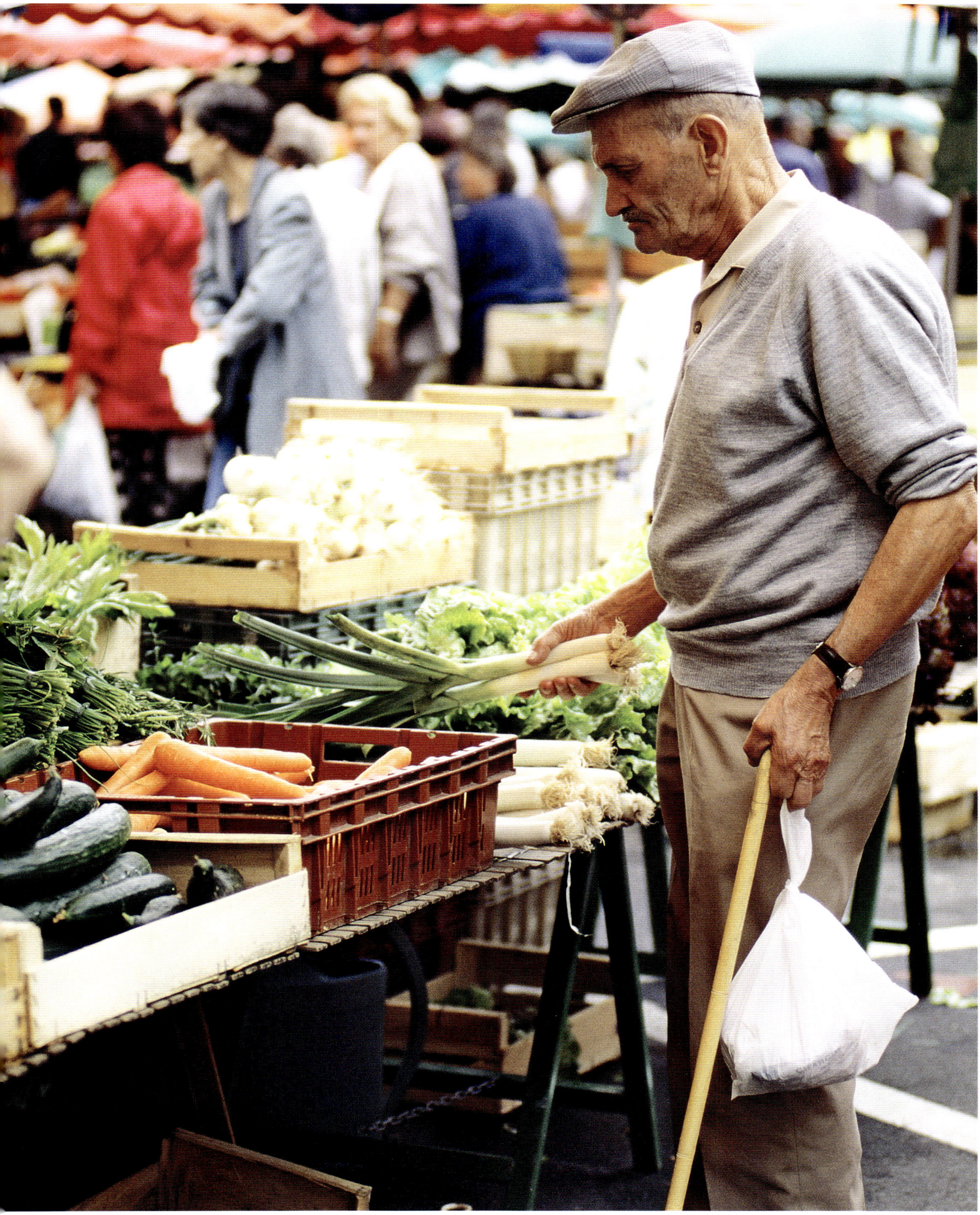

紅酒燉香雞
Chicken stewed in red wine

這道佳餚據說是凱撒大帝在高盧戰爭時，因高盧人送來一隻骨瘦如材的雞，以表藐視之意，凱薩用紅酒與香草來烹煮雞，並設宴款待高盧人，以示羅馬人過人的教養。

2 × 1.6kg 全雞
1 瓶紅酒
2 片月桂葉
2 根百里香
250g 切丁培根
60g 奶油
20 顆醋漬或新鮮小洋蔥
250g 洋菇

1 茶匙油
40g 中筋麵粉
1L 雞高湯
125ml 白蘭地
2 茶匙番茄糊
1.5 湯匙奶油
2 湯匙切碎的香芹

將全雞切成八等分，把雞腿拉開，由內側根部切入，分離出雞腿，並沿著雞腿的關節處切開，將雞腿分成兩份。背部朝上，頭部朝向自己，將刀刃由胸口中心刺入，沿著胸骨中央凸起處切開一邊，將肉沿著胸骨切下來，另一邊的胸肉也以同樣手法取下，將兩塊胸肉對半切，並保留雞翅部分。

將紅酒、月桂葉、百里香和些許鹽巴及胡椒，連同切好的雞放進鍋裡醃漬一晚。

將培根放進沸水汆燙，撈起並瀝乾培根，放到鍋裡嫩煎至金黃色，盛出盤備用。在鍋裡融化1/4的奶油，放入洋蔥，炒至焦糖色，盛出盤中備用。

再融化1/4奶油，放入洋菇，以鹽巴、胡椒調味，炒約5分鐘後盛出盤中備用。

將醃好的雞取出，並保留醃汁。將剩下的奶油連同油放入平底鍋中，再加入雞肉煎至金黃色，接著倒入三湯匙麵粉並攪拌。把雞肉移到砂鍋並加入雞高湯。

把白蘭地倒入平底鍋中，邊煮邊攪拌約30秒以免沾鍋。接著將煮過的白蘭地淋在雞肉上，加入醃汁、煮好的洋蔥、洋菇、培根及番茄糊。以中火燉煮約45分鐘或至雞肉熟透。

如果想要醬汁再濃厚些，可先把雞肉、蔬菜取出，煮沸醬汁並混入奶油和麵粉，攪拌約2分鐘待醬汁變的濃稠，最後加入香芹並將雞肉和蔬菜放回煮好的醬汁裡，即可上菜。

份量：8

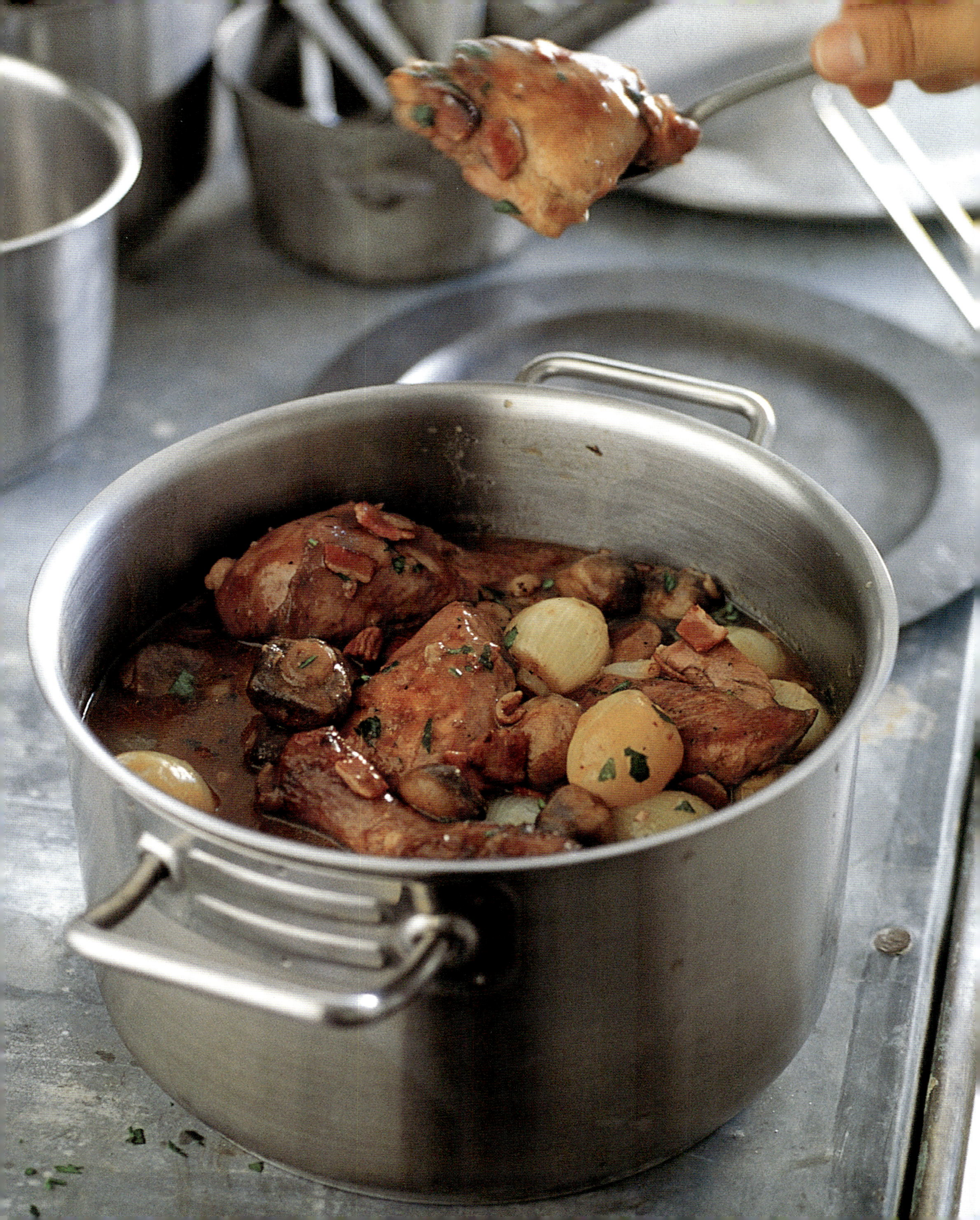

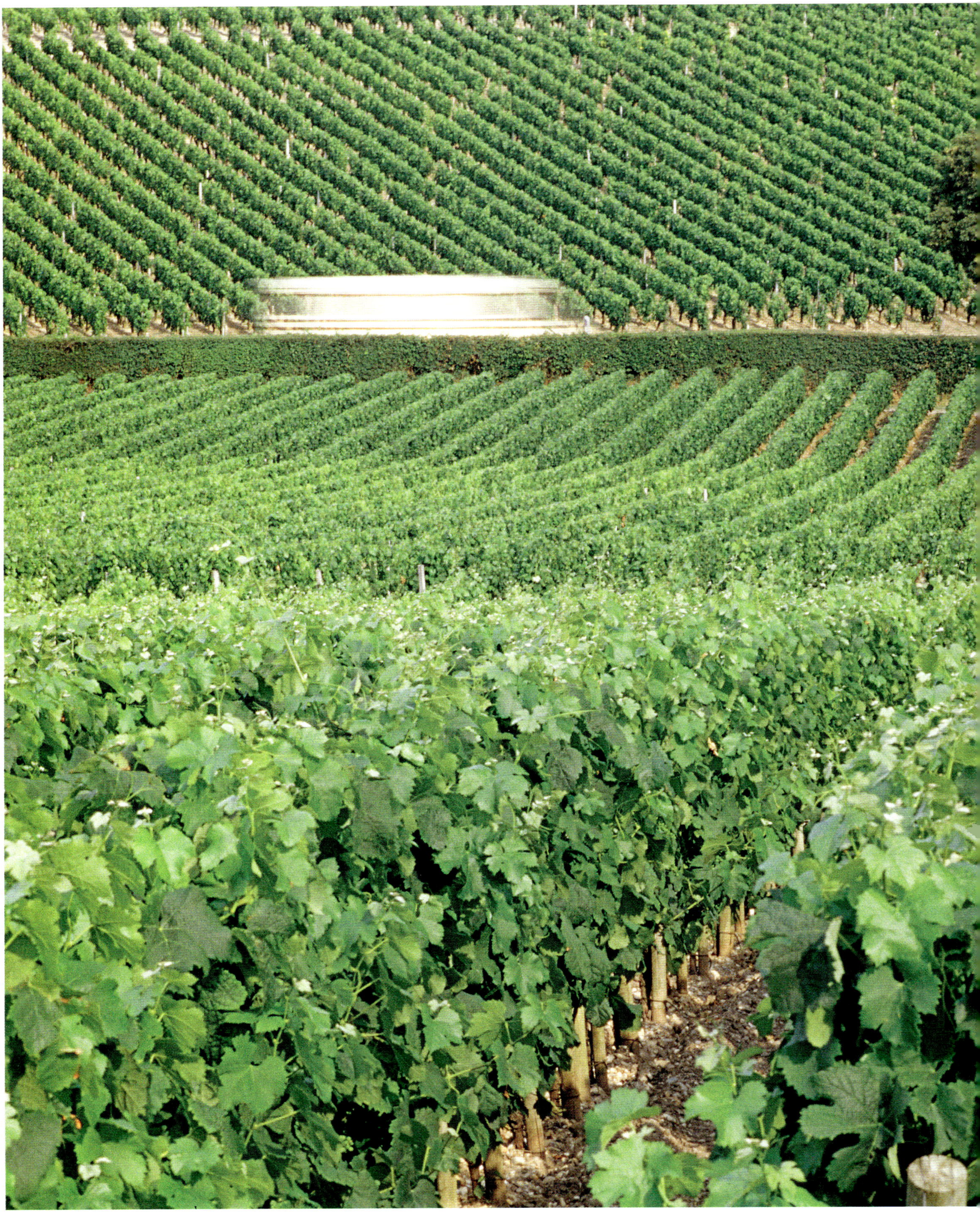

酒

法國毫無疑問是酒的重鎮,而波爾多、勃艮第、香檳地區也持續被其他地區視為亟欲追求的的標準。

法國人早在羅馬人抵達前就已會用野生的葡萄來製造酒。幾個世紀以來,釀酒人栽種出很可觀的葡萄種類,甚至是找出每一種葡萄最合適的生產方式、最完美的氣候與地區,從潮濕的北方到寒冷的山上,和炎熱的地中海區域。這意味著法國幾乎生產了世界上每一種經典的酒類。

法文Appellation d'origine contrôlée（AC）「原產地命名控制」,是世界上歷史最悠久也最準確的控管酒的體系。法國人把地區的概念視為重點,他們相信每一種酒都有各自最合適的生長環境,每一種酒也應該要展現出每個環境的特色。因此,稱號代表的範圍越小越精準的酒,品質就越高。在波爾多地區的原產地命名控制下,像是梅多克或是其下的社區如波亞克都有自己的稱號。

家禽、鮮肉與野味　159

原產地命名控制也明確定義出葡萄的種類、地區和生產方法。

Vin Délimité de Qualité Supérieure（VDQS）將介於國產級酒與地區級酒（Vin de pays status）之間比較沒有特色的酒分級。地區酒（Vin de pays）也能有非常好的品質，這種酒通常具有強烈的地方特色，而日常酒（Vins de table）則作日常飲用。

認識法國酒標

Château酒莊名：波爾多的產區標示。
Clos葡萄田名：有些勃艮第葡萄酒瓶上會有的標示，意思是圍起來的葡萄田。
Cru葡萄產區：指的是單一產區的酒。
Cru Bourgeois中級酒莊：非官方的分級制度，僅次於波爾多的列級酒莊。
Grand Cru Classé/ Cru Classé特級酒莊/列級酒莊：1855年於波爾多的分級制度，象徵著一種品質保證。在其他葡萄酒產區也代表著最頂級的酒。
Cuvée特釀：以不同品種或是不同產地的葡萄釀造而成的混和酒。
Cuvée Prestige高級特釀：以特殊調配方法或者是選用特殊葡萄品種釀製的酒。
Millésime年份：葡萄酒釀製年份。
Mis en Bouteille au Château/ Domaine在酒莊裝瓶：表示酒是在原生產酒莊裝瓶，而不是交由批發商或合作酒廠。
Négociant- Éleveur生產兼批發商：通常是國際型公司。收購葡萄來混和、陳釀完成酒的製作。
Propriétaire-Récoltant自產葡萄、釀酒的葡萄農：以自家生產的葡萄來釀酒的業者。

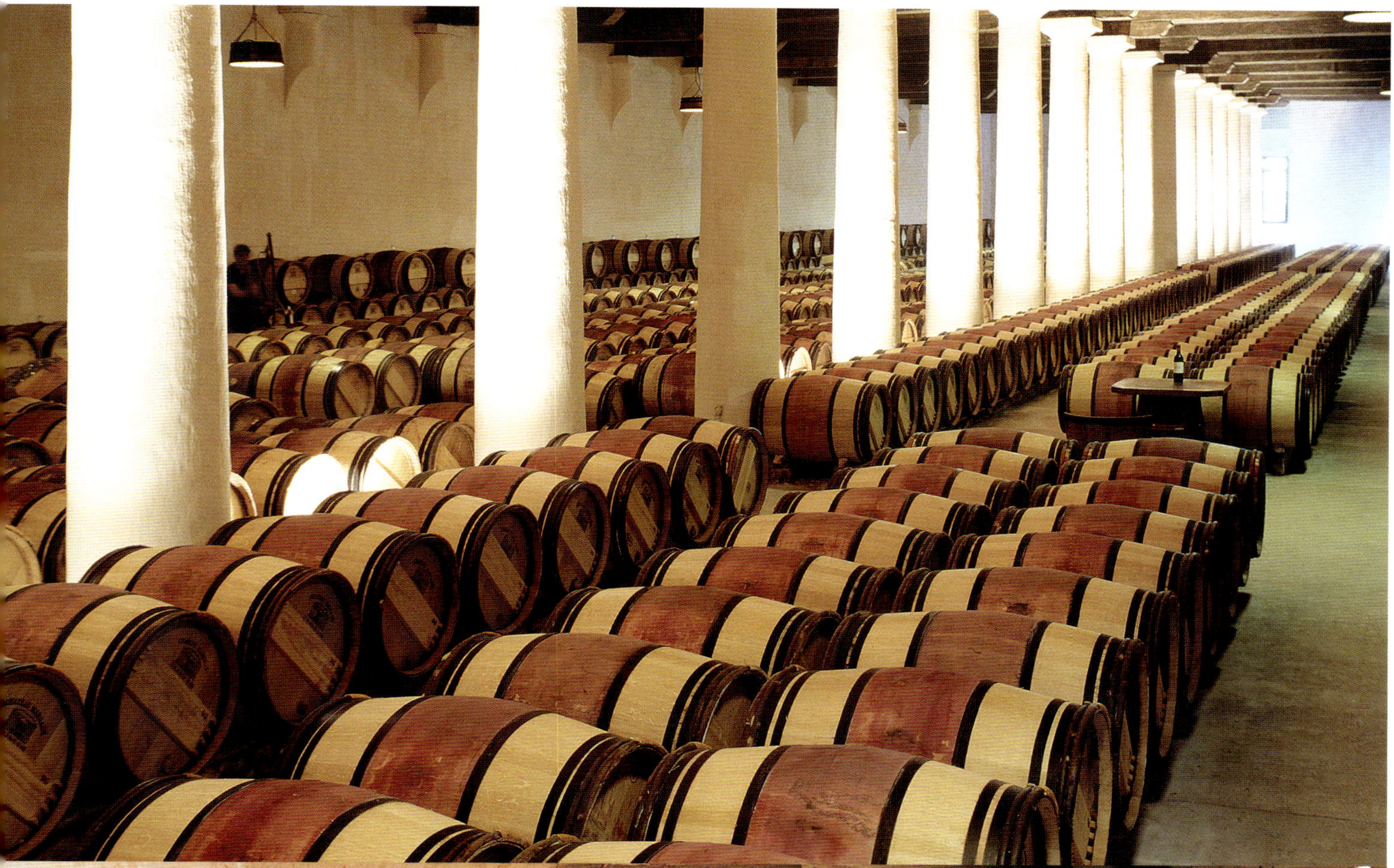

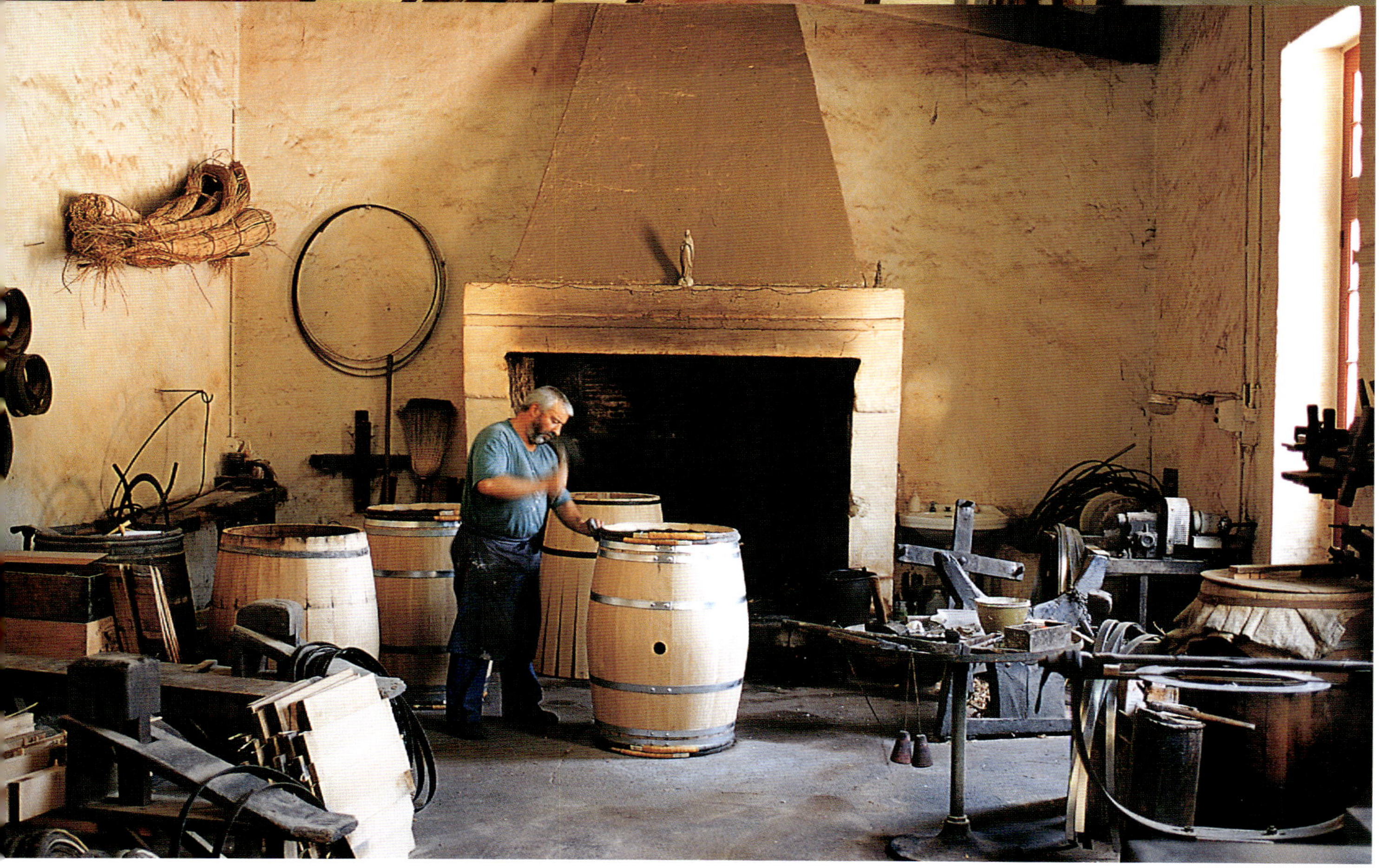

勃艮第紅酒燉牛肉
Beef stewed in red wine

幾乎每一個法國地區都有自己燉牛肉的方式,而勃艮第的紅酒燉牛肉是最知名的。如果情況允許的話,最好提前一天準備,讓食材能夠完全入味。可與菊苣沙拉、菊苣根、西洋菜、麵包和小馬鈴薯一起上菜。

1.5kg 的牛肉片或是牛頸肉排
750ml 的紅酒(最好是勃艮第產)
3 瓣磨碎的蒜頭
1 束香草束
70g 奶油
1 顆切碎的洋蔥
1 根切碎的紅蘿蔔
2 湯匙中筋麵粉
200g 切成短條狀的培根
300g 去皮的紅蔥頭
200g 小洋菇

將牛肉切成4cm的小方塊,並切除多餘的油脂。將牛肉、紅酒、蒜頭和香草束放進一個大碗,用保鮮膜封起來放進冰箱冷藏至少3個小時,可以的話放置一整晚更好。

預熱烤箱至160度。取出牛肉,保留醃肉的醬汁和香草束。將肉放在紙巾上瀝乾水分。在大砂鍋裡加熱30g的奶油,並加入洋蔥、紅蘿蔔和香草束,然後用小火燉煮10分鐘,並時不時地攪拌一下,熄火備用。

在平底鍋肉以大火加熱20g奶油,分批放入牛肉並拌炒5分鐘,或是直到牛肉變得金黃。將炒好的牛肉放進砂鍋裡。

將醃肉的醬汁倒進平底鍋中煮至沸騰,燉煮並攪拌30秒以免沾鍋,熄火備用。在裝有牛肉與蔬菜的砂鍋裡撒上麵粉,以大火燉煮並持續攪拌,直到牛肉均勻的裹上麵粉。加入醃肉的醬汁,持續攪拌並煮至沸騰,然後加蓋放入烤箱烤2個小時。

在另一個乾淨的平底鍋中加熱剩下的奶油,加入培根與紅蔥頭拌炒8到10分鐘,或是等到紅蔥變軟但不至於焦黃。加入洋菇拌炒2到3分鐘,或是直到洋菇表面變得焦黃。過濾這些食材到紙巾上瀝乾,然後放進砂鍋裡。

蓋上砂鍋的蓋子,放回烤箱裡烤30分鐘,或是直到牛肉變得軟嫩。取出香草束,稍微調味一下並撈掉表面的浮油即可上菜。

份量:6

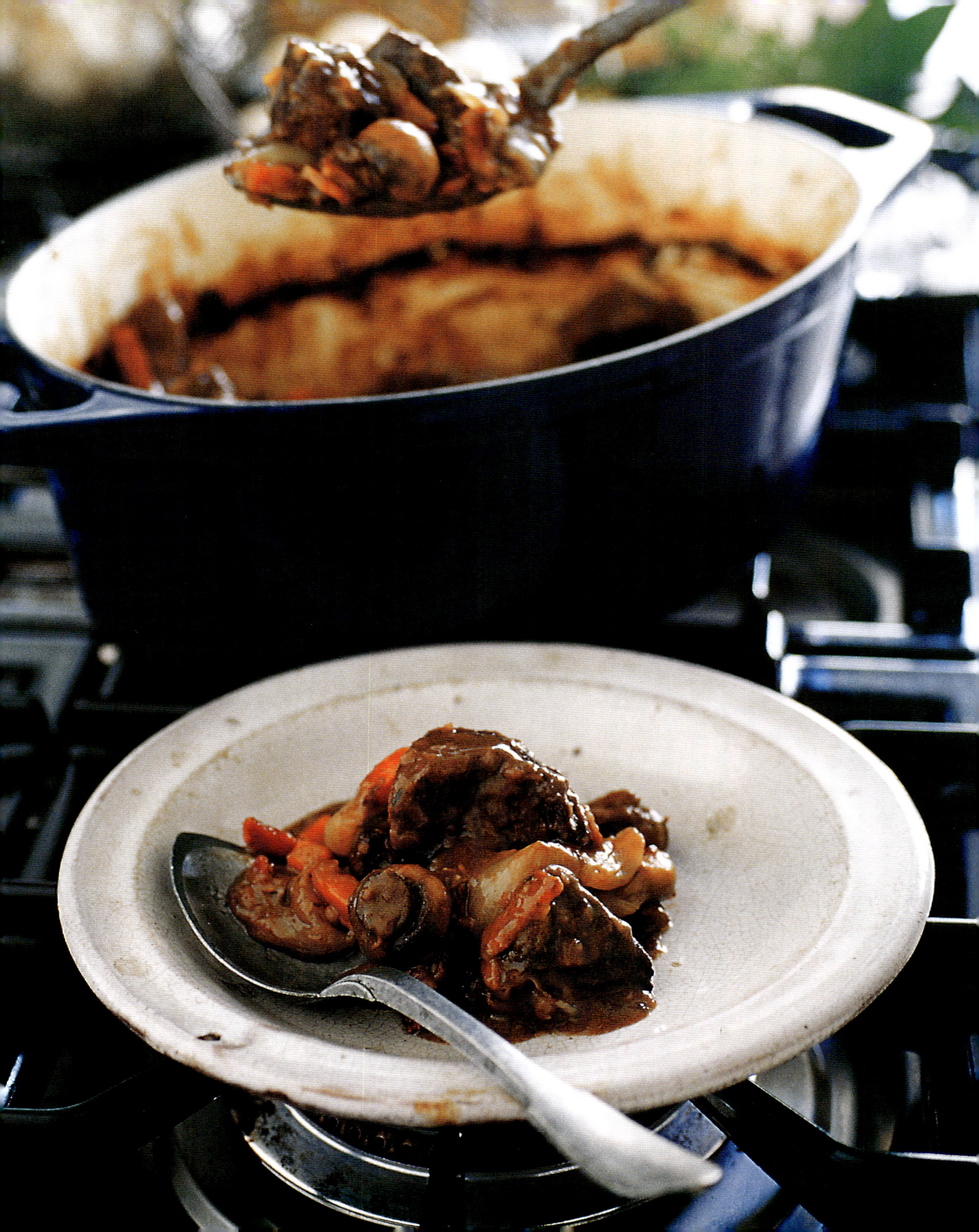

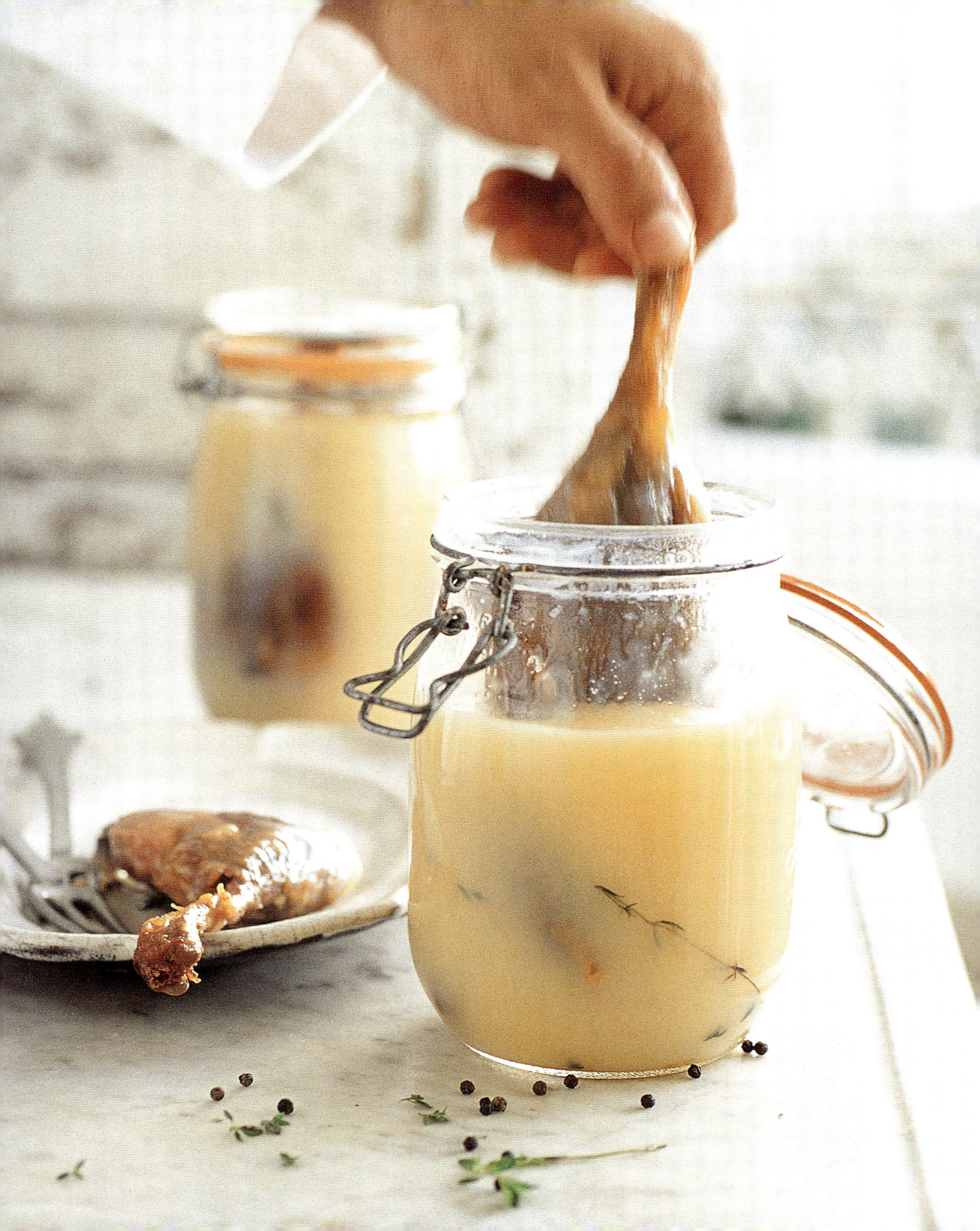

油封鴨

Duck Confit

長久以來，油封一直都是傳統保存肉類的技巧，直到現在也依然是一個烹調出美味鴨肉的好方法。油封通常都是以鴨腿肉為主，鴨胸肉則多是鮮嘗。

8 支鴨腿
8 湯匙粗海鹽
12 片月桂葉

8 根百里香
16 顆稍微壓碎的杜松子
2kg 切成小塊的鴨油或鵝油

將鴨腿放入大小剛好的碗或盤子裡，撒上鹽巴並以黑胡椒調味。接著，放入一半的月桂葉、百里香與杜松子，並蓋上蓋子，放入冰箱靜置整晚。

預熱烤箱至攝氏180度，將鴨腿取出並除去香料加以瀝乾，放上大烤盤，然後加入鴨油或鵝油烤1個小時。降低烤箱溫度至攝氏150度再烤2個小時，並時不時地在鴨肉上抹油，直到鴨肉完全烤熟。

洗淨一大（或兩小）玻璃密封罐，並放入烤箱烤5分鐘烘乾並殺菌。

用鉗子將熱鴨腿放入密封罐中。加入剩下的月桂葉、百里香與杜松子。以篩子濾過油脂並倒入罐中至覆蓋鴨腿。蓋上蓋子靜置冷卻，油脂會隨著溫度降低漸漸凝固。

油封鴨能放在陰涼處或冰箱保存數個月。若要食用，可將所需鴨肉從罐中取出，並將多餘的油脂倒回罐子，以保存剩下的鴨肉。鴨肉可以高溫在烤箱中烘烤，直到鴨肉表皮變得酥脆，即可配上扁豆、豆子或沙拉食用。也可以使用油封鴨來做卡酥來燉鍋。

份量：8

右圖一：烤鴨腿直到鴨肉熟透。
右圖二：用鉗子將鴨腿放入密封罐中。

春蔬烤羊腿
Roast leg of lamb with spring vegetables

在法國備受歡迎的羊肉有其不同的生長環境。在一些地區，羊被畜養於蔥翠的草地上，而其他地區則畜養於野草地上。在諾曼第、皮卡第和波爾多地區，飼養於鹽沼上的鹽沼羊則多半不做額外調味就會端上桌。

1 份 2kg 羊腿
3 枝迷迭香
6 個未去皮的蒜瓣
500g 切對半的馬鈴薯
250g 小紅蘿蔔

6 根小韭蔥
250g 櫛瓜
1.5 茶匙中筋麵粉
125ml 紅酒
170ml 小牛高湯

將烤箱預熱至200度，羊肉以鹽與胡椒搓揉並置於有深度的烤盤上，在其上方放上迷迭香枝，並於四周撒上蒜瓣，烘烤20分鐘後，再將羊肉翻面。

將馬鈴薯放入烤盤中，和羊肉一起再烘烤15分鐘。烤後，將羊肉翻面再烘烤15分鐘。

將小紅蘿蔔與韭蔥，同上述步驟放入烤盤中並將羊肉翻面，再次烘烤15分鐘。

接著放入櫛瓜，將羊肉翻面並再次烘烤15分鐘後，將羊肉從烤盤中取出靜置備用。此時的羊肉為半熟，可依個人喜好再多烤5到10分鐘。

將烤盤上的蔬菜與蒜瓣取出，保溫備用。

用湯匙從烤盤中取出肉汁表面的油脂，並將烤盤放置於爐子上來製作調味醬汁。以中火加熱，拌入麵粉增加稠度。邊煮邊攪拌2分鐘後，再緩緩拌入紅酒與高湯熬煮。醬汁煮沸2分鐘後，過濾醬汁並放入醬料盅。

分切羊肉並擺上蔬菜與蒜頭，附上調味醬汁，即可享用。

份量：6

左圖一：羊肉抹上鹽與胡椒後，先與迷迭香枝跟蒜瓣烘烤20分鐘。
左圖二：依據所需烘烤時間分次加入蔬菜。

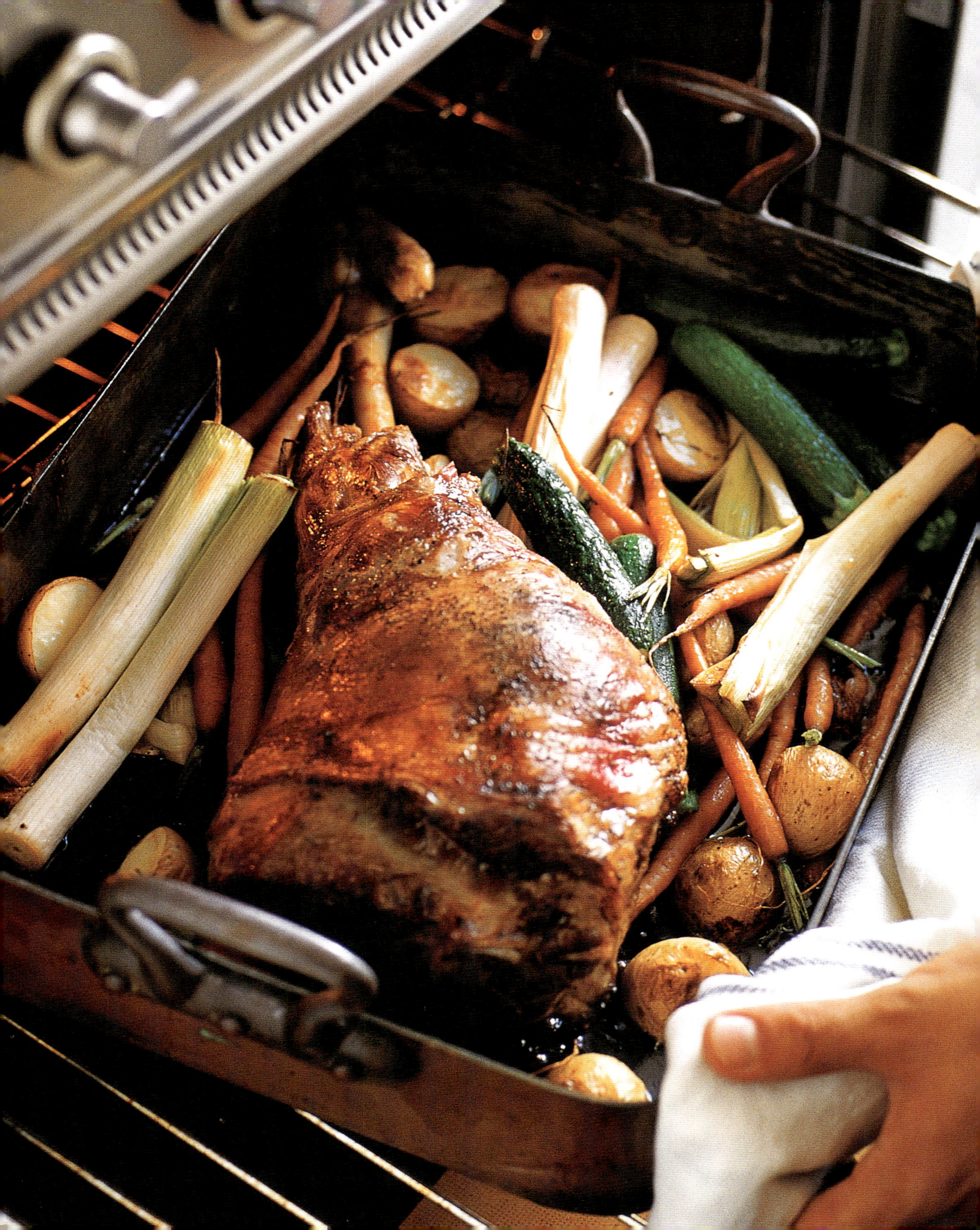

黑血腸佐蘋果

Boudin Noir with apples

在法國可以找到許多種黑血腸。食譜會因地區而有不同，使用食材包括蘋果、奶油及栗子。另外英國的黑布丁（血腸）也可以是食材之一。

2 份黑血腸或黑布丁（血腸）
2 顆蘋果

先把黑血腸切成一cm的片狀。將蘋果削皮和去籽後，先切四份再切成厚片。接著在煎鍋中加熱奶油，並把黑血腸兩面都煎到焦黃及熟透。記得起鍋後要維持熱度。

25g 奶油
1 茶匙紅砂糖

以大火在同樣的煎鍋裡煎蘋果，並撒上紅砂糖使之焦糖化。當蘋果片兩面都呈現棕色後，和料理過的黑血腸擺放在餐盤上，最後再加點炸馬鈴薯作為配菜。

份量：4

嫩煎小牛肝

Sauteed calf's liver

4 片切半的培根
4 份 150g 的小牛肝片

加熱平底鍋後把培根煎到焦黃酥脆，並用漏勺取出保溫，但還不用洗煎鍋。

先剝乾淨牛肝的薄膜，再切掉一些血管。接著在麵粉裡加入鹽和黑胡椒調味，再均勻撒在小拖盤或餐板上。用麵粉沾裹牛肝，輕輕甩掉多餘的麵粉。

90g 中筋麵粉
1 湯匙奶油

在有培根油的煎鍋上加熱奶油。當奶油開始發泡時，放入牛肝，兩面各煎90秒（牛肝中間應仍維持粉色）。上桌時可以在牛肝和培根旁佐上馬鈴薯泥。

份量：4

胡椒牛排
Pepper steak

4 份 200g 菲力牛排
2 湯匙油
6 湯匙現磨黑胡椒粒
40g 奶油

3 湯匙白蘭地酒
60ml 白酒
125ml 乳脂含量高的鮮奶油

把油塗抹在牛排兩面，並將黑胡椒粒輕壓使其附著於肉片。接著用平底鍋融化奶油，根據自己的喜好將牛排的兩面各煎2到4分鐘。

在煎鍋中倒入白蘭地，用噴槍或火柴炙燒煎鍋（記得不要站太靠近，手上隨時預備鍋蓋以防危險），接著將牛排盛盤（盤子事先加熱）。

加點白酒到鍋內煮沸並均勻攪拌約1分鐘後進行洗鍋（deglaze）。加入鮮奶油並攪拌1到2分鐘，調味後再淋在牛排上即可享用。

食譜照片請參考170頁

份量：4

把黑胡椒輕壓入牛肉兩面，才不會在煎烤時掉落。

胡椒牛排（食譜請參閱169頁）

Cannelle Tuyaux
Cumin en Graines
Aromates pour Poissons
Clous de Girofle
Tabel
Poivre Gris Moulu
Persil 6 Fs les 50 grs
Boutons de Roses
Curry de Madras 12 Frs les 100 Grs
Poivre Vert 10 Fs les 50 Grs
Cardamome Moulue 18 Frs les 100 Grs
Sésame Blanc 6 Frs les 100 Grs
Poudre de Chili "Chili con Carne" 12 Frs les 100 Grs
5 Epices "pour Terrines, Plats Mijotés..." 10 Frs les 100 Grs
Sésame Doré 7 Frs les 100 Grs
Ail 6 Frs les 100 Grs

法式洋菇燉雞肉
Chicken Chasseur

Chasseur 是獵人的意思，也是一種料理術語，表示菜餚中含有洋菇，紅蔥頭，番茄，紅酒和白蘭地。這道料理的菜名也多少反映了其食譜應是源自烹飪競賽。

1 隻 1.6kg 雞肉
1 湯匙油
60g 奶油
2 顆切碎的紅蔥頭
125g 切片的洋菇
1 湯匙中筋麵粉
125ml 白酒
2 湯匙白蘭地

2 茶匙番茄醬（濃縮番茄糊）
250ml 雞高湯
2 茶匙切碎的龍蒿
1 茶匙切碎的香芹

油煎麵包：
2 片麵包
橄欖油

將雞切成8大塊。先把雞腿切下，由關節處把大腿和小腿分開。從脊柱的任一側切下，並把脊椎骨取出。將雞翻面，切穿軟骨部分，直至胸骨中央。兩片雞胸再切半，把雞翅留在上半部。

用煎鍋或醬汁鍋將油加熱，並加入一半的奶油。當油停止起泡，將雞肉塊分批放進鍋內，煎至金黃色。接著把全部的雞肉從鍋中取出並放置盤內保溫。將剩餘的油脂從鍋內倒掉。

把剩下的奶油放進鍋內融化，加入紅蔥頭，用小火炒軟，但不要炒出焦色。加入洋菇，蓋上鍋蓋，用中火加熱3分鐘。

放入麵粉，持續翻炒約1分鐘。慢慢加入白酒、白蘭地、番茄醬和雞高湯。煮滾後，持續攪拌並把火關小，加入龍蒿和鹽調味。

將雞肉放回鍋內，蓋上鍋蓋燉煮30分鐘，等到雞肉軟嫩且入味。撒上香芹即可上桌。

油煎麵包的做法：把麵包邊去掉，用餅乾模型器將麵包切成圓形。在煎鍋中加熱橄欖油，放入麵包並煎成金黃色。起鍋後，先放在紙巾上瀝乾，即可佐雞肉上菜。

份量：4

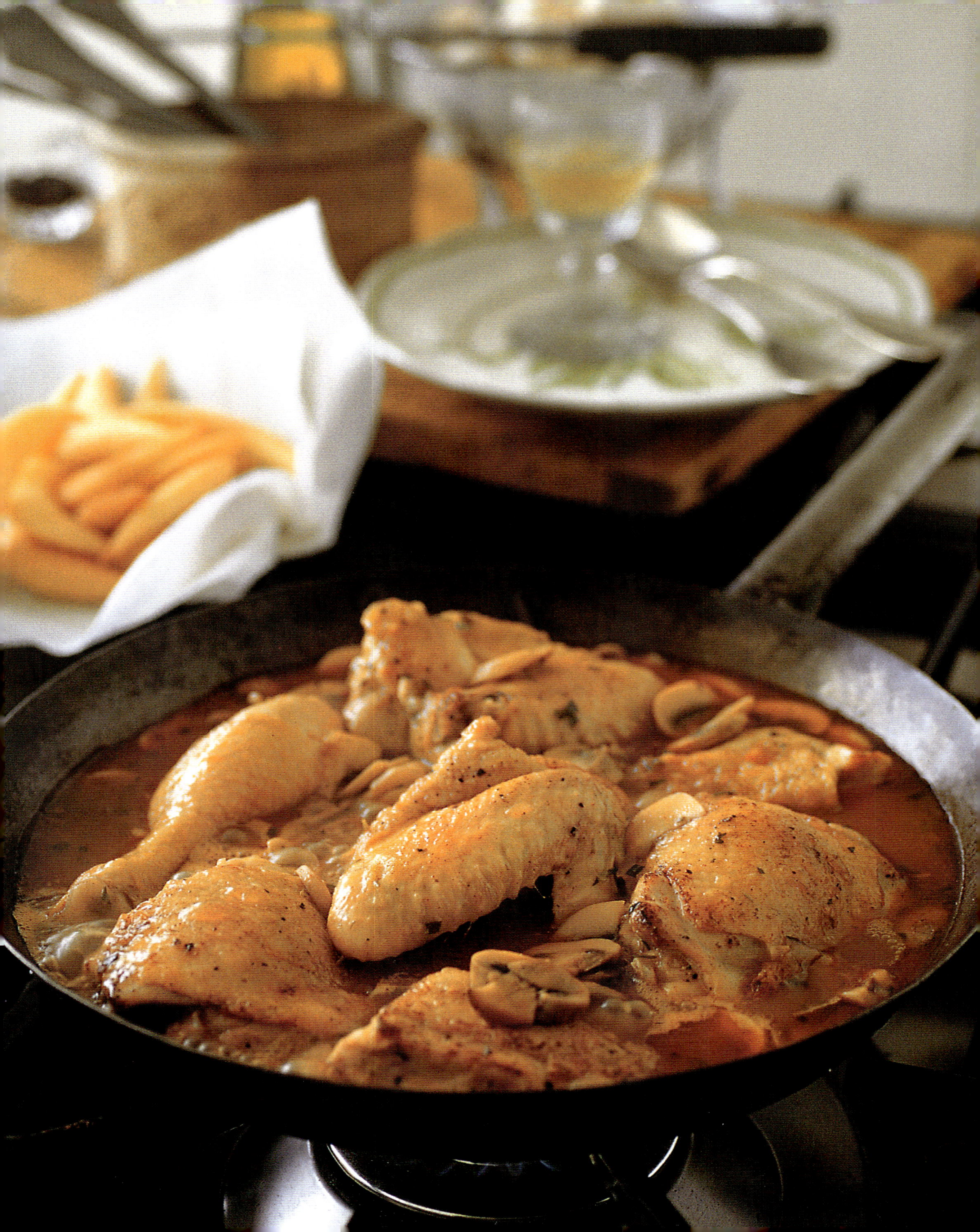

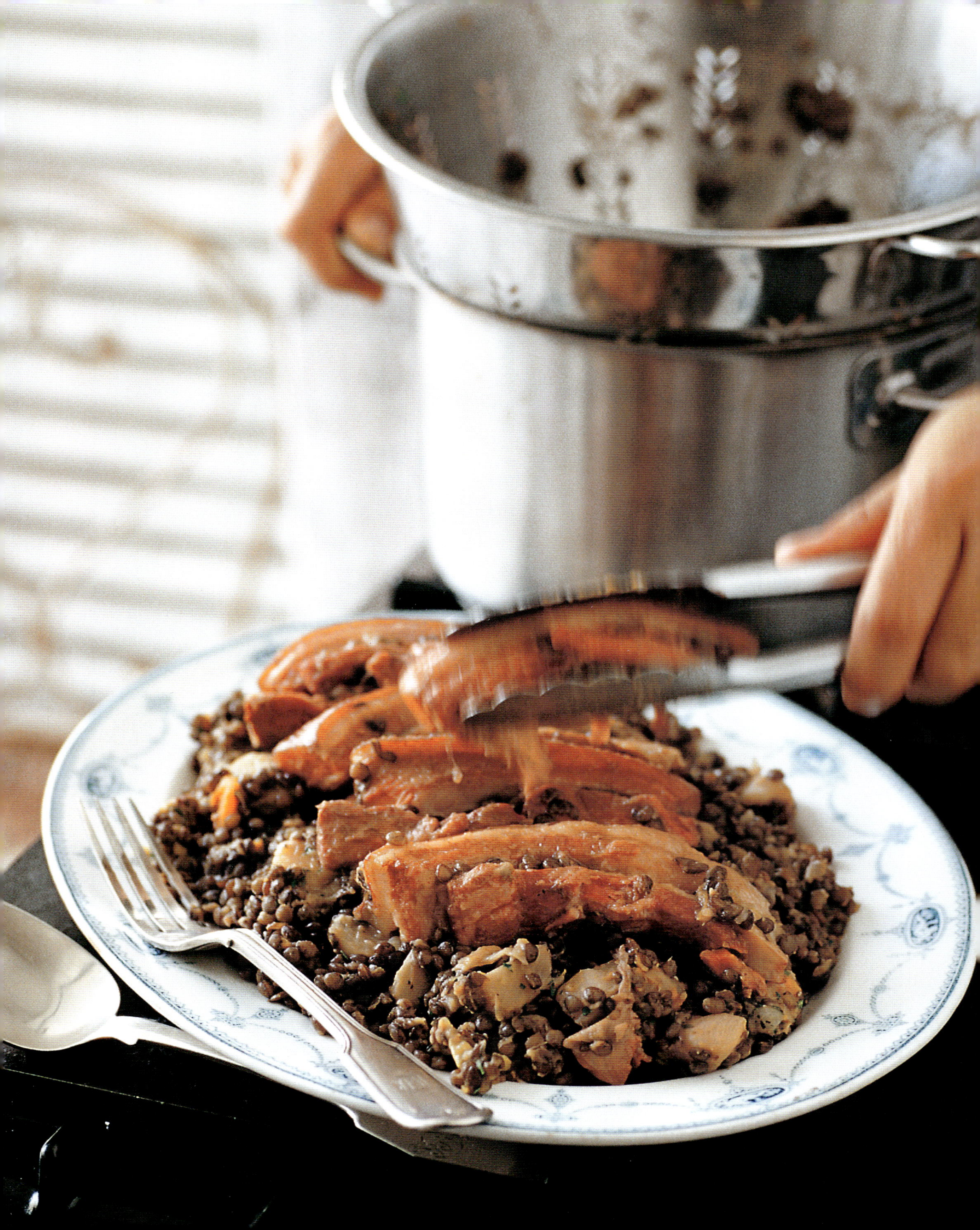

豆子燉鹹豬肉
Salt pork with Lentils

奧弗涅勒皮城周圍地區的乾燥氣候及火山土壤，被視為最適合此區優良綠扁豆生長的環境。雖然綠扁豆為高成本的食材，卻擁有絕佳的美味。

1kg 切成粗長條狀的鹹豬五花肉
1 小塊鹹豬蹄
200g 蕪菁甘藍或蕪菁，削皮並切丁
100g 韭蔥，取蔥白切粗片
1 條防風草根，並切丁
1 瓣蒜頭
6 顆杜松子，稍微壓碎

350g 綠扁豆
2 湯匙切碎的香芹
1 條切丁的紅蘿蔔
1 顆洋蔥，刺入 4 枝丁香
2 片月桂葉
法國香草束

根據所準備的豬肉鹹度可能會需要在使用前先用冷水浸泡數小時，或先用沸水燙過。在購買時可詢問肉販是否需要進行此步驟。

將豬肉和蔬菜、法國香草束、月桂葉，及杜松子一起放進醬汁鍋。徹底攪拌後，加入適量的水來覆蓋住鍋中食材。煮沸後，將火轉小並蓋上鍋蓋。以小火燉煮1小時又15分鐘。

將扁豆放在篩網中以冷水沖洗後，放入鍋中攪拌。蓋上鍋蓋後再燉煮40到50分鐘，或是燉到豬肉及扁豆變軟即可。

將鍋中物以濾網過濾，捨棄湯汁，再將食材放回鍋中。接著拿出整顆洋蔥後，取適量的黑胡椒來調味豬肉及扁豆。嚐嚐看需不需要再放點鹽，最後放入香芹攪拌。

份量：6

右圖一：用一個足夠大的醬汁鍋裝入所有的材料。
右圖二：與其他品種不同的是，綠扁豆在煮的過程中能維持形狀。

家禽、鮮肉與野味　175

千層派皮牛肉
Beef fillet in Pastry

想要把這道菜做好，你必須向肉販要一片厚度一致的牛里肌肉。麵團可以是酥鬆、香脆，或是柔軟口感的。這道菜在英文裡就是指威靈頓牛排。

肉餡：
180g 奶油
3 顆切碎的紅蔥頭
360g 雞肝
1 瓣切碎的蒜頭
1 湯匙白蘭地或干邑白蘭地

1 塊 1kg 牛里肌肉
30g 烤肉汁 (dripping) 或奶油
1 份千層派麵團（參考第 244 頁）
1 顆蛋液

製作肉餡。先將一半的奶油放在煎鍋裡融化，加入紅蔥頭和蒜頭，煎到軟化但不至於有焦色。

烤箱預熱到220度。將雞肝洗乾淨並瀝乾，把雞肝放入煎鍋中嫩煎4到5分鐘，或煎到熟但中心還留有一點粉紅色。等完全冷卻後，將肝和剩下的奶油及白蘭地放入食物調理機中打碎。另一種方法則是把雞肝切碎後，用篩網使其成泥狀，再和奶油及白蘭地混合並調味。

沿著牛里肌肉的長邊用繩子綁四到五圈以固定形狀，把烤肉汁或奶油放在烤盤上加熱並讓牛里肌肉每一面都沾上咖啡色，放入烤盤烤20分鐘。冷卻後移除綁繩，將烤箱降溫至200度。

將千層派麵團擀成長方形以完全包覆牛里肌肉。可以修剪邊緣，切下來的部分留著用在裝飾上。

將雞肝餡抹在千層派麵團上，但邊緣要留些空隙並刷上蛋液。

把牛里肌肉放在麵團上並用麵團緊緊包覆。麵團接縫處要壓緊，並將兩端多出來的麵團折進底部。將牛里肌肉麵團以接縫面朝下放在烤盤上，並於整體刷上蛋液。用之前修剪下來的麵團裝飾表面刷上蛋液。

若牛肉要1分熟，就烤25到35分鐘；若要5分熟，則烤35到40分鐘。在分切之前，記得先讓牛肉冷卻5分鐘。

份量：6

左圖一：將雞肝餡抹在麵團上，邊緣要留些空隙。
左圖二：麵團需緊緊地包住牛里肌肉，因為在烤的過程中肉的體積會縮小。

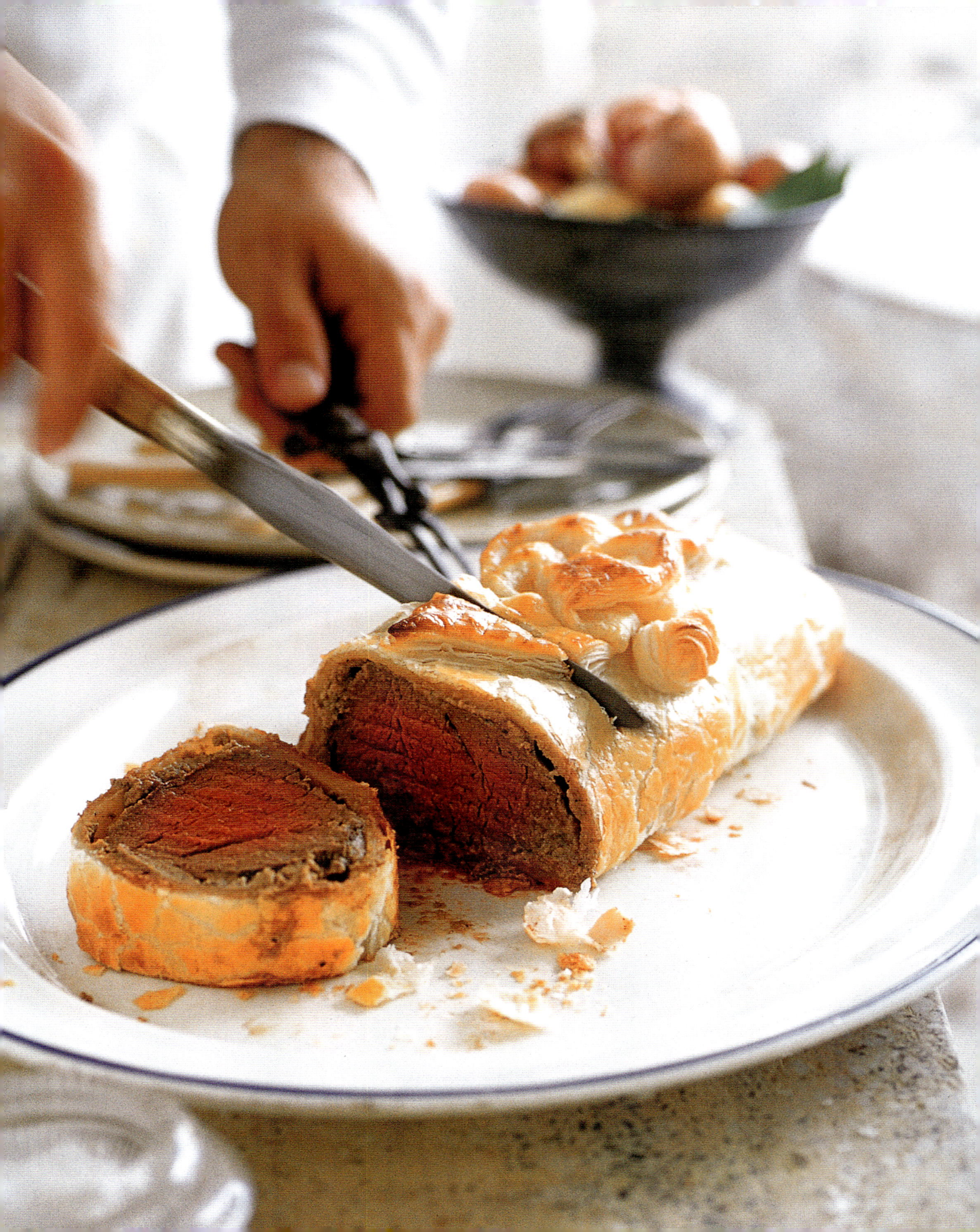

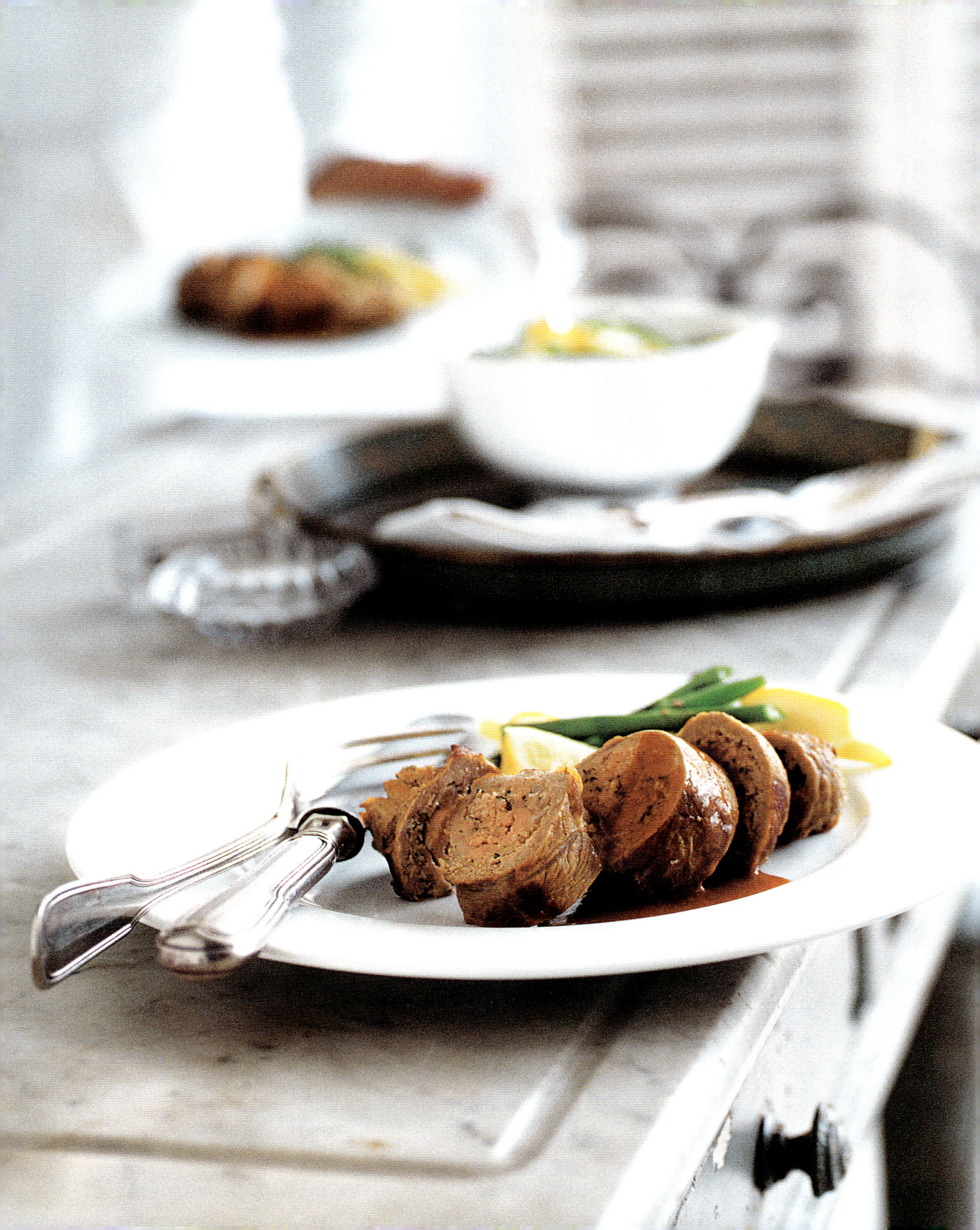

小牛肉捲
Veal Paupiettes

餡料：
30g 奶油
2 顆切碎的紅蔥頭
1 瓣切碎的蒜頭
200g 豬絞肉
200g 小牛絞肉
1 個蛋
2 湯匙干白酒
3 湯匙白麵包屑
2 湯匙切碎的香芹

4 塊 150g 的小牛肉片

醬汁：
30g 澄清奶油
1 顆切丁的洋蔥
1 條切丁的紅蘿蔔
1 株切丁的西洋芹
80ml 白酒
2 茶匙番茄醬（濃縮番茄泥）
1 片月桂葉
330ml 牛肉高湯

在醬汁鍋中融化奶油，用小火慢炒紅蔥頭，直到變軟但未成金黃色。加入蒜頭再炒2分鐘，接著起鍋冷卻。把煮過的紅蔥頭、蒜頭與其它餡料食材混合，並加入鹽和胡椒調味。

把小牛肉片鋪平，將餡料均勻放在上面，兩側邊緣留空隙再捲起，用細繩綁好。

接著製作醬汁。用煎鍋或大的平底鍋融化一半的澄清奶油，加入洋蔥，西洋芹和紅蘿蔔，以小火慢煮直到變軟。轉為大火並不時攪拌直到呈褐色，將食材起鍋。

用煎鍋加熱剩餘的澄清奶油，煎肉捲至金黃色，翻面一次，起鍋。將白酒倒入煎鍋，混合鍋內原有的肉汁，煮滾並攪拌約30秒進行洗鍋。加入番茄醬和月桂葉。

倒入高湯，用小火慢燉，接著加入蔬菜和肉捲，蓋上鍋蓋煮12至15分鐘，或用竹籤插入肉捲中央確認內部是否已足夠加熱。將肉捲起鍋並保溫。

過濾醬汁，用湯匙擠壓出蔬菜水分。將醬汁倒回煎鍋，收汁成濃稠狀。將肉捲切片，在上面淋少許醬汁，即可享用。

份量：4

TOMATE VERTE FRANCE
Poivrades
Avocats Brésil
Pois Gourmands France
Piments Antilles
HEDIARD

Chapter 7

蔬菜

定期拜訪蔬果市集已是法國生活中不可或缺的一環。
這裡穩定供應新鮮食品,並反映出每個季節最佳的食譜。

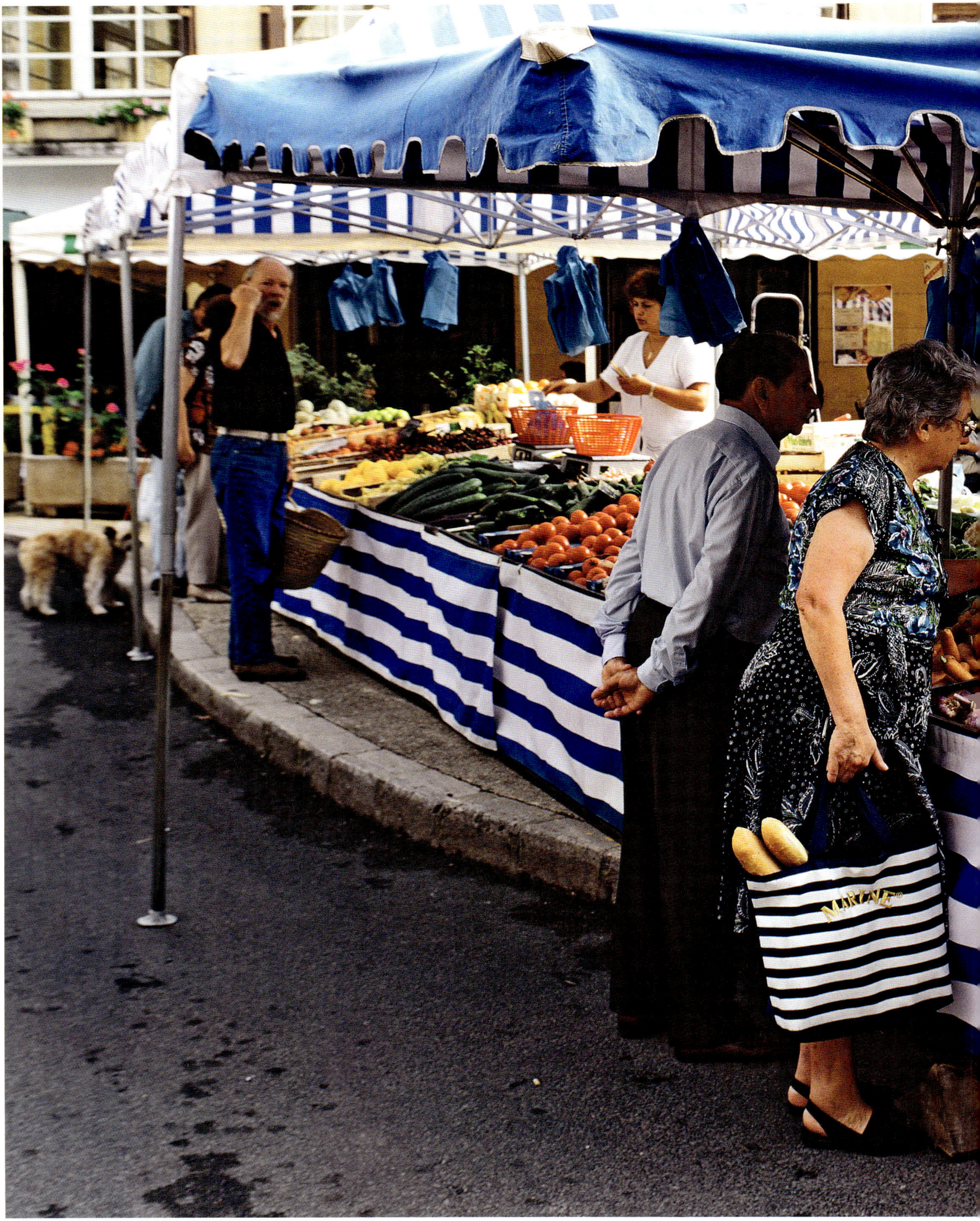
MARINE

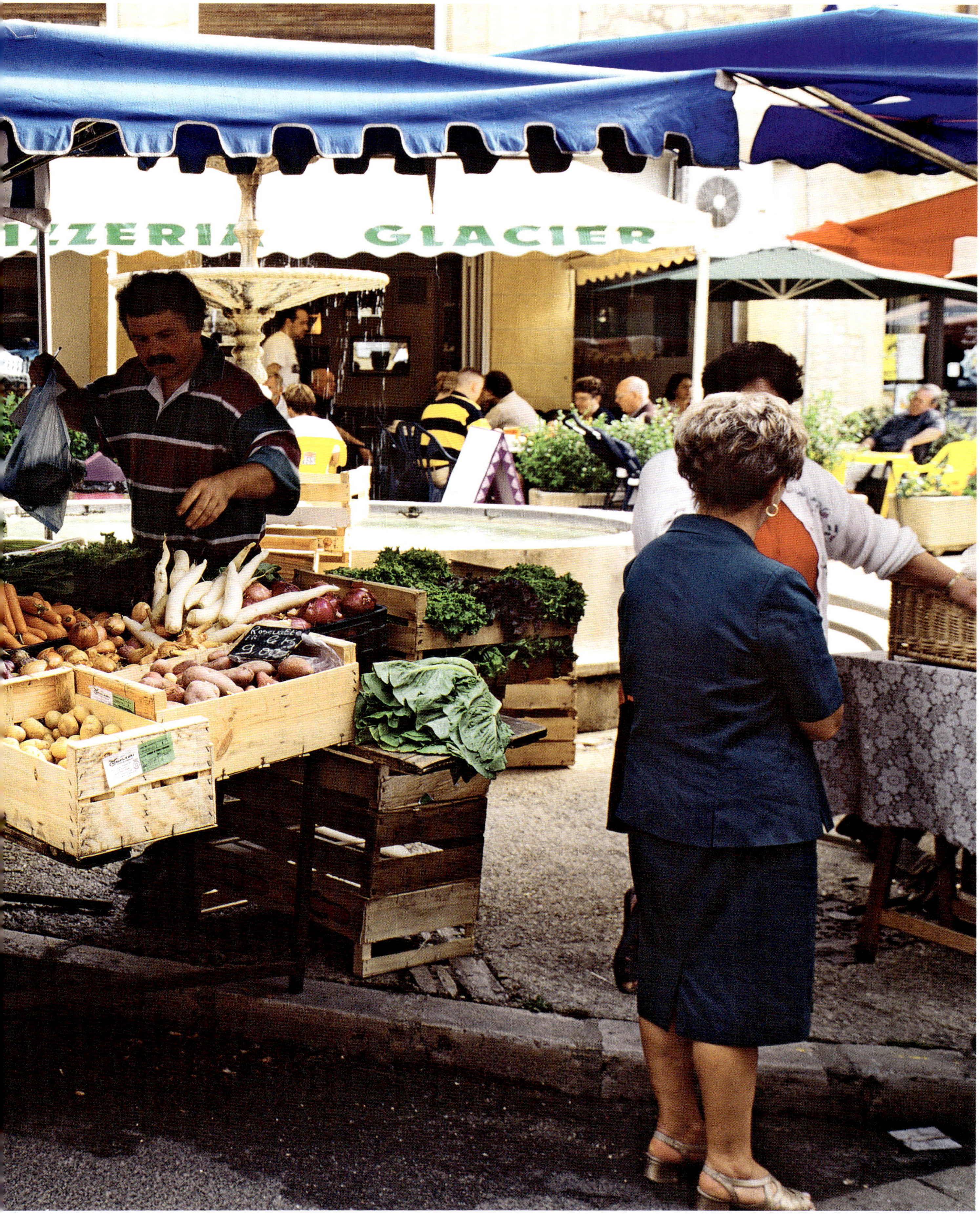
IZZERIA GLACIER

三色蔬菜塔
Vegetable timbales

280g 切碎的紅蘿蔔
280g 切細的西洋菜
280g 的紅椒

185g 乳脂含量高的鮮奶油
7 顆蛋黃
少量的豆肉蔻

把紅蘿蔔蒸到軟，清洗西洋菜並放進醬汁鍋，蓋上蓋子蒸煮2分鐘直到西洋菜熟透，並用手將擰乾放涼。

預熱烤架。將紅椒切半，並去籽去膜，並放置在烤架上烘烤直到表層稍微變黑並起泡。放涼後再去皮。

將烤箱預熱到160度。將蔬菜放入食物調理機分別攪成泥狀，紅蘿蔔泥中要加入三分之一的鮮奶油使其滑順。將紅椒泥放入醬汁鍋，用中火攪拌直至濃稠。把每種蔬菜泥分開放涼，將剩下的鮮奶油分別拌入紅椒泥和西洋菜泥中。

每種泥中分別加入2顆蛋黃並攪拌。剩下的蛋黃則一分為二放入紅椒泥和西洋菜泥裡。使用鹽、胡椒和豆肉蔻調味。

將四個杯裝模具抹油。將紅蘿蔔泥倒進模具中並使表面平滑。接著將1湯匙的西洋菜泥放在紅蘿蔔泥上層並抹平，最後加入紅椒泥將表面抹平。

把裝好三種蔬菜泥的模具放入烤盤，加入熱水到烤盤中，直到模具的一半高度，以隔水加熱的方式，烘烤1小時15分鐘。

烘烤完成後，將模具倒扣至盤上用力一搖即會自動脫模，可與沙拉和法國麵包一起享用。

份量：4

左圖一：將蛋黃拌入放涼的蔬菜。
左圖二：放入模具時確定每一層都讓表面滑順，這樣取出三色蔬菜塔時外觀才會整齊。

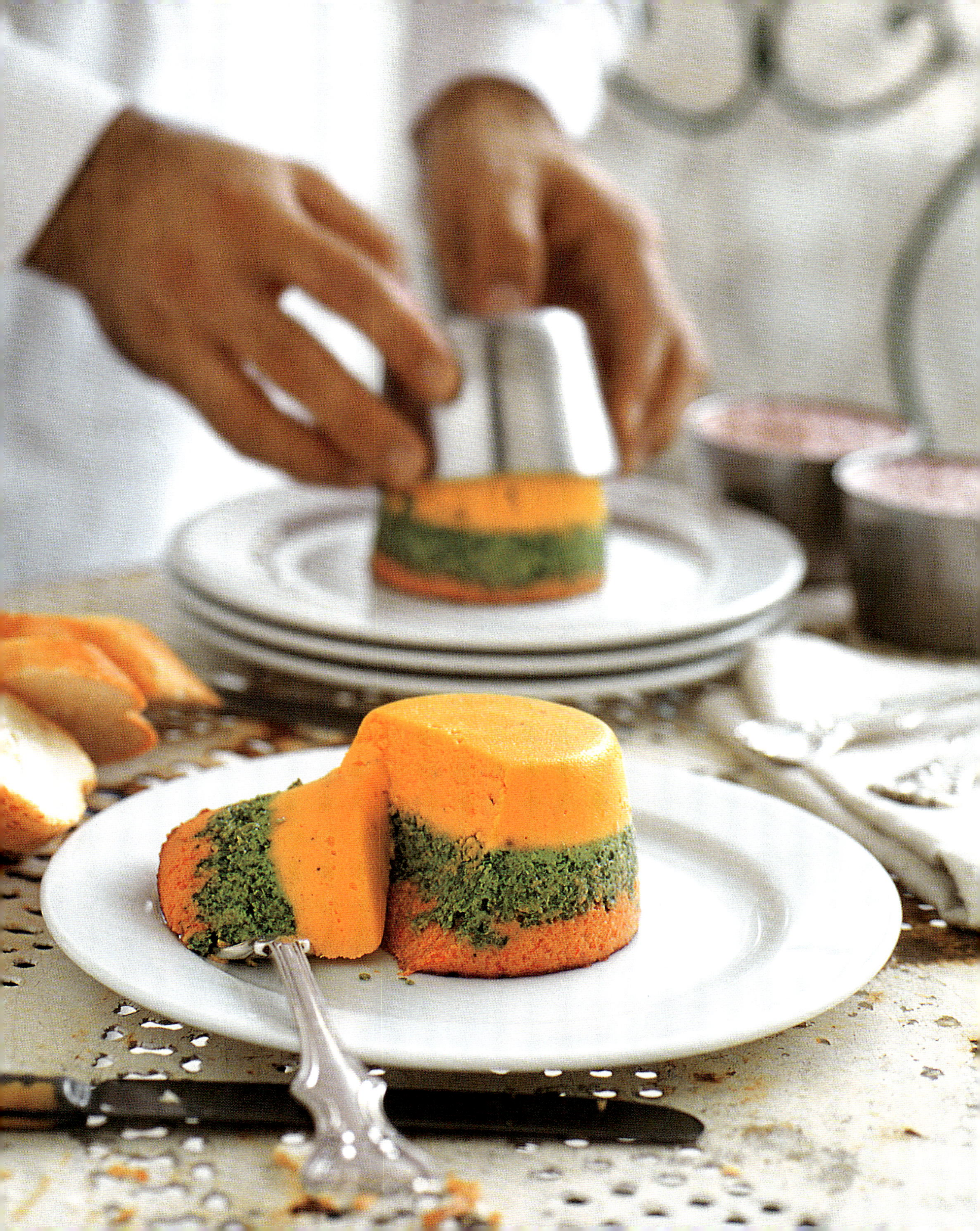

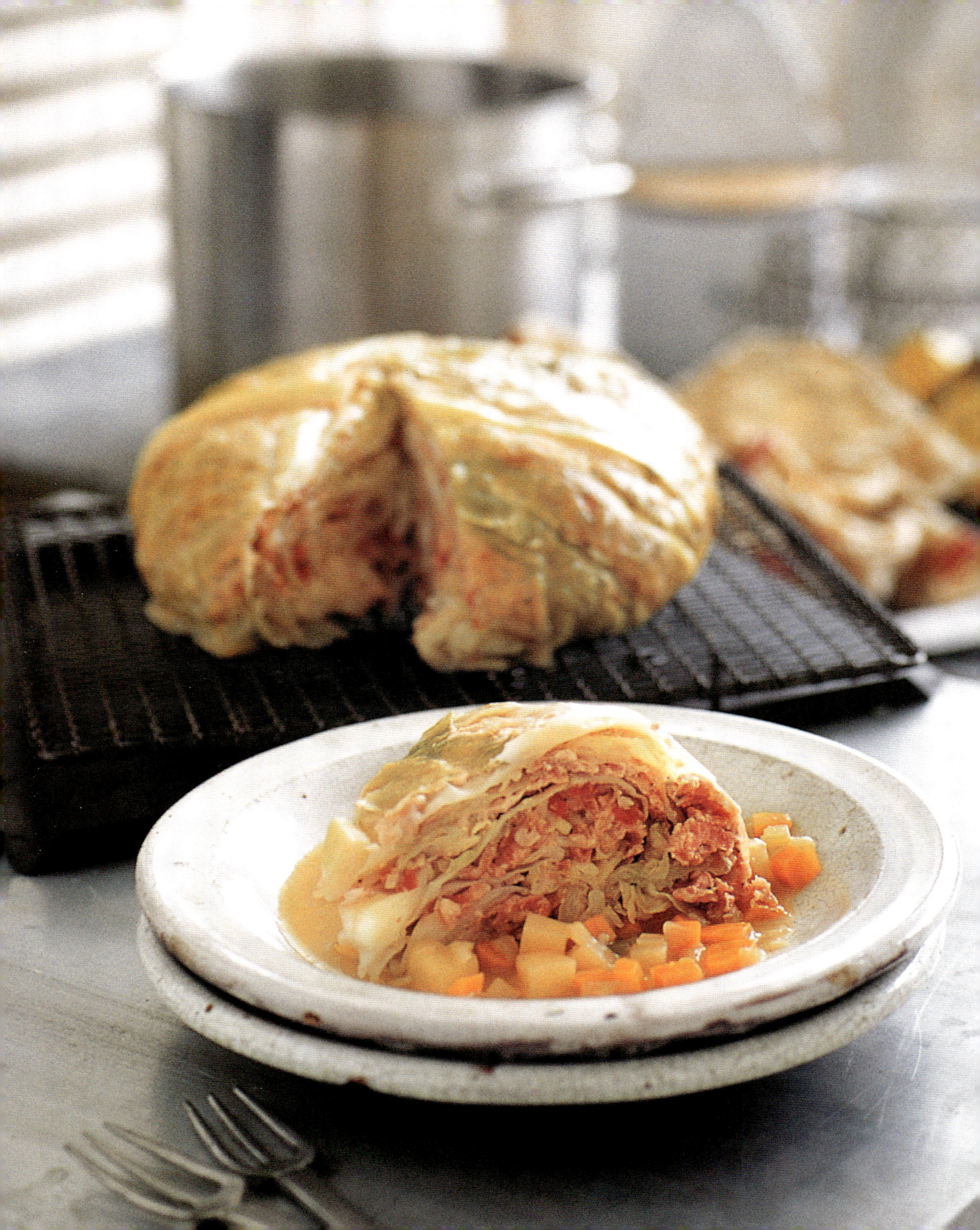

甘藍菜捲
Stuffed green cabbage

甘藍菜捲是一種法國較寒冷地區的傳統食物，因甘藍比起其他蔬菜更能適應比較嚴峻的氣候。這道菜是用肉鑲入甘藍裡成為一道主食。

餡料：
4 顆成熟番茄
50g 松子
500g 豬絞肉
150g 切細碎的五花培根
1 顆切細的洋蔥
2 顆壓碎的蒜瓣
160g 麵包屑
2 顆蛋
1 湯匙混合香草

1 顆結球甘藍，或者菜葉甘藍
檸檬汁

調味醬汁：
30g 奶油
2 顆切碎的紅蔥頭
1 大條切碎的紅蘿蔔
1 根切碎的芹菜
1 根馬鈴薯，切丁
80ml 白酒
250ml 雞高湯

先做餡料，在每一顆番茄上劃十字，放到滾水中加熱20秒，然後從十字的地方把皮剝掉並去籽，切細碎。

把松子放在熱烤架上2到3分鐘烤至些微上色，然後把所有的餡料食材混合並調味。

小心地把甘藍菜葉分開，不要撕破，把甘藍菜心留下備用。在平底鍋裡加水煮滾，加入一點點檸檬汁，把甘藍菜葉汆燙一下，之後放置冷水中冷卻，再瀝乾。

取一塊乾淨並沾濕的布，攤開在工作台上，放上4片最大的甘藍菜葉在布上排成圓形，以莖部朝中間且葉片稍微互相重疊。將部份餡料均勻的攤平在葉片上。

把另外4片甘藍菜葉放置在最上面且鋪上更多的餡，以此類推一層層地把剩下的甘藍菜葉填上餡料直到最小片的甘藍菜葉。將布的四角拉起使甘藍菜回復原來的球形，再用繩子綑綁固定。

做調味醬汁，先把奶油在砂鍋或醬汁鍋中融化，蔬菜嫩煎幾分鐘，加入一些白酒煮約2分鐘然後再加入雞高湯，將甘藍菜輕輕置入調味醬汁中，蓋緊鍋蓋燉煮15分鐘，或直到可以用金屬串刺入甘藍菜捲中心確認到達高溫，就可以拿起來解開繩子放置在金屬架上瀝乾5分鐘。

盛盤時，先放置一些調味蔬菜和淋上醬汁，再放上切片的甘藍菜捲即可。

份量：6

尼斯沙拉
Nicoise-style salad

A la nicoise 一詞指的是尼斯這道典型沙拉和它的配料，包含了番茄、橄欖、鯷魚和蒜頭。對於生食主義的人來說，是否在這道料理加入蛋，常是一項爭論的議題。

4 顆蠟質（waxy）馬鈴薯
1 湯匙橄欖油
200g 小四季豆
300g 油漬鮪魚
150g 小番茄
200g 萵苣葉
20g 黑橄欖
2 湯匙酸豆
3 顆水煮蛋，切成半月形
8 條鯷魚

醬料：
1 瓣切碎的蒜頭
1 茶匙第戎芥末醬
2 湯匙白酒醋
1 茶匙檸檬汁
125ml 橄欖油

把馬鈴薯用煮沸的鹽水在平底鍋煮15分鐘，或者煮到軟爛。瀝乾後切成小塊放進碗裡，加橄欖油拌勻。將小四季豆對分然後放進沸騰的鹽水裡煮3分鐘，瀝乾後再用冷水沖一下。

接著製作油醋醬，將蒜頭、第戎芥末醬、白酒醋、和檸檬汁混合。再慢慢逐次加入橄欖油，一邊攪打直至完全混勻。

把鮪魚瀝乾放進碗裡面，用叉子分成大塊狀。將番茄切半，用萵苣葉鋪平於盤子底部。再擺上馬鈴薯、豆子、鮪魚、番茄、橄欖和酸豆。淋上剛剛做好的油醋醬，再用蛋和鯷魚裝飾擺盤。

份量：4（作為前菜）

山羊乳酪沙拉

Salad with goat cheese croutons

50g 壓成小粒的核桃
1 茶匙片狀海鹽
8 片法國麵包
1 瓣對半切的蒜頭
125g 山羊乳酪，切成 8 片
55g 沙拉葉（綜合沙拉和香草）
1 個切成薄片的紅洋蔥

醬料：
2 湯匙橄欖油
1 湯匙核桃油
1.5 湯匙龍蒿醋
1 瓣搗碎的蒜頭

先把烤架預熱，將核桃放進碗裡並用熱水浸泡，放置1分鐘後瀝乾。放上烤架烤3到4分鐘直到變成金黃色，均勻撒上海鹽後放涼。

把法國麵包放上烤架烤到一面微焦，在烤過的一面以蒜頭剖面塗抹，放置幾分鐘冷卻、變脆。然後在另一面放上乳酪烤2到3分鐘直到乳酪上色。

製作醬汁，先把橄欖油、核桃油、醋和蒜頭混勻並調味。

把沙拉葉、香草以及洋蔥和烤過的核桃舖在大淺盤上。放上乳酪麵包和淋些醬汁，趁熱享用。

食譜照片請參考 190 頁

份量：4（作為前菜）

山羊乳酪沙拉（食譜請參考189頁）

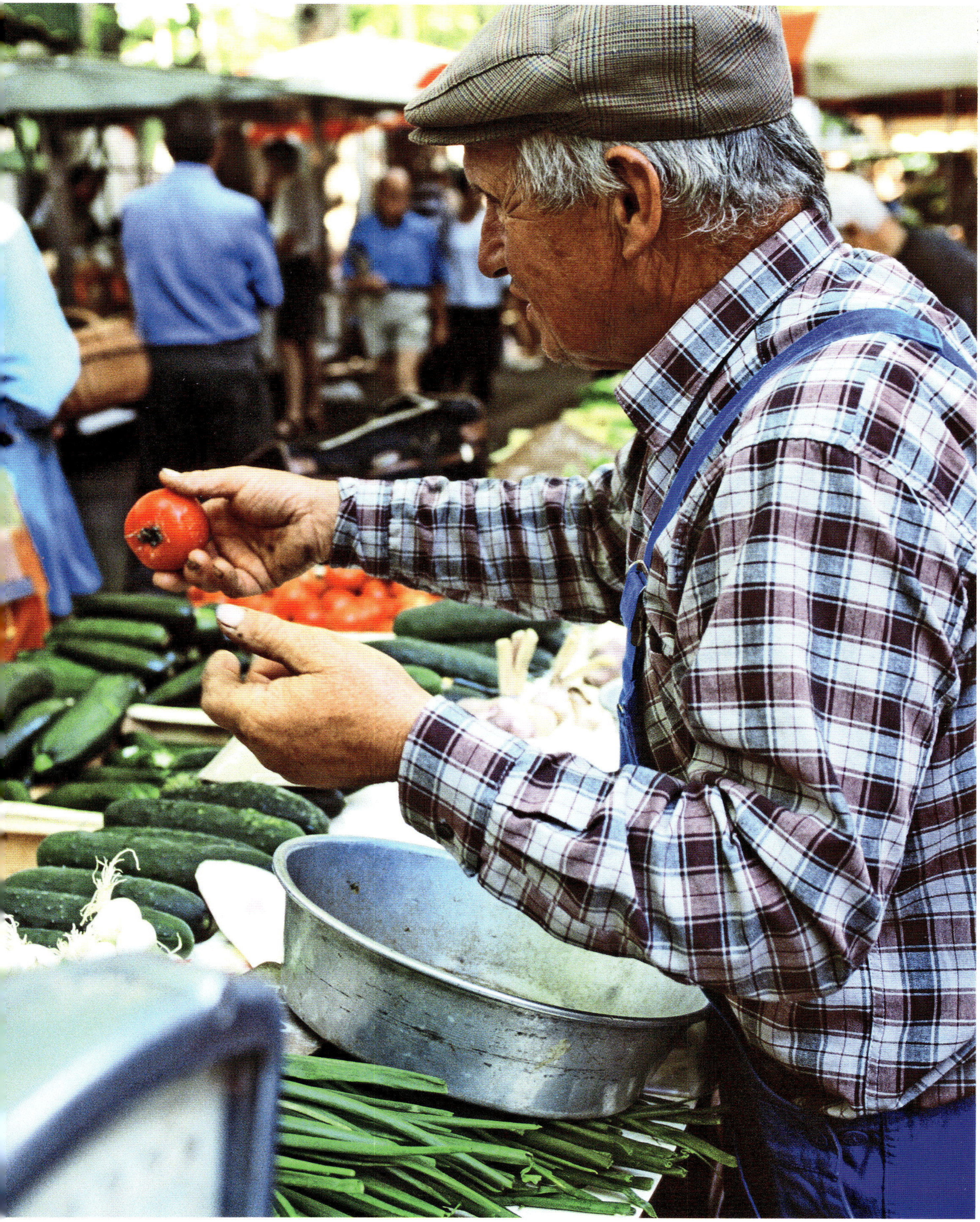

法式豌豆鍋
Peas with onion and lettuce

萵苣雖常被單純地視為沙拉用的生菜，事實上直到18世紀，萵苣反而時常用於烹調而非生食。如今在法國也常常以這種方式使用萵苣，特別是在這道菜裡。

50g 奶油
16 顆醃製過的小洋蔥或是紅蔥頭罐頭
500g 去殼的新鮮豌豆
250g 切成細碎的捲心萵苣
2 株香芹

1 茶匙細砂糖
125ml 雞高湯
1 湯匙中筋麵粉

將30g的奶油放在大的醬汁鍋裡融化，接著加入洋蔥或是紅蔥頭，攪拌1分鐘，再把豌豆、細碎的萵苣、香芹及糖放入鍋內。

倒入雞高湯並均勻攪拌，蓋上鍋蓋並用中小火悶煮約15分鐘，期間攪拌數次，或待洋蔥完全熟透，取出香芹。

接著把剩下的奶油跟麵粉混合成糊狀，少量地加入蔬菜中並攪拌直到湯汁濃稠，最後用鹽和黑胡椒加以調味即可。

份量：6

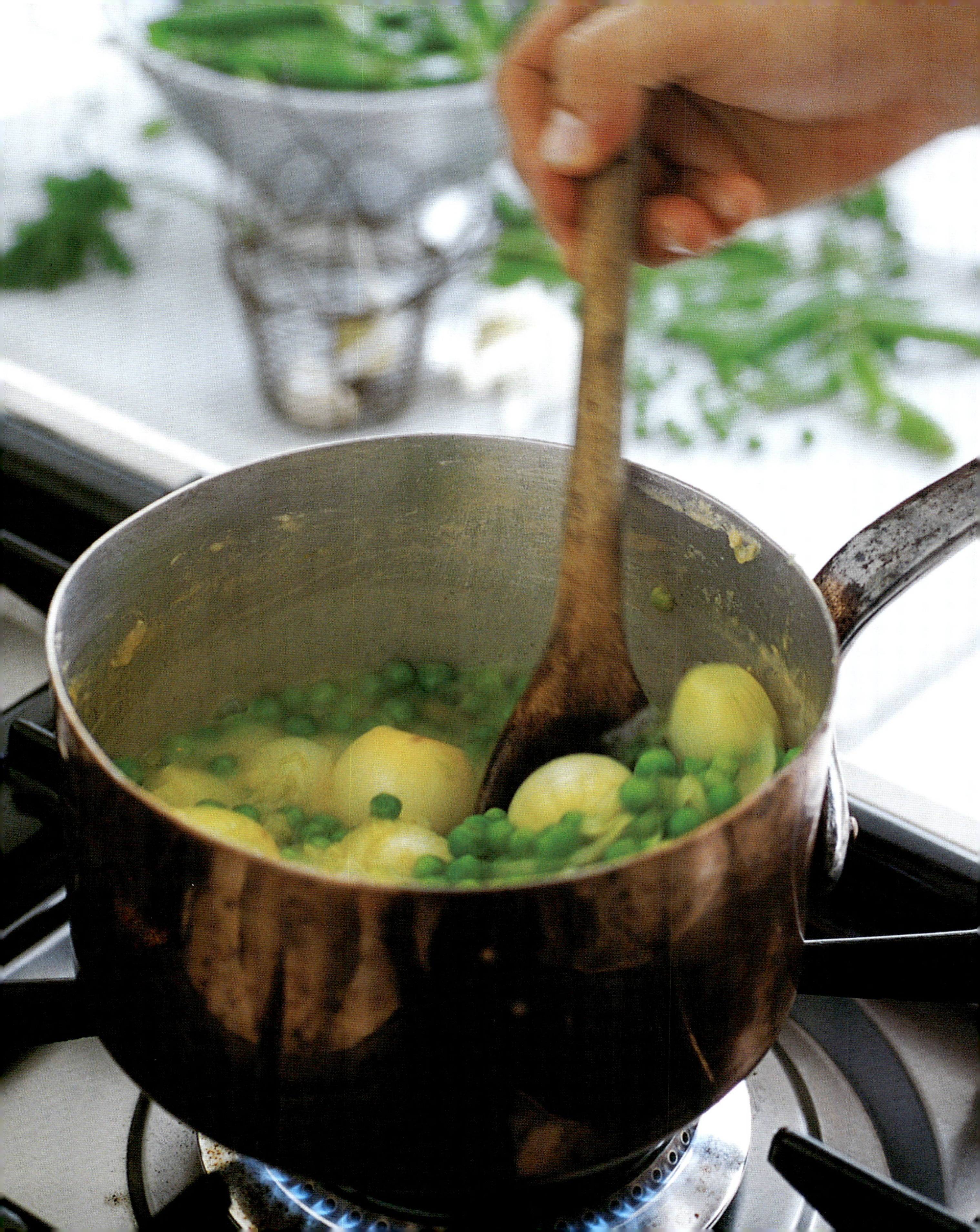

多菲內焗烤馬鈴薯
Creamy scalloped potatoes

這道來自法國多菲內的在地料理有許多不同的版本,例如有些不會另外撒上乳酪。事實上,法文原文「gratin」這個詞不是意指上面的乳酪,而是馬鈴薯靠近底部形成的酥脆口感。

1kg 粉質馬鈴薯
2 瓣壓碎蒜頭
65g 磨碎的格呂耶爾乳酪

少量的肉豆蔻
315ml 乳脂含量高的鮮奶油
125ml 的牛奶

預熱烤箱至170度,用鋒利的刀子將馬鈴薯切成薄片,在23×16cm且耐高溫的烤模上塗上奶油,疊放馬鈴薯,接著每鋪一層就撒上蒜頭末、格呂耶爾乳酪、肉豆蔻並調味,然後留一些乳酪撒在表面上。

倒入牛奶和鮮奶油,並撒上一些乳酪,放進烤箱烤約50到60分鐘,直到馬鈴薯熟透且完全收汁。如果頂部已烤太焦,可以蓋上錫箔紙。出爐後放置約10分鐘後再上桌。

份量:6

烤馬鈴薯
Boulangere potatoes

1kg 馬鈴薯
1 大顆洋蔥
2 湯匙切碎的香芹

500ml 熱的雞高湯或蔬菜高湯
25g 切塊的奶油

將烤箱預熱到180度,使用刨刀或尖銳的刀將馬鈴薯及洋蔥切片。在20×10cm有深度的烤盤內將馬鈴薯片和洋蔥疊好,每一層上頭撒上香芹、鹽和黑胡椒。最上一層鋪上馬鈴薯片。倒入高湯,表面放上奶油。

蓋上錫箔紙並放進烤箱中層烤30分鐘,然後移開錫箔紙並輕壓馬鈴薯以浸入高湯。續烤30分鐘後或直到馬鈴薯變得鬆軟且表面呈現金黃色。趁熱享用。

份量:6

蜜糖紅蘿蔔
Glazed carrots with parsley

500g 紅蘿蔔
1.5 茶匙鹽
1.5 茶匙糖

40g 奶油
1.5 湯匙切碎的香芹

將紅蘿蔔切片放入平底鍋,倒入能蓋過食材的冷水,加入鹽、糖以及奶油下去燉煮直到水份蒸發。

接著將鍋子搖一搖,讓紅蘿蔔裹上汁液,再加入香芹,拌一拌即可享用。

份量:6

普羅旺斯燉菜
Mediterranean vegetable stew

「Ratatouille」這個名字來自於法語單字「混合」,在以前經常被用來形容任何一種燉菜。這個食譜沿用了傳統的版本,每個食材在燉煮之前都會先個別加以拌炒。

4 顆番茄
2 湯匙橄欖油
1 大顆切丁的洋蔥
1 顆切丁的紅椒
1 顆切丁的黃椒
1 顆切丁的茄子
2 顆切丁的櫛瓜

1 茶匙番茄醬(濃縮番茄糊)
0.5 茶匙的糖
1 片月桂葉
3 株百里香
2 株羅勒
1 瓣切碎的蒜頭
1 湯匙切碎的香芹

在每一顆番茄的頂端切一個十字,放入沸騰的水煮20秒後,將番茄的皮從十字開口剝掉,並將番茄大致切塊。

在平底鍋倒入油後用小火加熱,加入洋蔥拌炒5分鐘,再加入甜椒均勻攪拌4分鐘後,起鍋後備用,接著炒茄子,炒至表面焦黃即可起鍋。

接下來炒櫛瓜,一樣炒至焦黃,便加入洋蔥、甜椒以及茄子,再加入番茄醬煮2分鐘。接著拌入番茄、糖、月桂葉、百里香和羅勒,攪拌均勻並蓋上鍋蓋燉煮15分鐘,取出月桂葉、百里香和羅勒。

在最後1分鐘將蒜末及香芹加入至普羅旺斯燉菜中,攪拌均勻後即可享用。

食譜照片請參考 196頁

份量:4

蔬菜　195

普羅旺斯燉菜（食譜請參考195頁）

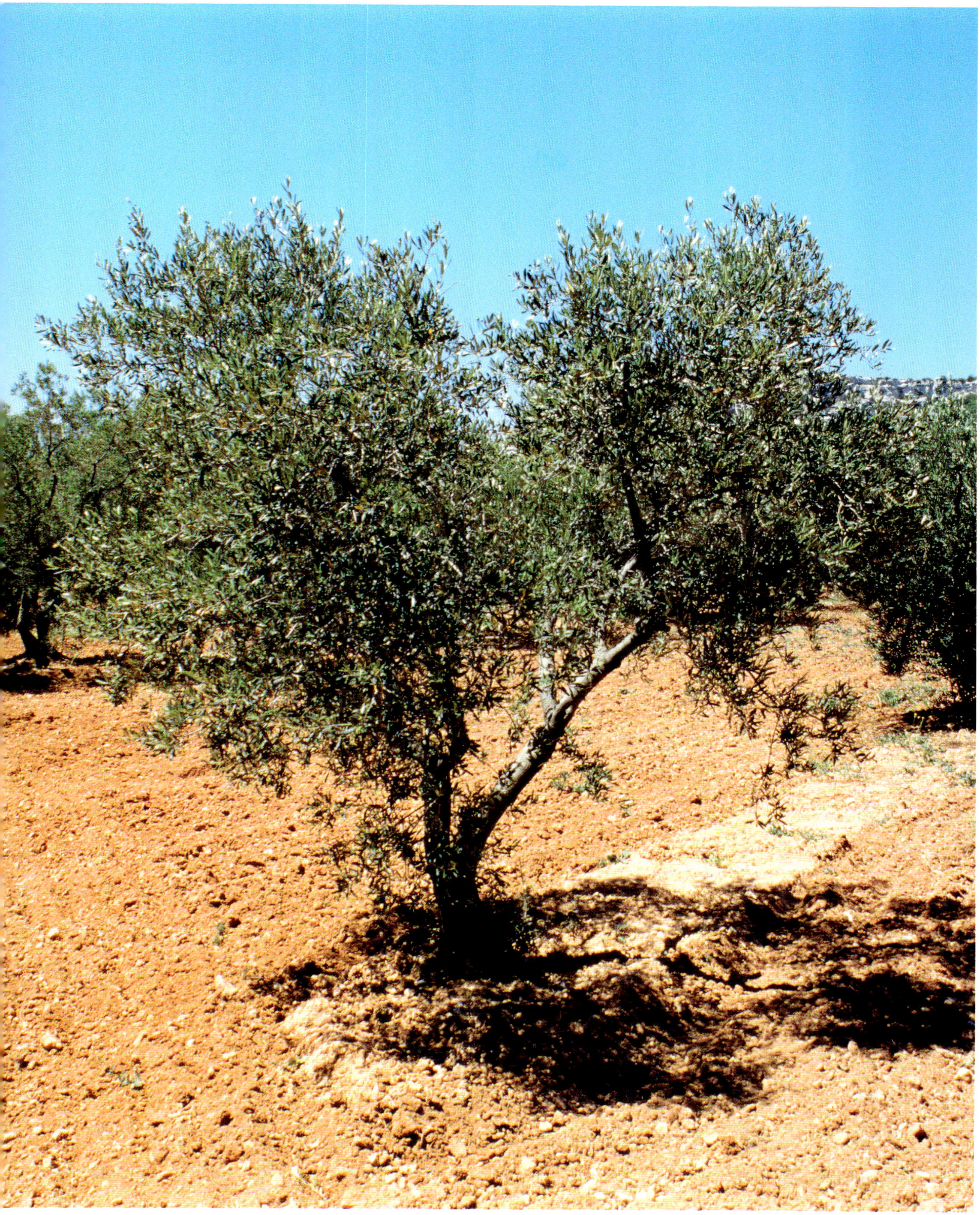

蕪菁甘藍泥
Purée of Swedes

要讓蔬菜變成泥狀是很簡單的，只要將蔬菜放入食物調理機或是果汁機裡即可，但是如果你沒有這兩種機器，可以改用壓泥器或是蔬菜研磨器。千萬不要將馬鈴薯放入食物調理機或是果汁機，它們會變得非常黏稠。

1kg 去皮且切碎的蕪菁甘藍
2.5 湯匙奶油
1 湯匙法式酸奶油

將蕪菁甘藍放入鍋內，加水覆蓋至一半，加入1茶匙鹽及1湯匙奶油，煮沸之後轉小火，將鍋子蓋上燜煮30分鐘或是煮到軟爛後，取出瀝乾並保留鍋內的水。

將煮軟的蕪菁甘藍放入食物調理機或是攪拌機中，倒入剛剛保留的水打成泥狀，接著將蕪菁甘藍泥舀入鍋內，加入酸奶油及剩下的奶油混勻。再次加熱並輕輕攪拌幾分鐘即可。

份量：4

菠菜泥
Purée of spinach

1kg 菠菜
2.5 湯匙切塊的奶油
4 湯匙法式酸奶油
0.5 茶匙肉荳蔻

清洗菠菜並稍微瀝乾，將菠菜放進平底鍋。蓋上蓋子蒸2分鐘，或等菜葉軟爛，倒掉水，使之冷卻，然後用手擠乾並剁碎。

把菠菜放進小型平底鍋以小火慢煮，提高火力後慢慢加入奶油一邊不停攪拌。接著加入酸奶油，攪拌至菠菜泥滑順。調味後拌入肉荳蔻即可。

份量：4

菊芋泥
Purée of Jerusalem artichokes

750g 菊芋
250g 馬鈴薯，切半

菊芋去皮，然後放進煮沸的鹽水裡煮20分鐘，或直到軟爛。瀝乾後把菊芋倒進食物調理機或果汁機裡，打成泥狀。

1 湯匙奶油
2 湯匙法式酸奶油

將馬鈴薯放進煮沸的鹽水裡煮20分鐘，瀝除水份後搗碎。把馬鈴薯、菊芋、奶油跟酸奶油拌在一起，調味、攪拌均勻，即可享用。

份量：4

馬鈴薯佐香蒜乳酪
Potato, cheese and garlic mash

這道奧弗涅地區的特色餐點是以康塔爾乳酪拌入馬鈴薯泥來帶出嚼勁。康塔爾是一種半硬有滑順感的乳酪，如果找不到的話可以用柔軟的切達乳酪。

800g 粉質（floury）馬鈴薯，切成一致的塊狀
70g 奶油
2 瓣切碎的蒜頭

把馬鈴薯丟進煮沸的鹽水裡20到30分鐘，或直到軟化。同時，把奶油丟進醬汁鍋以小火融化並加入蒜頭。瀝乾並搗碎馬鈴薯，然後用篩子擠壓形成滑順的泥狀（不用要食物調理機，不然會變得黏稠）。

3 湯匙牛奶
300g 磨碎的康塔爾乳酪（或柔軟的切達乳酪）

把馬鈴薯泥倒進醬汁鍋以小火加熱，加入蒜頭奶油和牛奶。在充分攪拌後分次拌入乳酪，直至乳酪融化且整體變得黏稠，在享用前用鹽和胡椒調味。

份量：4

蔬菜

Gérard Mulot

Magie Noire

Chapter 8

甜點與烘焙

法式經典料理也為所有的甜品糕點豎立了楷模。
舉凡舒芙蕾、烤布蕾、慕斯、可麗餅和塔派都是經典不朽的代表性甜點。

PATISSERIE CON

Marchal

SERIE SALON DE THÉ

Pautet

ORANGES FRAICHEMENT PRESSEES
1/4L 1/2L 1L

覆盆子舒芙蕾
Raspberry souffle

舒芙蕾和慕斯有時候會被混淆，技術上來說，舒芙蕾是熱的，慕斯是冷的。慕斯是用吉利丁和蛋白製作的，所以不會塌掉，而熱舒芙蕾則是被熱氣支撐起來的。

40g 鬆軟的無鹽奶油
170g 細砂糖

舒芙蕾：
250g 的卡士達醬 (請參考 248 頁)
400g 覆盆子
3 湯匙的細砂糖
8 顆蛋白
糖粉

在1.5升的舒芙蕾烤盅刷上鬆軟的奶油，倒進細砂糖之後，轉動容器讓糖徹底地覆蓋在表面上，然後再倒出多餘的糖，預熱烤箱到攝氏190度，然後把烤盤放進烤箱裡加熱。

把卡士達醬放進耐熱皿中，用醬汁鍋隔水加熱，再取出備用。將覆盆子跟一半的糖倒進攪拌機裡或食物調理機（或者用手混合），再用細的篩網過篩，除去覆盆子的種子，最後加入卡士達醬和過篩好的覆盆子，拌在一起。

將蛋白打進乾淨、乾的碗中，打發至蛋白呈挺立狀，逐步地攪拌剩下的砂糖，混合成黏稠、光滑的樣子，把半顆蛋白攪拌進覆盆子卡士達，使其變蓬鬆，然後用一個大湯匙拌進其餘的材料，倒進舒芙蕾烤盅，用你的一根手指劃過烤盅的內壁一圈，大概2cm深，為了讓舒芙蕾膨脹的時候不會被黏住。

在熱烤盤上烤10至12分鐘，或者直到舒芙蕾完全膨脹，輕拍的時候會輕微的搖晃，用牙籤從舒芙蕾邊緣的裂縫刺入，籤子拿出來必須是乾淨的或是微濕，假如是微濕的，在你將舒芙蕾拿到桌上的這段時間，舒芙蕾中心是很熱的，直接上桌吧，再撒上一些糖粉。

份量：6

當要拌入蛋白至覆盆子卡士達時，先放一部分蛋白，這有助於你放入剩下的蛋白時原本的蛋白不會消失掉。

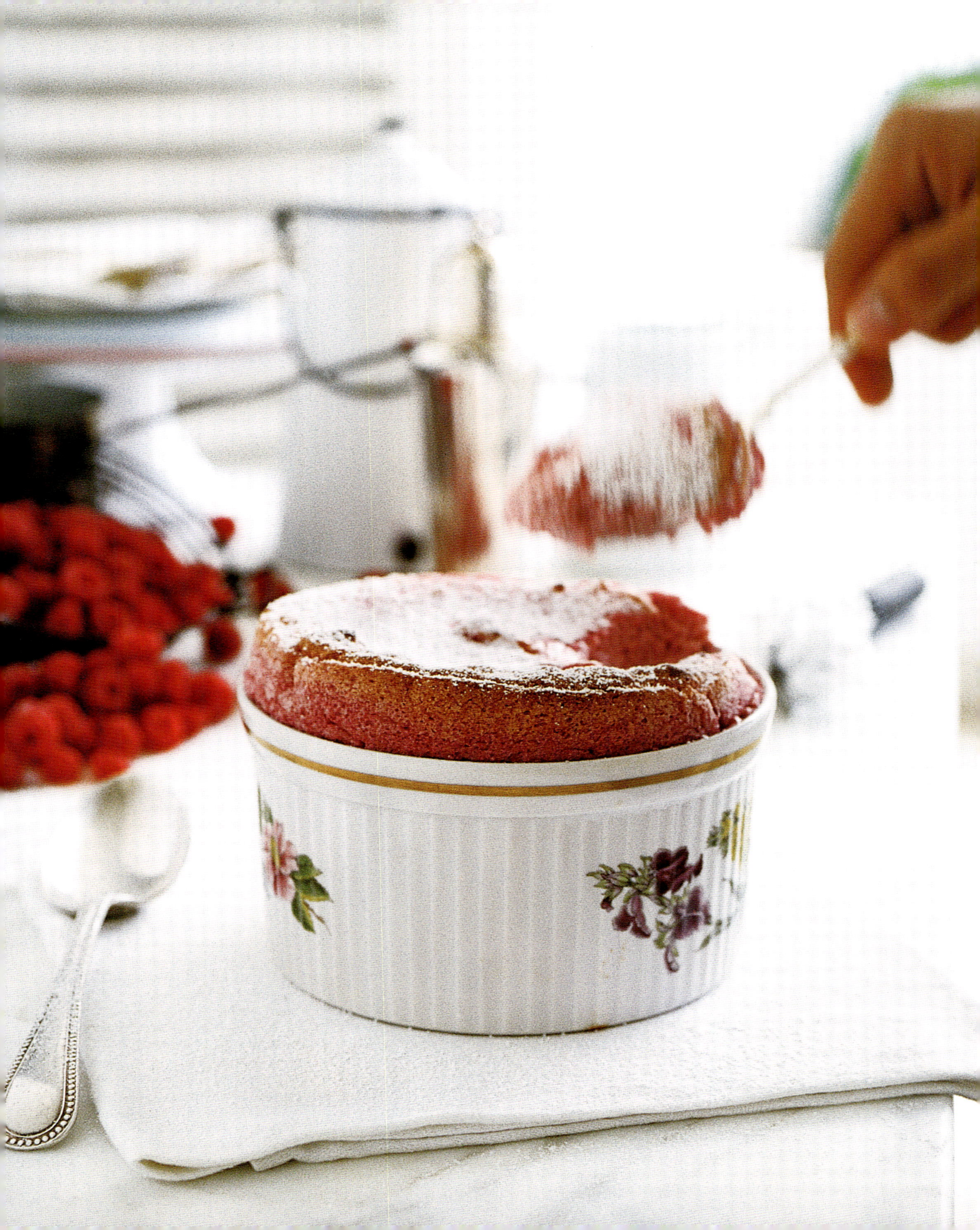

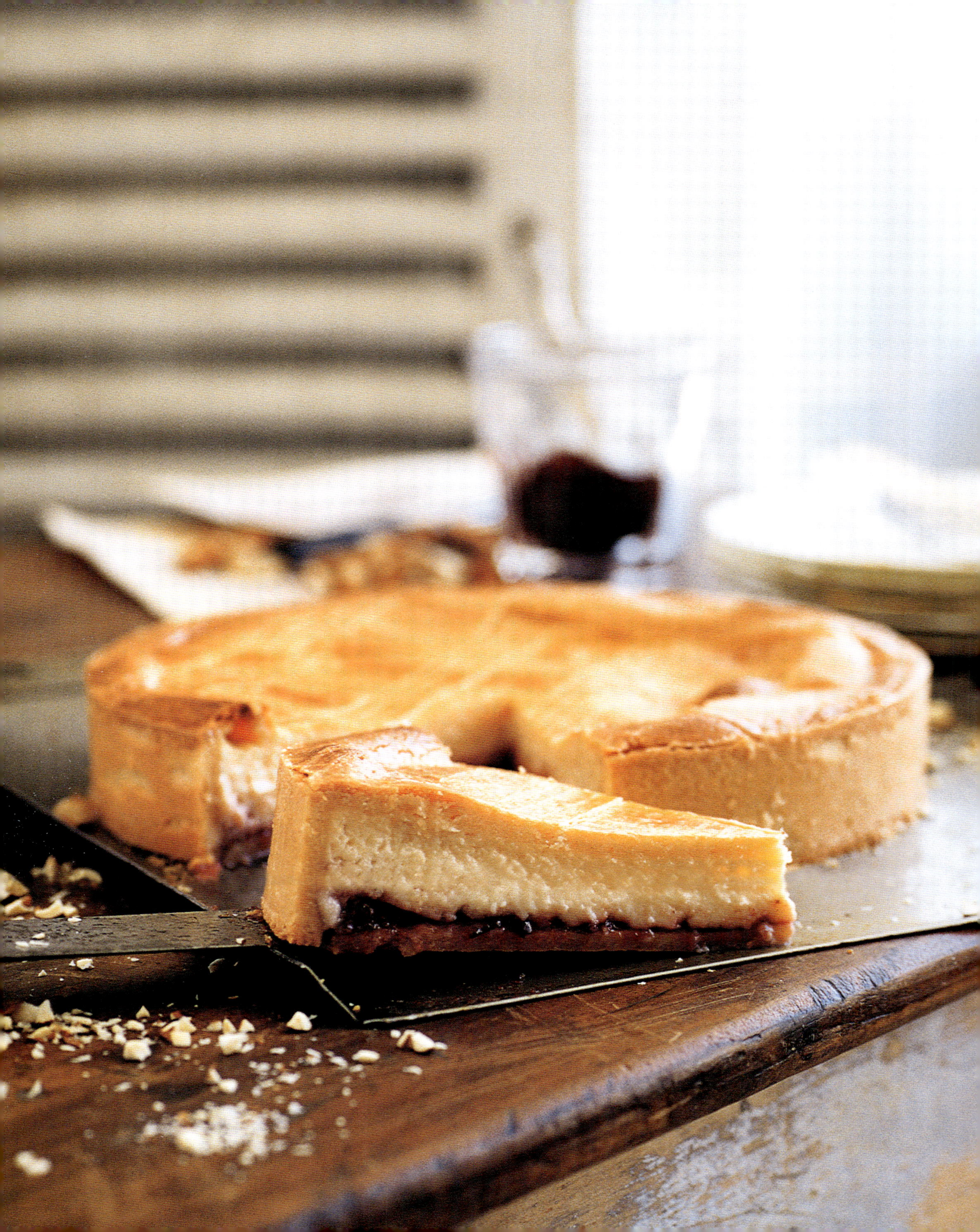

巴斯克塔
Basque tart

巴斯克位於法國西南方的角落，一側接著海洋，另一側則是西班牙，每一個巴斯克的家庭都有獨家製作巴斯克塔的食譜。

杏仁千層派皮：
400g 中筋麵粉
1 茶匙磨碎的檸檬皮
55g 杏仁顆粒
145g 細砂糖
1 顆蛋
1 顆蛋黃
¼ 茶匙天然香草精
150g 柔軟的無鹽奶油

杏仁卡士達醬：
6 顆蛋黃
200g 細砂糖
60g 中筋麵粉
55g 杏仁顆粒
1 升牛奶
4 香草莢
4 湯匙黑櫻桃或莓果醬
1 顆蛋稍微打散

做一個杏仁千層派皮點心，要把麵粉、檸檬皮末和杏仁混合在一起，從表面上輕推，在中間做一個凹槽，把糖、蛋、蛋黃、杏仁顆粒，還有奶油放進凹槽裡。

混合糖、蛋和奶油，用指尖和大拇指搓揉，混合後，用刮刀的刀口拌入麵粉，充分混合。用塑膠袋包起來，放進冰箱裡至少30分鐘。

擀平2/3的杏仁千層派皮至 25cm的派緣大小，修整邊緣後再冰進冰箱30分鐘。預熱烤箱到攝氏180度。

接下來製作卡士達醬，要先將蛋黃跟糖攪拌在一起，直至白色滑順狀，充分拌入過篩麵粉和杏仁。

把牛奶放進醬汁鍋，然後剖開香草豆莢，刮出香草籽，與豆莢一起加進牛奶裡，煮至起泡，然後過濾上個步驟的麵糊，繼續拌入牛奶中，再把此麵糊倒進乾淨的醬汁鍋，然後煮滾，持續不斷地攪拌，一開始會有結塊的現象，但在攪拌的過程中會變得均勻，煮滾2分鐘後，移開至冷卻。

在前面做的千層派皮烤盤的底部抹上果醬，然後鋪上卡士達醬，擀平剩餘的千層派皮來做派的最上層，在千層派皮派的邊緣刷上蛋液，將最上層的千層派皮蓋上，然後沿著邊緣壓緊，修整邊緣，在派的上層刷上蛋液，然後輕輕的劃十字記號，烤40分鐘，或至金黃色，在端上之前至少放涼30分鐘，讓它有點微溫或是冷的。

份量：8

焦糖冰淇淋
Caramel ice cream

儘管冰淇淋被視為一項冰的甜點,最好在快融化前品嚐。但如果在太冰的時候品嚐,冰淇淋的味道就會被蓋住,所以最好在要吃的前一個半小時前將冰淇淋從冰箱中拿出來退冰。

60g 糖
330ml 牛奶
80ml 鮮奶油

1 根香草莢
3 顆蛋黃

首先要製作焦糖,在平底煎鍋內放入45g的糖,加熱直到糖開始溶解然後變成焦糖。輕敲醬汁鍋的邊緣讓糖的顏色保持一致,接著停止加熱然後小心的加入鮮奶油(可能會噴出來),再來用小火攪拌直到焦糖再次溶化。

在耐熱的碗中將蛋黃以及剩下的糖一起攪拌直到呈白色柔順狀,把牛奶和香草莢在醬汁鍋內一起加熱,在牛奶滾的時候倒入焦糖。再重新加熱以及把剛剛和糖一起攪拌的蛋黃倒入,然後一直不停的攪拌,這樣焦糖卡士達醬就完成了。

再將焦糖卡士達醬倒回醬汁鍋裡,然後一直攪拌,攪拌到夠黏稠可以黏在木製湯匙上面,不要加熱到沸騰,不然會油水分離,接下來用篩子過篩到碗中然後放到冰上面讓它快速的冷卻。

把焦糖卡士達醬倒入塑膠的製冰容器中然後蓋上蓋子放進冰箱冷藏。為了避免在冰凍過程中產生的小冰晶,需要每30分鐘用攪拌器攪拌1次。用塑膠袋把表面包好以及把容器的蓋子蓋好後,冰一個晚上就可以了。把冰淇淋冰在冰箱裡,要吃的時候再拿出來就好。

份量:4

左圖一:倒入熱牛奶進焦糖醬。
左圖二:打入蛋黃和糖直到白色柔順狀,再倒入焦糖醬內。

瑪德蓮
Madeleines

3 顆蛋
100g 融化的無鹽奶油
155g 低筋麵粉

檸檬皮和橘子皮
115g 細砂糖

預熱烤箱至攝氏200度,刷上融化的奶油在瑪德蓮模具上,然後撒上麵粉,接下來輕拍烤盤讓多餘的麵粉掉落。

把蛋和糖一起攪拌均勻,攪拌至白色柔順狀,攪拌均勻後如果可以黏在打蛋器上就代表夠濃稠了。輕輕倒放入麵粉裡,加入融化的奶油以及檸檬皮和橘子皮。用湯匙將麵糊放入模具內,留一點空間因為在烘烤時麵糊會變高。需要烤12分鐘(小的瑪德蓮蛋糕只需要烤7分鐘),或是烤到金黃色和摸起來有彈性就可以了。接著從模具中拿出來放在涼架上冷卻。

份量:14

櫻桃克拉芙緹
Cherry clafoutis

通常在製作櫻桃克拉芙緹時,習慣將整顆櫻桃放進去(在烹煮過程中,他們加入帶苦的杏仁味),但當其他人們在享用之前,最好事先提出這一點。

185ml 乳脂含量高的鮮奶油
1 根香草莢
125ml 牛奶
3 顆蛋
55g 細砂糖

85g 中筋麵粉
1 湯匙櫻桃酒
450g 黑櫻桃
裝飾蛋糕用的糖粉

將烤箱預熱至180度。把鮮奶油放入小平底鍋。把香草莢剖開,挖出裡面的籽,並將籽和香草莢全部加入鮮奶油中。小火加熱數分鐘。從火源移開,加入牛奶並冷卻並取出香草莢。

把蛋和糖、麵粉快速混合,並拌入鮮奶油中。加入櫻桃酒和黑櫻桃,並均勻攪拌。把拌勻的麵糊倒入23cm高的圓形烤盤,並烤30至35分鐘,或變成金黃色。最後撒上糖粉並端上桌。

食譜照片請參考 210頁

份量:6

櫻桃克拉芙緹（食譜請參考209頁）

PATISSERIE

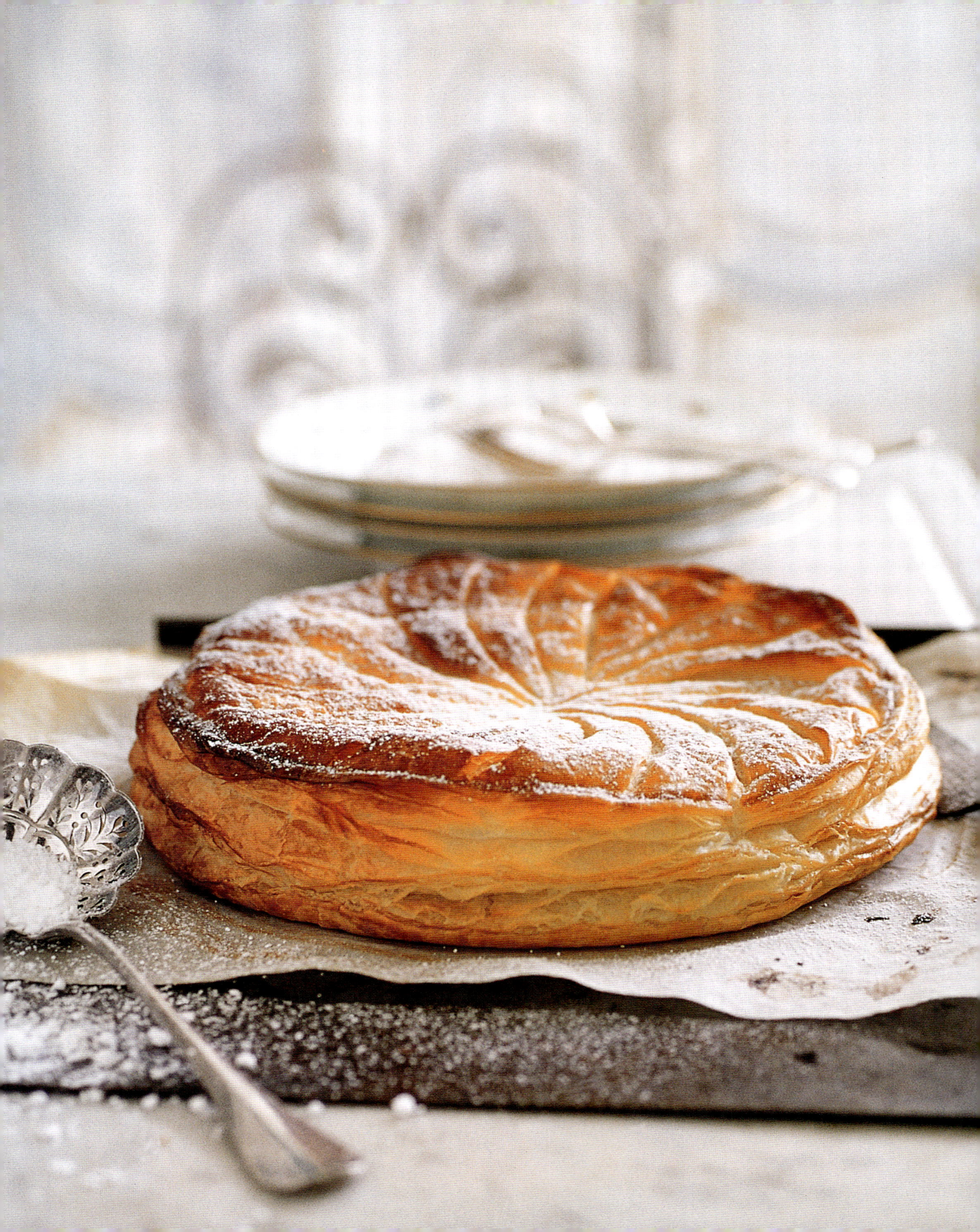

杏仁派
Almond pastry

源自於羅亞爾河谷的皮蒂維耶，這份千層派皮點心為主顯節的傳統甜點，並以國王派這個名稱聞名。最吸引人的一點是，會有小國王瓷偶藏在派皮裡喔！當天吃到小瓷偶的人，象徵著一整年的好運！

140g 無鹽奶油在室溫下放軟
145g 細砂糖
2 顆稍微打散的蛋
2 湯匙黑蘭姆酒
1 小顆柳橙或檸檬的皮屑
140g 杏仁粉

1 湯匙中筋麵粉
1 個千層派皮麵團（請參考 244 頁）
1 顆稍微打散的蛋
糖粉（撒粉用）

製作內餡，將奶油和糖打發，直到它們變白且滑順。一點一點地混入打散的蛋液裡，加入黑蘭姆酒和柳橙或檸檬皮屑繼續攪拌。將杏仁粉和麵粉混合，在中間製作一個凹處，倒入前述的液體，攪拌混合均勻。把內餡放進冰箱稍微凝固，有助於之後把麵團擀平。

將千層派皮麵團切一半，並把其中一半擀平。切出一個28cm的圓。放在一個有烤紙的大烤盤上，把餡料鋪在派皮上，外圍留下2cm寬度。在最外圍刷上蛋液，這樣可以幫助千層派皮黏在一起。

擀平剩下的麵團，並切出與第一個一樣大的圓。把這個圓派皮蓋在餡料上，將上下兩個派皮的邊緣用力壓緊，並放置於冰箱至少1小時（數小時或隔夜也可以）。

將烤箱預熱至220度。在派皮表面刷上蛋液，讓它有一個光亮的表層。注意不要將蛋液刷在派的側邊，否則烤好後，千層的效果會比較不明顯。以小刀從中心到外圍，以螺旋的方式畫上花紋。

把派放入烤箱烘烤25至30分鐘，或直到膨脹變為金黃色。最後撒上糖粉待冷卻。切成小塊享用。

份量：6

右圖一：把餡料鋪在派皮上，外圍留下2cm寬度，刷上蛋液。

右圖二：蓋上第二層派皮，將兩層派皮邊緣壓合在一起。

奶酪
Petits pots de creme

奶酪的風味來自於加入牛奶中的香草莢。巧克力奶酪加入的不是香草,而是 1 湯匙的可可粉和 55g 融化的黑巧克力。

410ml 牛奶
1 根香草莢
1 顆蛋

80g 白砂糖
3 顆蛋黃

烤箱預熱至140度。將牛奶倒入鍋中。將香草莢剖半取出香草籽,並一起加入牛奶中煮沸。

同時混合蛋黃,蛋以及糖。並將煮沸的牛奶倒入蛋液中攪拌均勻。撈除表面的泡末。

平均將奶餡舀入4個25ml的烤盅並放入烤盤裡。將熱水倒入烤盤中,水位約達烤盅的一半高度,以隔水加熱的方式烘烤30分鐘或是直到凝固。將烤盅放在涼架上冷卻,然後放入冰箱冷藏,冰涼後即可享用。

份量:4

焦糖布丁
Crème caramel

115g 白砂糖
625 ml 牛奶
1 根香草莢

125g 白砂糖
3 顆蛋液
3 顆蛋黃

將115g糖放入一個大的醬汁鍋然後加熱至溶化並開始變成焦糖,左右搖晃鍋子讓顏色均勻。移開火源,小心加入兩湯匙的水,把焦糖平均倒入6個125ml的烤盅並放涼。

將烤箱預熱至180°C。將牛奶和香草莢放入鍋中煮沸。混合125g糖、蛋和蛋黃。將熱牛奶倒入混勻的蛋液並且攪拌均勻。舀入烤盅並放入烤盤。

將熱水倒入烤盤中,水位約達烤盅的一半高度,以隔水加熱的方式烘烤30到45分鐘或是直到凝固。將烤盅從烤盤中移出靜置15分鐘放涼。倒扣至盤子上,淋上剩餘的焦糖。

份量:6

焦糖烤布蕾
Crème brulee

在英國，從 17 世紀以來焦糖烤布蕾已有「burnt cream」（燃燒奶霜）之稱。這道甜點的基底濃滑卡士達將醬其實類似焦糖布丁，只是它的上層被焦糖炙燒成一片脆皮。

500ml 鮮奶油
185ml 牛奶
115g 細砂糖
1 根香草莢

5 顆蛋黃
1 顆蛋白
1 湯匙橙花水
110g 黃糖

烤箱預熱至攝氏120度。將鮮奶油、牛奶和一半的白砂糖與香草籽一起放進鍋裡煮沸。

同時，把剩下的砂糖和蛋黃及蛋白混合在一起。過濾煮沸的牛奶倒入蛋液裡混合，攪拌均勻。再拌入橙花水。平均將奶醬舀入8杯125ml的烤盅，將熱水倒入烤盤中，水位約達烤盅的一半高度，以隔水加熱的方式烘烤1.5小時或是直到凝固。

放涼後冷藏。享用前，在表面撒上黃糖，並以噴槍炙燒使之焦糖化，即可食用。

份量：8

巧克力慕斯
Chocolate mousse

300g 切碎的黑巧克力
30g 奶油
2 顆打散的蛋
3 湯匙干邑白蘭地

4 顆蛋白
5 湯匙細砂糖
500ml 打發的鮮奶油

將巧克力以隔水加熱的方式融化。加入奶油，攪拌直到奶油融化。從鍋中取出隔水加熱的碗，靜置幾分鐘冷卻。拌入蛋液和白蘭地。

以電動攪拌器，在攪拌盆裡打發蛋白至濕性發泡，並逐步加入糖。拌入1/3的蛋白霜到巧克力裡，然後以抹刀切拌混合，加入剩餘的蛋白霜混合均勻。再將鮮奶油拌入，並倒入玻璃或大碗裡。覆蓋並冷藏至少4小時。

份量：8

甜點與烘焙

反烤蘋果塔

Tarte tatin

這道有名的甜點是以 Tatin 姊妹命名的，在二十世紀初期，這對姊妹在奧爾良的附近開了一間餐廳。是她們讓這道甜點受歡迎的，但或許不是她們發明的。

1.5kg 蘋果
70g 無鹽奶油
170g 細砂糖
1 個酥脆塔皮（請參考 242 頁）

香緹奶油：
185ml 乳脂含量高的鮮奶油
1 茶匙糖粉
½ 茶匙天然香草精

將蘋果削皮，去核，切成1/4大小。把奶油和糖放入一個可以進烤箱烘烤、25cm深的煎鍋，然後煮至奶油和糖融化在一起。把蘋果緊密地排列在煎鍋裡。這道甜點完成後，會以蘋果面向上，所以將蘋果整齊排列是很重要的。

以小火烹調35至40分鐘，或等到蘋果變軟，焦糖變成淡咖啡色，且多餘的液體已蒸發。每隔一段時間，以軟毛刷將奶油塗在蘋果表面。將烤箱預熱到攝氏190度。

先在料理台上撒一層薄薄的麵粉，放上塔皮，並擀成0.3cm厚度、半徑比煎鍋大的圓形，將塔皮蓋在蘋果上並壓緊塔皮邊緣讓蘋果完全被包住，小心不要燙到，多餘的塔皮沿鍋邊反折。

烘烤約25到30分鐘，或是直到塔皮上色烤熟。從烤箱移出並且靜置5分鐘後從煎鍋中倒出，如果有蘋果黏在鍋子裡，只須將蘋果填回塔上的凹洞處。

製作香緹鮮奶油，在攪拌盆中放入鮮奶油、糖粉和香草精。攪拌成奶霜狀，搭配蘋果塔享用。

份量：8

將蘋果切塊然後整齊擺入鍋中，蘋果煮熟後會縮水。

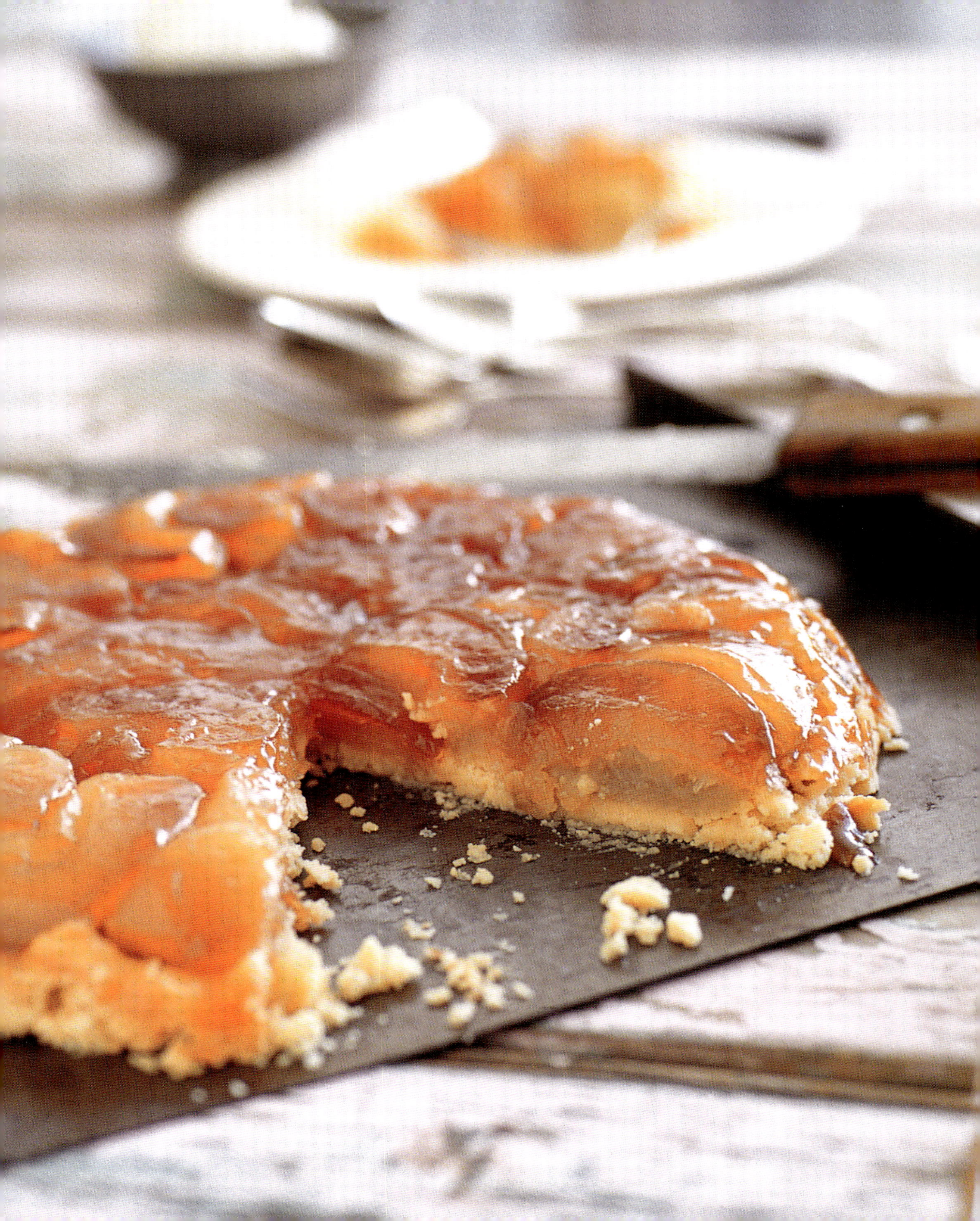

Nos petits Macarons
Noix 19F50
LA POCHE

甜點

Pâtisserie（法文的甜點），甜點與糕餅的製作藝術，是最愉快又最精緻的烹飪藝術—只有它有優美裝飾，又能兼顧食物的美味。

法式甜點最早源自於遠古時代的簡樸式蛋糕，以及中東的糕點製作方式，使用原料包含糖、香料、堅果類等。從十字軍東爭開始，製作手法與原料成分逐漸傳入歐洲，16世紀時，凱薩琳·德·麥地奇（Catherine de Medici）與她的義大利主廚隨從，抵達法國王宮，以他們的烹飪技巧徹底引發了一場甜點革命，例如泡芙的發明。19世紀初期，安東尼·蓋馬（Antonin Carême）成為第一位巴黎甜點主廚。他以夢幻的甜點構造創作聞名，包括著名建築物造型的焦糖泡芙塔。

Pâtisserie不只為甜點本身的稱呼，也可以指製作和販賣糕點的地方。Pâtisserie可為單獨的店面，但通常也會有一個茶廳，讓客人在接近中午或下

午時也能夠享用甜點，這是沉浸在這種享受的最佳時段。Pâtisseries也販賣水果軟糖、巧克力，以及可以裝飾餐點或作為禮物的漂亮小物。以漂亮的包裝，雅緻的展示來呈現法式甜點。

法國最受人尊崇的烹調藝術之一就是甜點製作，甚至受到法國聖人——聖安娜（Saint Honoré）的保護。法式蛋糕師傅能成為專業組織的成員，這些組織例如：國家甜點廚師聯盟（National Confederation of Pastry Chefs）、甜點師接班人國際專業組織（Relais Desserts International Professional Organization of Master Pastry Makers）。Pâtisseries掛上這些組織的標誌，作為承諾買賣的實際保證。

法國每一個區域都有當地的特色甜點。位於東北地區的阿爾薩斯-洛林（Alsace-Lorraine），有靈感來自於奧地利的咕咕霍夫（kugelhopf）、果餡捲（strudel）、水果塔（fruit tart），特別是使用黃香李（mirabelle plum）的水果甜點。巴黎以琳琅滿目的甜點店聞名，而苦黑巧克力是北方的特產，尤其是香檳地區的軟木小酒塞蛋糕（bouchons）。在西北地區布列塔尼及諾曼第的乳製品、蘋果會用來製造布列塔尼酥餅、蘋果塔。在東部與中部地區，法國最棒的法式蛋糕甜食店之一的一貝納頌（Bernachon）源自於里昂。而香料蛋糕是源於15世紀在第戎開始製作。西南地區以巴斯克烘焙聞名，包括巴斯克奶油蛋糕，以及一樣出名的馬卡龍，源自於聖埃米利永（Saint Emilion），還有以阿讓李子（agen prune）做成的塔。南方地區則有色彩繽紛的糖漬水果及西洋栗。

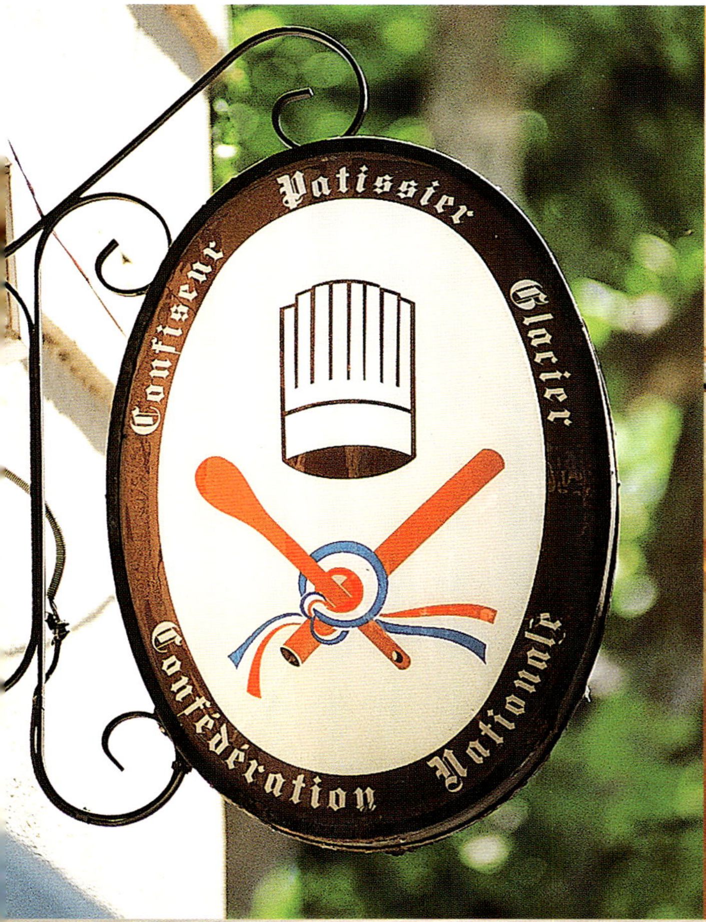
Patissier
Glacier
Confiseur
Confédération Nationale

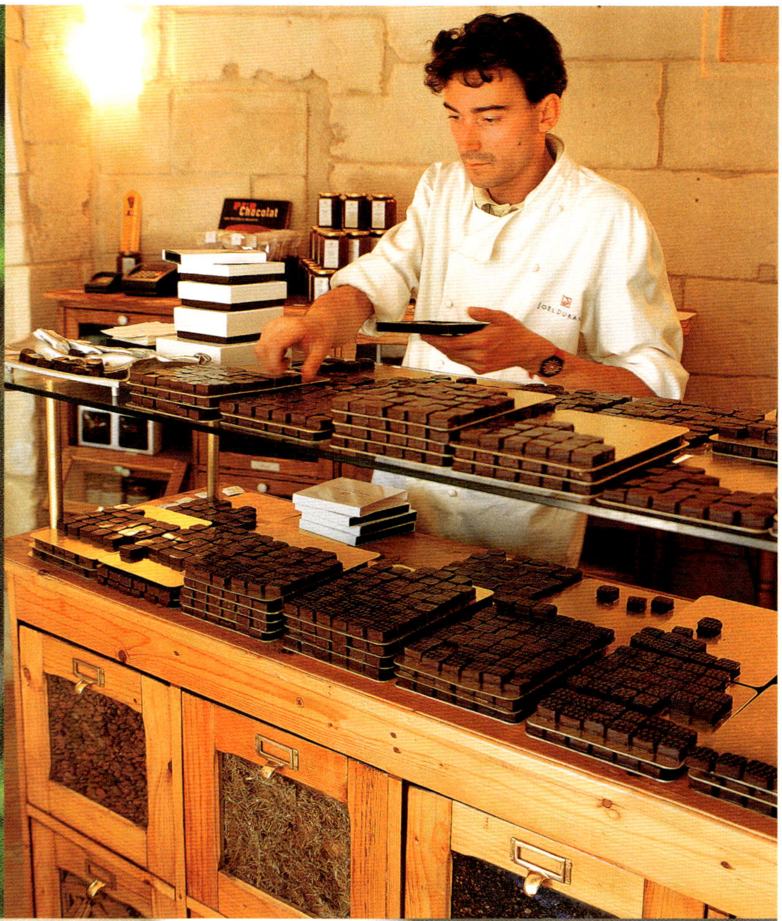

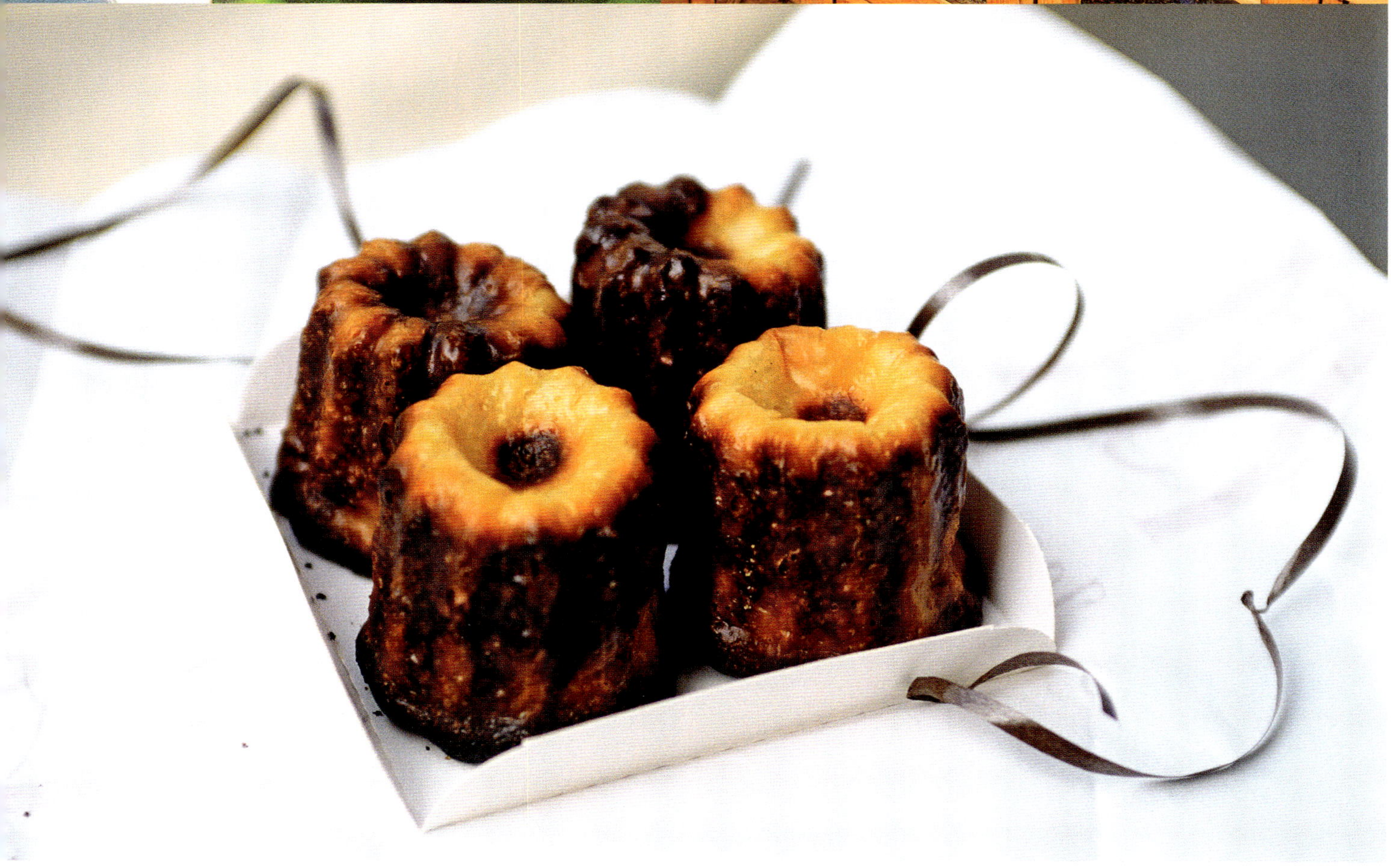

巴黎布雷斯特泡芙
Paris-Brest

這種大的泡芙源自於1981年「巴黎——布列斯特腳踏車賽」，由一位聰明的巴黎甜點師所發明的，這位甜點師擁有一間店舖，想出了做個像腳踏車輪的甜點的想法。

1份泡芙麵糊（請參考243頁）
1顆打散的蛋
1湯匙的薄片杏仁
1份卡士達醬（請參考248頁）
糖粉（撒粉用）

杏仁帕林內：
115g的糖
90g的薄片杏仁

將烤箱預熱至200度。準備一張烤紙，畫一個直徑20cm的圓在紙上，將有畫圓的那一面朝下，放入烤盤。

將泡芙麵糊放進擠花袋，花嘴直徑大約2cm。照著烤紙上所畫的圓，以擠花袋擠出一圈的麵糊，再擠出另一圈麵團在第一圈的內部。接著再擠出兩圈麵糊在這兩圈之上。表面刷上蛋液並撒上一些薄片杏仁。

放入烤箱烘烤20至30分鐘，降溫至180度後再烤20至25分鐘。然後將麵團移至涼架上。

將烤好的泡芙圈平均橫剖一半，將泡芙圈打開，若內部仍有沒有烤熟的麵糊，以湯匙舀出。靜置冷卻。

製作杏仁帕林內。先放置一份錫箔紙在料理台上，放入糖和125ml水到小鍋內，以小火加熱直到到糖完全溶解在水中。煮沸直到糖漿變得金黃。撒上一些杏仁薄片並倒入錫箔紙上，靜置冷卻。當杏仁帕林內變硬，使用食物調理機或磨缽搗碎。

將杏仁帕林內混合冰的卡士達醬，以湯匙平均鋪在下層的泡芙圈上，蓋上上層泡芙圈。在表面撒上糖粉即可享用。

份量：6

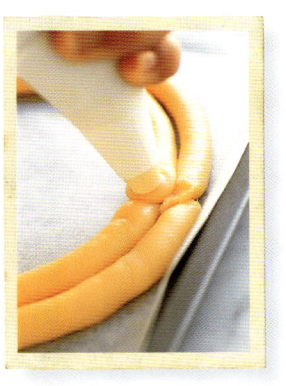

擠出兩圈泡芙麵糊在紙上描繪的圓圈上。

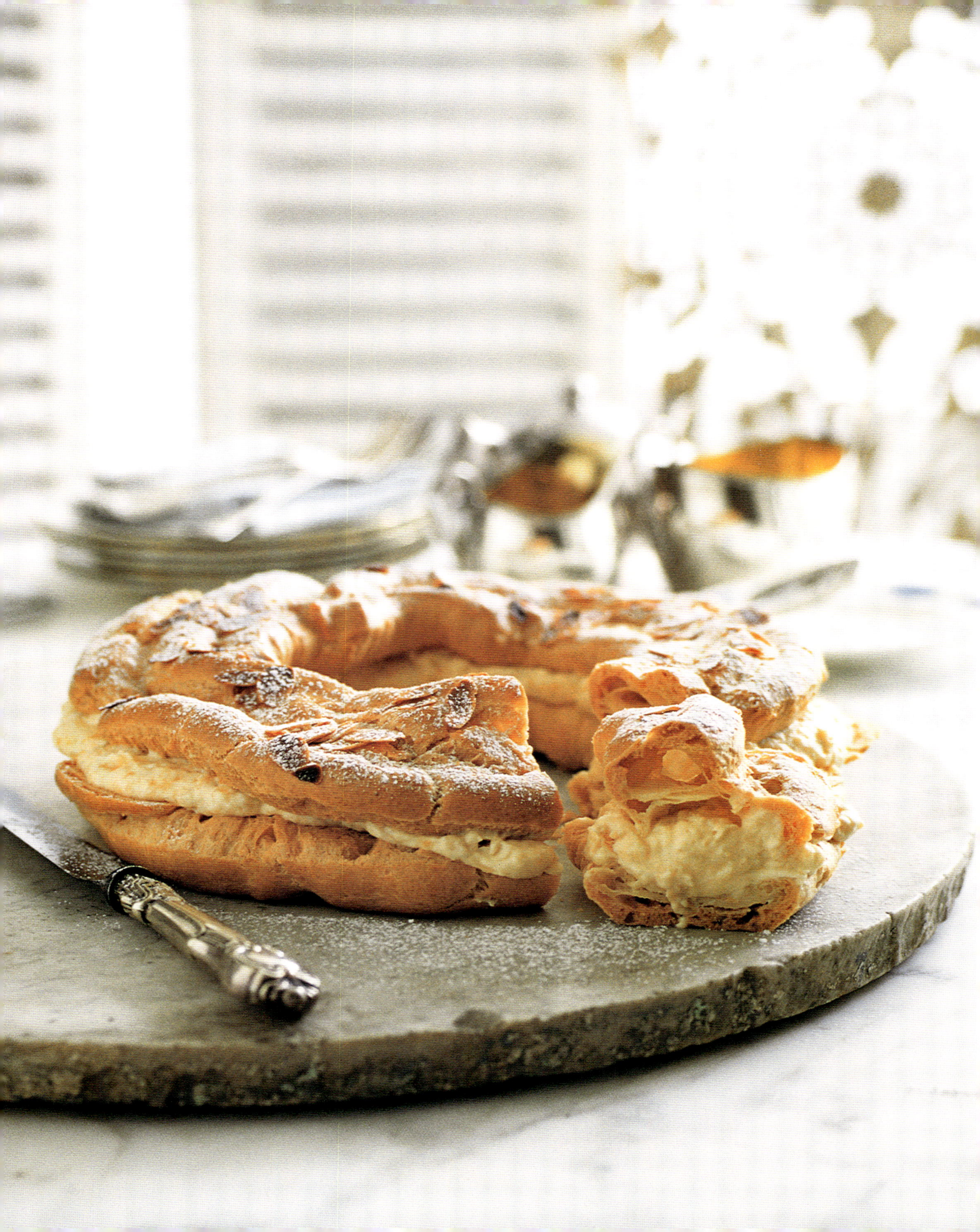

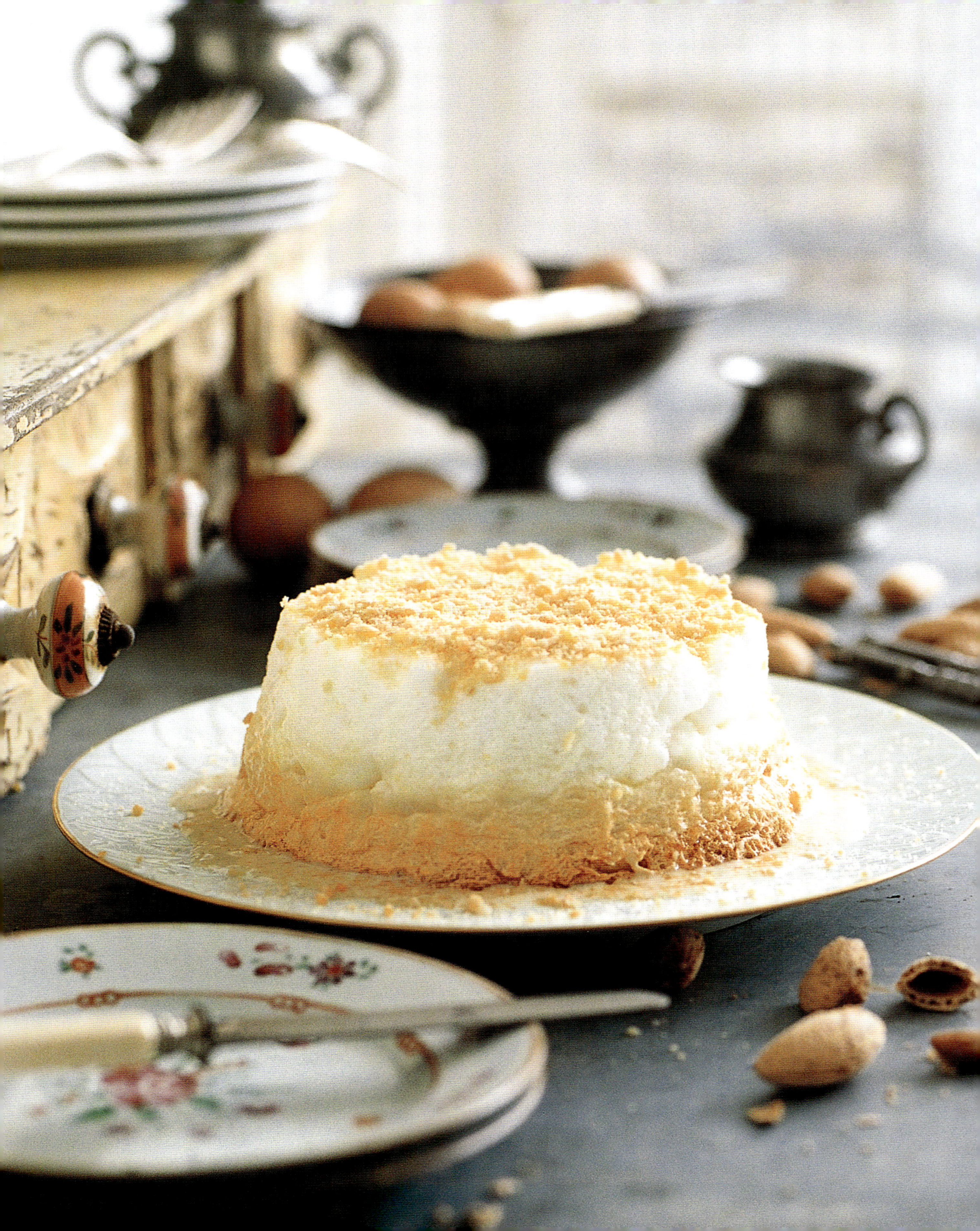

漂浮之島
Ile Flottante

這種圓形的蛋白霜像一座小島漂浮在海面上，通常會與另一種法式點心：蛋白糖霜（馬林糖）搞混。漂浮之島是一種大型的蛋白霜，而「馬林糖」則是另一種小型蛋白糖霜。

蛋白糖霜：
4顆蛋白
125g 糖粉
¼匙的天然香草精

杏仁帕林內：
55g 的糖
55g 薄片杏仁
620ml 英式奶油醬（請參考248頁）

將烤箱預熱至140度。並在烤箱內加熱烤盤。在一個容量1.5L的蛋糕模型中，鋪上烤紙，並在模型內部抹上油。

製作蛋白霜，先打入蛋白至乾淨的碗內，攪拌蛋白直到蛋白變結實，逐漸倒入糖並繼續打發使蛋白霜變得光華結實。再加入香草。

將蛋白霜舀入烤模，鋪平表面，並放上一張烤紙覆蓋，放上一個深烤盤並倒入熱水至模型的一半高度，以隔水加熱的方式烘烤約50到60分鐘，直到以刀子插入蛋白霜中央取出後，沒有沾黏的程度。

將烤紙從模型取下，將模型倒扣。移出蛋白霜後靜置放涼。

製作杏仁帕林內。先放置一份錫箔紙在料理台上，放入糖和3湯匙水到小鍋內，以小火加熱直到到糖完全溶解在水中。煮沸直到糖漿變得金黃。撒上一些杏仁薄片並倒入錫箔紙上，靜置冷卻。當杏仁帕林內變硬，使用食物調理機或磨鉢搗碎。

將杏仁帕林內撒在蛋白霜上並在周圍倒入溫熱的英式奶油醬。享用時，可以再搭配剩下的英式奶油醬。

份量：6

模型事先鋪上烤紙，並在模型內部抹上油，避免烤好後蛋白霜沾黏在模型裡。

檸檬塔
Lemon tart

1 份甜麵團（請參考 243 頁）

內餡：
4 顆蛋
2 顆蛋黃

285g 糖
185ml 乳脂含量高的鮮奶油
250ml 檸檬汁
3 顆檸檬皮屑

預熱烤箱至190度。製作塔皮，將麵團擀成直徑23cm的圓餅。靜置20分鐘。

製作內餡，攪拌蛋、蛋黃和糖，再拌入鮮奶油、檸檬汁。

將塔皮放入模型中，鋪上烤紙，放上烘焙用重石（可以使用乾的豆子或米來替代）。放入烤箱烘烤約10分鐘，移開烤紙和重石後再烤3至5分鐘，直到塔皮完全烤熟。

降溫至150度。將內餡小心的倒入塔皮內。放入烤箱烘烤35至40分鐘直到內餡烤熟。放涼後即可享用。

份量：8

紅酒燉洋梨
Pears in red wine

1 湯匙的葛粉
1 罐紅酒
110g 糖
1 根肉桂棒

6 個丁香
1 個柳橙皮屑
1 個檸檬皮屑
6 個大洋梨（挑選成熟但仍然結實的）

將葛粉混合2湯匙的酒，靜置備用。將剩下的酒和糖、肉桂棒、丁香、柳橙皮屑和檸檬皮屑一起放入平底深鍋加熱。小火悶煮幾分鐘直到糖完全溶化。

將洋梨削皮但不需去籽。將洋梨放入鍋裡，以小火加熱，偶爾攪拌一下，煮約25分鐘直到洋梨變得柔軟。起鍋後將洋梨放進較深的盤子內。

將酒過濾並取出香料，然後再把酒倒回鍋內。拌入葛粉小火悶煮，稍微攪拌直到紅酒收汁變得黏稠。倒入裝梨子的盤子內浸泡，直到冷卻。享用時可搭配鮮奶油或法式酸奶油。

份量：6

肉桂巴伐利亞
Cinnamon bavaris

315ml 牛奶
1 湯匙肉桂粉
55g 糖
3 顆蛋黃

3 個吉利丁片或 1.5 湯匙的吉利丁粉
½ 湯匙的天然香草精
170ml 打發用鮮奶油
肉桂粉（撒粉用）

在醬汁鍋中倒入牛奶、肉桂粉和一半的糖一同煮沸。打發蛋黃和剩下的糖，直到變得分量變大、顏色變白。倒入滾沸的牛奶到打發的蛋黃液裡，並倒回醬汁鍋再煮沸，攪拌直到奶餡（卡士達醬）變得黏稠可沾黏木湯匙，但避免煮過頭。

把吉利丁浸泡在冷水中直到吉利丁變軟，瀝乾後和香草精一起加入熱卡士達醬。如果使用的是吉利丁粉，則將吉利丁粉撒在熱卡士達醬上，稍待幾分鐘後再攪拌。把卡士達醬倒至乾淨的碗內放涼。打發鮮奶油，拌入卡士達醬，並倒入125ml 的巴伐利亞蛋糕模型，放進冰箱冷藏。

使用熱毛巾幫助脫模，快速倒扣到盤子上，最後撒上肉桂粉。

份量：6

紅莓塔
Mixed berry tartlets

1 個甜麵團（請參考 243 頁）
400g 綜合莓果
3 湯匙杏桃醬

杏仁奶油：
250g 放軟的無鹽奶油
250g 糖粉
230g 磨碎的杏仁
40g 中筋麵粉
5 顆蛋液

將烤箱預熱至180度。將甜麵團擀至2mm厚度，放入直徑8cm塔模內。

製作杏仁奶油，打發奶油直到奶油變得柔軟，加入糖、杏仁和麵粉，再逐顆加入蛋，一邊攪拌。將杏仁奶油填入擠花袋並擠入塔皮中。將塔放入烤盤烘烤約10到12分鐘直到烤成金黃色。

將塔放在涼架上放涼，在上方點綴綜合莓果。最後，將杏桃醬和1湯匙的水調合後，濾掉結塊的部分，刷在莓果的表面。

份量：10

甜點與烘焙　227

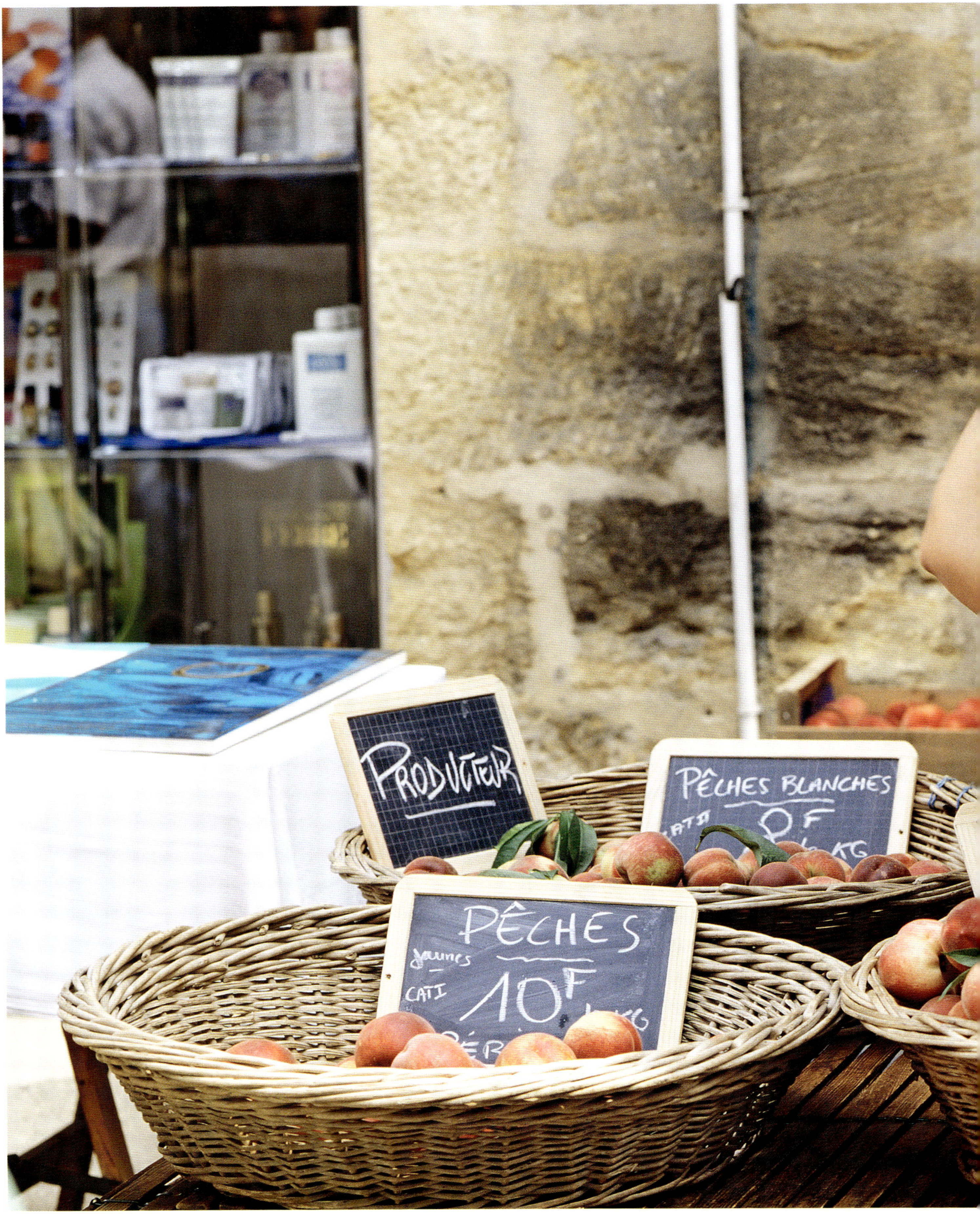
PRODUCTEUR
PÊCHES BLANCHES
PÊCHES
Jaunes
CATI
10F

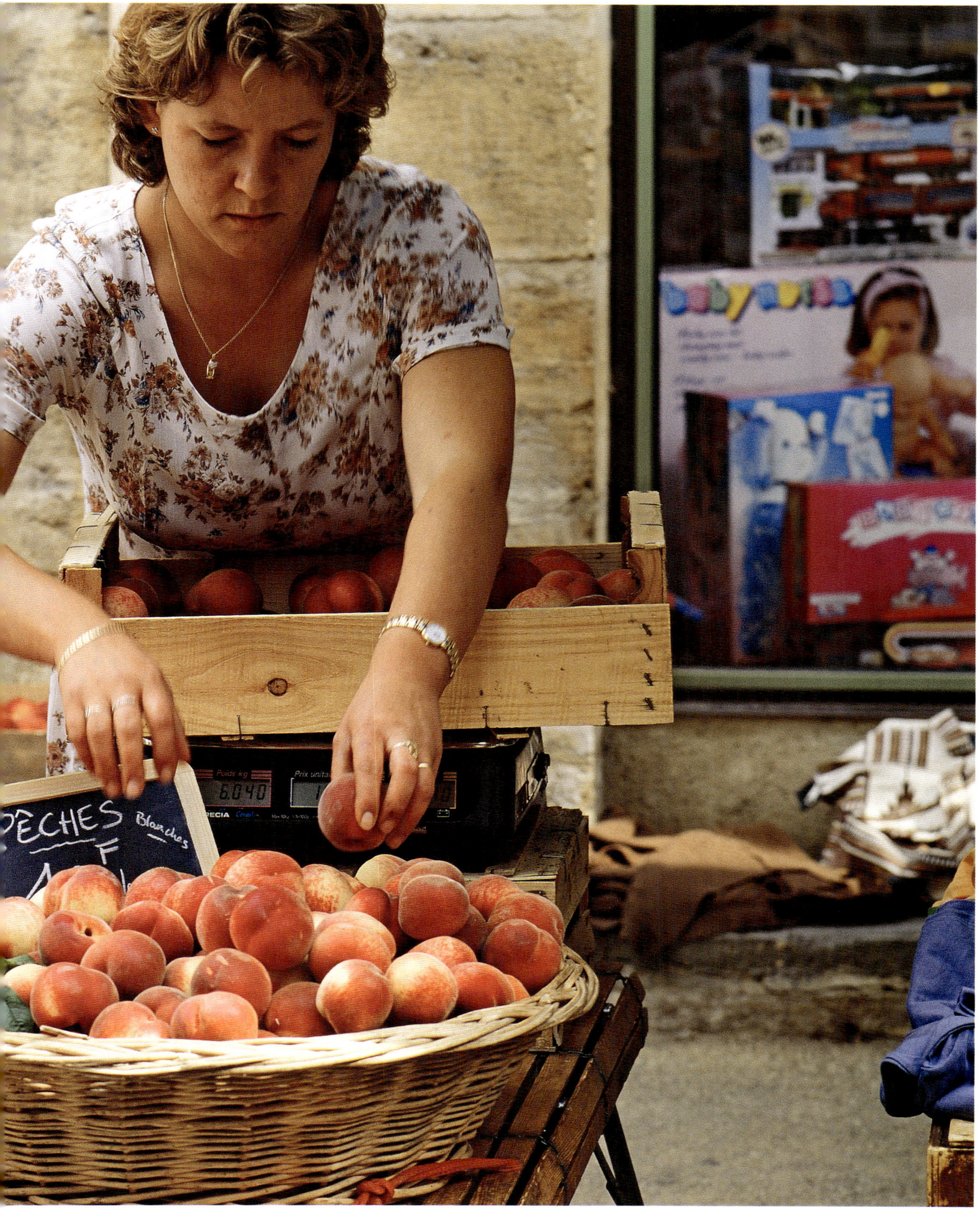
Blanches
Poids kg
6.040

巧克力舒芙蕾
Chocolate souffles

舒芙蕾以難製作出名，但事實上它也可以相當容易製作。如果你想要以精緻的甜點招待客人，你可以在舒芙蕾頂端開個小口然後填入奶餡。

40g 無鹽奶油（室溫下軟化）
170g 糖

舒芙蕾：
500g 卡士達醬（請參考 248 頁）
90g 無糖可可粉

3 湯匙巧克力或咖啡利口酒
85g 切碎的黑巧克力
12 顆蛋白
3 湯匙糖
糖粉（撒粉用）

在8個315ml的舒芙蕾烤盅裡均勻刷上奶油，再倒入糖，沾裹內部後，將多餘的糖從烤盅倒扣出來。將烤箱預熱至攝氏190度，將烤盤放置烤箱內加熱。

將卡士達醬在碗中以小火隔水加熱，然後從火源上移開。拌入可可粉、巧克力利口酒和黑巧克力到卡士達醬裡，攪拌均勻。

在乾的大碗中打發蛋白直到蛋白變得挺立。將糖慢慢加入打發的蛋白中，繼續打發。將一半的蛋白霜與巧克力卡士達混合，以金屬湯匙或抹刀

將剩下的蛋白霜全數拌入巧克力卡士達醬裡。將巧克力卡士達盛入烤盅，手指放入烤盅的邊緣約2cm高度處劃一圈，可以避免舒芙蕾在烤的時候沾黏。

將舒芙蕾放進預熱過的烤盤，放入烤箱烤約15至18分鐘直到舒芙蕾完全澎起。以竹籤穿刺舒芙蕾的邊緣，若取出後沒有沾黏，微微濕潤，就表示完成了。撒上一點糖粉，立即享用。

份量：8

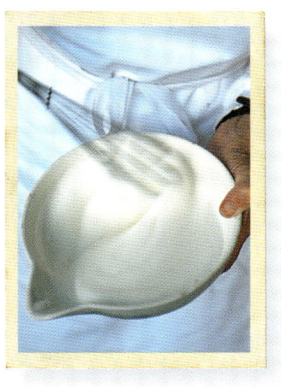

在大碗內打發蛋白，攪打讓空氣進入蛋白中。

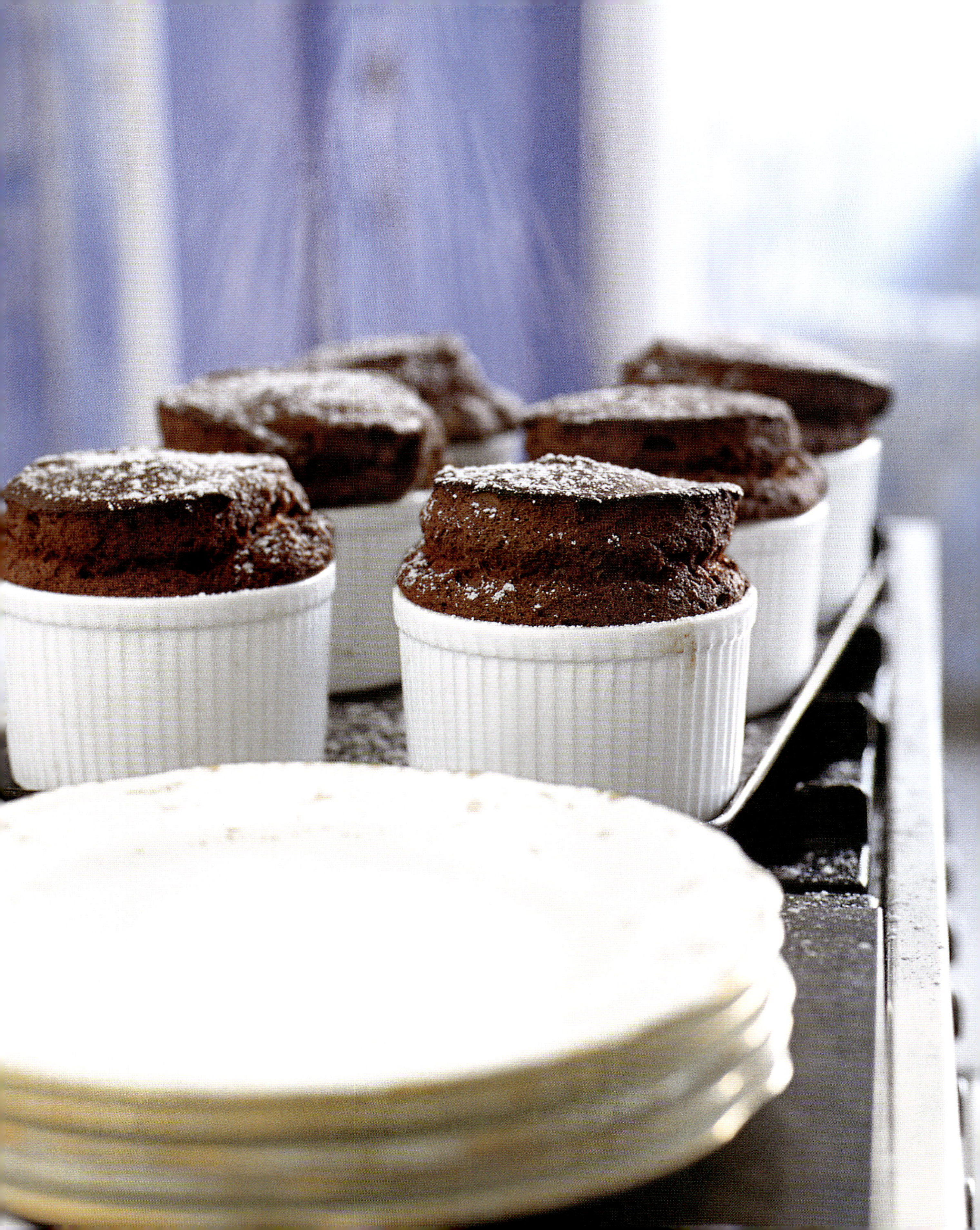

法式可麗餅佐柳橙醬
Crêpes with orange liqueur sauce

法式可麗餅佐柳橙醬的來源是個謎，似乎在十九世紀末時便出現在市面上了。傳統上，可麗餅常見於餐廳內，這個可麗餅的食譜可以讓準備甜點的人快速在火爐上製作完畢。

可麗餅：
2 匙的柳橙皮
1 匙的檸檬皮
1 份可麗餅麵糊（參考 242 頁食譜）
115g 糖
250g 柳橙汁

1 湯匙的柳橙皮
2 湯匙的白蘭地或干邑酒
2 湯匙的柑曼怡酒
55g 切塊的無鹽奶油

製作可麗餅皮，首先將柳橙皮和檸檬皮拌入可麗餅麵糊內。將平底鍋加熱並均勻塗上油。舀入1勺麵糊到鍋裡，轉動鍋子或以湯匙將麵糊均勻展開成薄薄的一層。以中火加熱1分鐘，直到可麗餅不沾鍋。將可麗餅翻面再加熱1分鐘，直到餅皮呈金黃色。重覆這樣的步驟直到把麵糊煎完。將餅皮對折再對折，放在盤子備用。

在炒鍋內融化糖，以小火加熱直到糖成為濃厚的焦糖。翻轉炒鍋以便焦糖能完全受熱成為金黃色。加入柳橙汁和皮屑後再加熱2分鐘。將可麗餅放入炒鍋並以湯匙反覆淋醬。

加入白蘭地和柑曼怡酒，點火炙燒（做這個步驟時，記得讓身體與鍋子保持距離，並以一手拿著鍋蓋，確保需要的時候可以立刻蓋上）。加入奶油直到奶油完全融化，立即享用。

份量：6

左圖一：舀入足夠的麵糊到鍋內，將麵糊展開成薄薄的一層。
左圖二：使用適當的溫度加熱1分鐘，直到餅皮能脫離煎鍋再將餅皮翻面。

草莓千層派
Strawberry millefeuille

1 個千層派皮（請參考 244 頁）
5 湯匙的糖
250g 卡士達醬（請參考 248 頁）
125ml 打發用鮮奶油
300g 草莓（切成 4 塊）
糖粉

將烤箱預熱到180度。將派皮擀成厚度約2mm厚度的長方形。將派餅擺進鋪上烤紙的烤盤上。置於冰箱冷藏約15分鐘。

將糖和185ml的水放進醬汁鍋內。煮沸5分鐘後，從火爐上移開。

將派餅切成3份30×13cm的長方形，將三份派餅放進烤盤內。以叉子戳幾個洞，鋪上烤紙後再放上一個烤盤，可以使派皮膨脹程度平均。烤約6分鐘，拿下烤盤和烤紙。在表面刷上糖漿再烤6分鐘，直到派皮表面呈金黃色。靜置放涼。

打發鮮奶油加入卡士達醬中。在一層派皮抹上一半的卡士達醬，擺上一半的草莓，疊上第二層派皮，重覆相同動作。疊上最後一層派皮，撒上糖粉即可享用。

食譜照片請參考 234頁

份量：6

舒芙蕾可麗餅
Soufflé crêpes

500g 卡士達醬（請參考 248 頁）
125ml 柳橙汁
1 顆柳橙皮屑
2 湯匙柑曼怡酒
8 顆蛋白
2 湯匙糖
3 片已完成的可麗餅（請參考 242 頁）
糖粉

預熱烤箱至200度。於烤盤上均勻抹油。將卡士達醬隔水加熱，倒入柳橙汁、柳橙皮屑和柑曼怡酒。在一個乾淨的碗裡打發蛋白，直到蛋白變得結實。再分批加入糖，繼續打發。先拌入一半的蛋白霜到卡士達醬裡，再拌入剩下的蛋白霜。

舀2匙滿滿的舒芙蕾蛋白霜置於可麗餅的中央，將可麗餅對折起來，不要擠壓。放上烤盤，以烤箱烘烤約5分鐘。撒上糖粉立即享用。

份量：6

甜點與烘焙

草莓千層派（食譜請參考233頁）

Café du Lézar
LE CAFE DU LÉZARD
EST OUVERT TOUS LES
SOIRS À 19h30
RESTAU

杏仁瓦片
Tuiles

2 顆蛋白
55g 糖
15g 中筋麵粉
55g 碎杏仁
2 湯匙花生油

將烤箱預熱至200度。烤盤上鋪上烤紙。在一個乾淨的碗內將蛋白打至7分發。混入糖、麵粉、碎杏仁和花生油。

挖取1湯匙的麵糊在烤盤上,再以湯匙的背面將麵糊鋪平成圓形。重覆這個步驟在烤盤上鋪上麵糊,每個瓦片保留約2cm間隔。放入烤箱烘烤5到6分鐘,直到瓦片呈現金黃色。使用蛋糕鏟將瓦片從烤盤上移下,並趁熱將瓦片捲起來(可以使用擀麵棍或玻璃杯輔助)。當你在準備剩下的瓦片時,可以先將這些已捲起的瓦片放涼。享用時可以搭配冰淇淋或其他奶醬。

12片

蘋果塔
Apple tart

1 份甜麵團(請參考 243 頁)
250g 卡士達醬(請參考 248 頁)
4 個甜點用蘋果
80g 杏桃果醬

將烤箱預熱至180度。將麵團擀成直徑23cm圓片。靜置20分鐘。

將塔皮放入模型中,鋪上烤紙,放上烘焙用重石(可以使用乾的豆子或米來替代)。放入烤箱烘烤約10分鐘,移開烤紙和重石後再烤3至5分鐘,直到塔皮完全烤熟。在烤好的塔皮內填入卡士達醬,將蘋果去皮去核,切半後切片。將蘋果片擺在卡士達醬上。烘烤約25到30分鐘直到蘋果呈金黃色且。靜置放涼。

最後將杏桃果醬以1匙的水化開後,濾掉結塊的果肉,刷在蘋果片上增添蘋果光澤。

份量:8

洋梨杏仁塔
Pear and almond tart

1 份甜麵團（請參考 243 頁）
55g 糖
1 根香草莢
3 顆去皮的洋梨
3 糖匙的杏桃果醬

杏仁奶餡：
150g 室溫下放軟的無鹽奶油
145g 糖
幾滴香草精
2 顆蛋液
140g 碎杏仁
1 顆檸檬皮屑
30g 中筋麵粉

將烤箱預熱到190度。將塔皮擀成直徑23cm的圓片。靜置20分鐘。

將糖和香草莢放進醬汁鍋。放入洋梨並倒入足夠的水覆蓋過洋梨，然後先取出洋梨。將水煮沸約5分鐘。放回梨子，蓋上鍋蓋悶煮5到10分鐘直到洋梨變得柔軟。取出洋梨靜置放涼。

製作杏仁奶餡。攪拌奶油、糖和香草精，直到奶油變得滑順。慢慢加入蛋液與碎杏仁、檸檬皮屑、麵粉，攪拌均勻。

將塔皮放入模型中，鋪上烤紙，放上烘焙用重石（可以使用乾的豆子或米來替代）。放入烤箱烘烤約10分鐘，移開烤紙和重石後再烤3至5分鐘，直到塔皮完全烤熟。烤箱降溫至180度。

將3/4的內餡填入塔皮，並將洋梨縱切半，切面朝下擺入塔中，用剩下的內餡將縫隙填滿。放入烤箱烘烤約35到40分鐘直到內餡變得金黃且堅硬。最後將杏桃果醬以1匙的水化開後，濾掉結塊的果肉，刷在洋梨上增添光澤。

份量：8

右圖一：將洋梨從上方切半，並取出果核。
右圖二：將洋梨的縫隙都填上杏仁奶餡。

30 œufs frais

3/63
0,90 pièce   20 F

Chapter 9

基礎篇

精進廚藝最重要的一步是學習基礎的食譜和技術。
接來是法國人做菜烘焙時必備的基礎技法。

麵包麵團
Bread Dough

以鄉村麵包切成厚片，抹上奶油和上等的乳酪可以做為午餐享用。這是基礎麵包麵團，便於調味，可以加入切碎的核桃、新鮮香草、橄欖油或是乳酪。

2 茶匙乾酵母或 15g 新鮮酵母
250g 高筋麵粉
3 湯匙橄欖油
½ 茶匙的鹽

以125ml溫水調開酵母，在溫暖的地方靜置10分鐘直到酵母發起來。如果這時沒有冒泡泡，把酵母混合物丟棄並重新再做一次。

將麵粉篩入攪拌盆，加入橄欖油、鹽及酵母液，攪拌直到成為麵團。

取出麵團，放到鋪有薄薄一層麵粉的工作台上，輕揉麵團，必要時加入少許麵粉或幾滴溫水，調至麵團變得柔軟，表面不黏手的程度。揉麵10分鐘，直到麵團表面變得光滑，用手指按下後會很快彈回來，這就可以了。

在攪拌盆的內壁抹上橄欖油，放入麵團，使麵團表面沾滿油，然後以一把利刀在麵團的頂部劃一個淺十字。蓋上乾淨的布，或把麵團放進保鮮袋裡，在通風處靜置1至1.5小時，直到麵團膨脹一倍就可以了（也可以放冰箱冷藏8小時緩慢發酵）。

取出麵團後，以拳頭按壓幾次，擠出麵團內的空氣，再搓揉幾分鐘。（在這一階段，可以把麵團放到冰箱冷藏4個小時，或直接冷凍。使用前再退冰回室溫。）把麵團放在溫暖的地方進行發酵，直到體積膨脹一倍。之後放入鋪了錫箔紙的烤盤，放入烤箱以230度烘烤半小時。烤熟後，輕敲麵包底部可以聽到空空的聲音。

1個麵包

左圖一：使用高筋麵粉或麵包用麵粉。你也可以使用中筋麵粉或全麥麵粉，但做出來的效果不一樣。
左圖二：取出麵團後，以拳頭按壓幾次。

奶油麵包
Brioche

奶油麵包有非常濃郁的奶香，以一點果醬或奶油搭配就可以是一份美味早餐。如果有的話，可以使用布里歐修烤模，也可以使用常見的土司模型。

2 茶匙乾酵母或 15g 新鮮酵母
60ml 溫牛奶
2 湯匙細糖
220g 中筋麵粉
1 小撮鹽

2 顆大一點的蛋，打散
幾滴天然香草精
75g 切塊的奶油
蛋液（用來塗抹表面）

將糖、溫牛奶以及1茶匙的酵母均勻混合。在溫暖的地方靜置10分鐘直到酵母發起來。如果這時沒有冒泡泡，把酵母混合物丟棄並重新再做一次。

將麵粉篩入攪拌盆。均勻撒上鹽和剩下的糖，在中間做出一個凹槽，並在凹槽中加入蛋、香草精還有酵母液。以木湯匙把所有材料拌勻，然後用手搓揉1分鐘。

把麵團移到一個撒有麵粉的工作台，然後一小塊一小塊的揉入奶油。揉約5分鐘後把麵團放到一個乾淨的碗中，然後以塗有油的保鮮膜蓋住。靜置在一個通風處約1至1.5小時使其發酵，或直到麵團變為原本的兩倍大為止。

以拳頭把麵團裡的空氣打出，再輕輕揉幾分鐘。

把麵團塑型成一個長方形，放入一個20×7×9cm、塗有奶油的土司模。以塗有奶油的保鮮膜包起來，並靜置在通風處30到35分鐘再次發酵，或直到麵團幾乎跟模子的邊緣一樣高為止。以攝氏200度預熱烤箱。

一旦麵包發起來後，以剪刀小心的在麵包頂部剪出相等間隔的切口。在兩邊及頭尾處各剪3次，切口大約2.5cm深。在表面刷上蛋液，並放入烤箱烘烤30至35分鐘，或直到頂部呈現漂亮的咖啡色為止。將熱騰騰的麵包脫模，拍打底部，如果聲音聽起來空空的，就代表已經烤好了。接著把麵包顛倒放進模型裡再烤5分鐘，讓底部也烤得酥脆。最後取出麵包放在鐵架上使其降溫。

1個麵包

可麗餅
Crêpes

250g 的中筋麵粉
1 小撮鹽
1 茶匙的糖
2 顆蛋，打散

410ml 的牛奶
1 茶匙融化的奶油
奶油或油，用來煎餅

將篩過的麵粉和鹽、糖一起倒入碗中並在中間做出一個凹槽。把牛奶、蛋、125ml水混和，慢慢倒入凹槽中，持續攪拌直到變成滑順的麵糊。再加入融化的奶油，拌勻後以保鮮膜蓋起來放入冰箱冷藏20分鐘。

加熱平底鍋，塗上一點奶油或油。舀入適量的麵糊，以勺子底部延展，使其均勻的覆蓋鍋底。

以中火煎大約1分鐘，或直到可麗餅的邊緣翹起為止。將可麗餅翻面，再煎1分鐘，或直到呈現金黃色為止。鏟起可麗餅，放在烤紙上，每煎好一片可麗餅都要鋪上一層烤紙。

6個大可麗餅或12個小可麗餅

酥脆塔皮
Tart Pastry

220g 中筋麵粉
1 小撮鹽

150g 無鹽奶油，切丁
1 顆蛋黃

將篩過的麵粉跟鹽一起倒入一個大碗。加入切丁的奶油，並以手攪拌直到混合成麵包屑般的觸感。加入蛋黃和一點冷水（約2到3茶匙），以刮刀攪拌至麵團逐漸成形，拿起麵團，用手搓成圓球後以保鮮膜包起來放入冰箱30分鐘。（你也可以用食物調理機來製作麵團，高速瞬轉模式。）

在一個撒有麵粉的工作台上將麵團擀平成圓片，然後鋪在一個塔模上。修整邊緣並把邊緣拉高使其略高於塔模的邊緣。把塔模放在烤盤上並靜置於冰箱10分鐘。

450g

甜麵團
Sweet Pastry

340g 中筋麵粉
1 小撮的鹽
150g 無鹽奶油

90g 糖粉
2 顆打勻的蛋

將麵粉、鹽篩於乾淨的工作台上,並在中間做出一個凹槽,放入奶油,以指尖揉和,直至奶油變得柔軟。在奶油上倒入糖混合,然後再加上蛋液一起混合。

輕輕將蛋糊和麵粉混合,然後將略成形的麵團切成兩半。將兩個麵團用手揉捏幾次,直到質地柔軟。揉成一個球狀後,以保鮮膜包好,放入冰箱至少1小時。

在一個撒有麵粉的工作台上將麵團擀平成圓片,然後鋪在一個塔模上。修整邊緣並把邊緣拉高使其略高於塔模的邊緣。把塔模放在烤盤上並靜置於冰箱10分鐘。

700g

泡芙麵糊
Choux Pastry

150g 無鹽奶油
220g 中筋麵粉,須過篩兩次
1 撮鹽

7 顆蛋
1 茶匙細砂糖

將奶油與375ml的水一起放入醬汁鍋中加熱融化直至冒泡,移開火源。加入所有麵粉、1撮鹽。放回火源上一邊加熱一邊以木匙攪拌,煮至質地濃稠有光澤的麵糊。稍微放涼。

一次打入一顆蛋,直至麵糊再次變的光滑細緻。麵糊必須能從湯匙上滑落但又不至於太稀。加入細砂糖一起攪拌。完成後,填入擠花袋,放入冰箱冷藏可保存2天。

500g

千層派皮
Puffy Pastry

品質好的千層派皮，薄度是個重點，還有層層派皮彼此不相黏。關鍵是，在將奶油與餅皮擀平時，你必須確保兩者均勻，然後盡可能在持續的擀平及重複包覆的動作中保持一致。

250g 中筋麵粉
1 茶匙檸檬汁
1 茶匙鹽

25g 融化的奶油
200g 冷奶油塊

將麵粉、鹽過篩於乾淨的工作台上，並在中間做出一個凹槽，倒入125ml水、檸檬汁、鹽及融化的奶油。以指尖緩緩攪拌直到麵團出筋。將麵團取出放在撒有麵粉的工作台上，以掌心揉至麵團鬆軟。將麵團揉成球狀，由上而下切半。以保鮮膜包好，放入冰箱冷藏1到2個小時。

將冷奶油塊放在兩張烤紙中間，然後以擀麵棍拍打，形成一個1到2cm的厚奶油方片。保持奶油低溫使奶油和麵團一樣柔軟，否則在擀壓時，奶油會碎裂。

在撒上麵粉的工作台上，由四個方向延伸出去擀壓麵團，形成一個十字的形狀，以利將奶油包覆在中間。將奶油放在中間，將延伸出去的麵團往內折將奶油完全包起來。向前將麵團擀成長方形，並盡量讓四個角保持90度，然後由上往下包折三折後，向右旋轉麵團90度，重複擀麵、折三折、轉角度的步驟，努力保持四個角為直角且整齊均勻，這將有助於千層派成形。以保鮮膜包好冷藏30分鐘。（每次冷藏時，你可以在麵團上以手指壓印做記號，這樣就會記得你做了幾輪）。

再重複3輪上述步驟後，派皮就能被拿來使用了。

650g

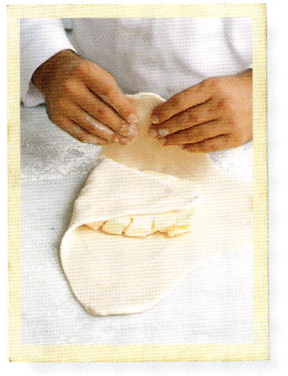

左圖一：用手掌揉麵團直到麵團鬆弛變軟。
左圖二：用麵團包裹奶油，讓奶油能完全被包覆。

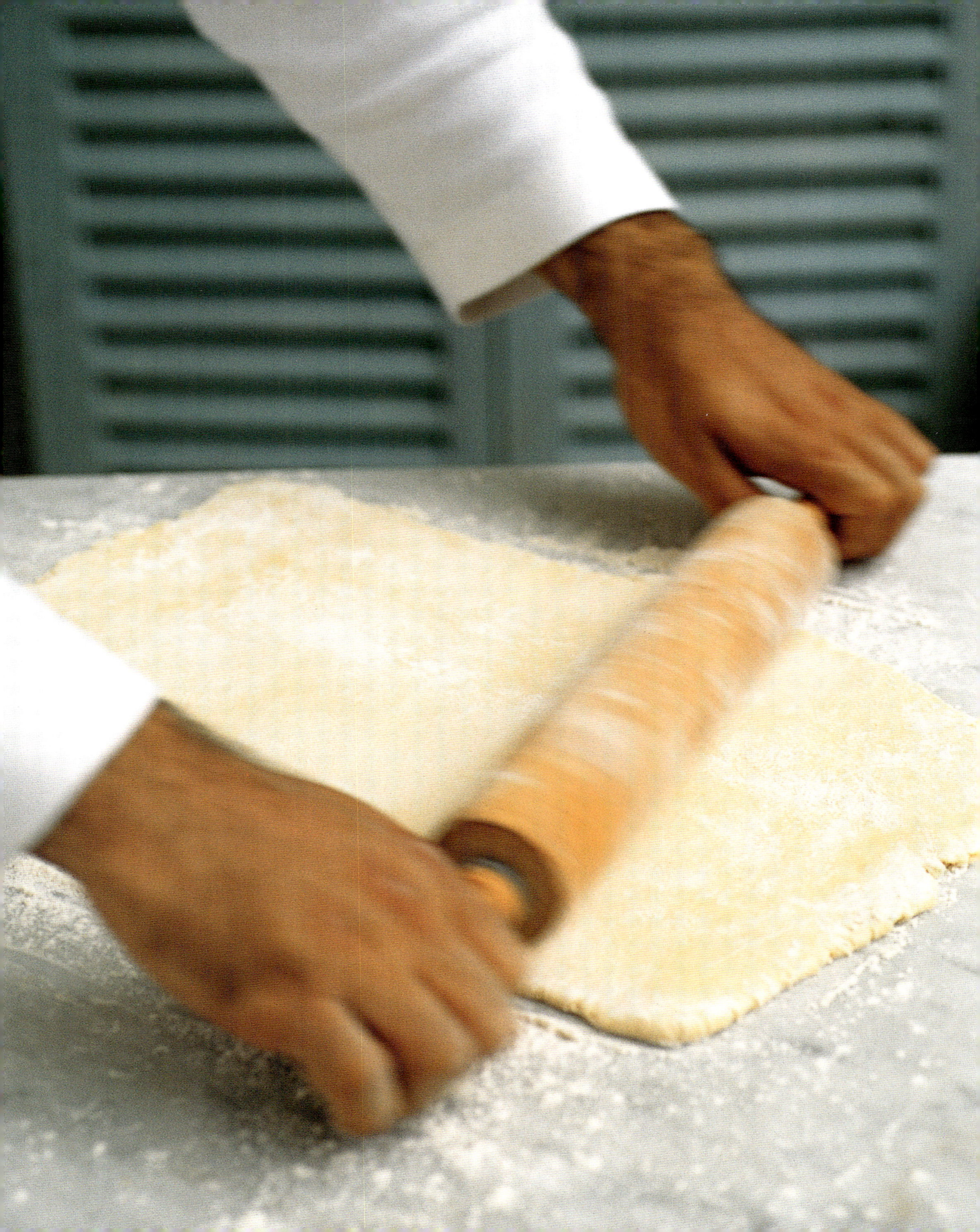

油醋醬
Vinaigrette

1 瓣壓碎的蒜頭
0.5 茶匙第戎芥末醬

1.5 湯匙白酒醋
80ml 橄欖油

將蒜瓣、芥末醬和醋調和在一起,以細流方式倒入橄欖油,持續攪拌直到形成乳液狀,以鹽和胡椒調味。

可以裝入有蓋子的醬料罐,食用前先搖勻。也可以加入一些切碎的香草,例如香菜或是細葉香芹。

125ml

法式美乃滋
Mayonnaise

4 顆蛋黃
0.5 茶匙白酒醋

1 茶匙檸檬汁
500ml 花生油

將蛋黃、醋和檸檬汁倒入碗內或食物調理機,攪拌至乳白色,先以茶匙一滴一滴的加入花生油,持續攪拌,直到混合物開始變濃稠,再以細流方式倒入花生油。(如果使用的是食物調理機,那就在機器運轉時以細流方式倒入花生油)。以鹽和胡椒調味。

500ml

貝夏媚醬
Béchamel Sauce

100g 的奶油
1 顆切碎的洋蔥
90g 中筋麵粉

1L 牛奶
1 撮肉豆蔻
1 束法國香草束

在醬汁鍋中融化奶油，加入洋蔥，拌炒約3分鐘，倒入麵粉，形成麵糊，以小火攪拌翻炒約3分鐘，注意不要讓麵糊變成棕黃色。

移開火源，慢慢倒入牛奶，每加入一點牛奶便攪拌一下，直到麵糊光滑柔順。

在麵糊中加入肉豆蔻與香草束，放回火源煮5分鐘，將滾燙的醬汁以網目較細的濾網過篩倒入一個乾淨的平底鍋。將一張塗有奶油的烤紙覆蓋在醬汁上，以防表面有薄膜凝結。

750ml

法式絲絨醬
Velvety Sauce

70g 奶油
80g 中筋麵粉

1L 熱雞高湯

在醬汁鍋中融化奶油，拌入麵粉形成麵糊，以小火拌炒約3分鐘，注意不要讓麵糊變成棕黃色，然後移開火源。

將雞高湯倒入麵糊並充分攪拌，放回火源繼續加熱，以小火慢燉約10分鐘，或直到麵糊變得黏稠。以網目較細的濾網過濾麵糊，裝入密封容器並冷藏，直到需要時再取出。

500ml

英式奶油醬
Rich Custard Sauce

310ml 牛奶
1 根香草莢

2 顆蛋黃
2 湯匙細砂糖

將牛奶倒入醬汁鍋中,將香草豆莢剖半,刮出香草籽,而後一起放入鍋中(這可能會使蛋液中留下許多小黑點,如果不希望出現這樣的情況,就放入未切開的香草莢),加熱至沸騰。快速攪拌蛋黃與砂糖直至滑順。將熱牛奶緩慢倒入蛋糊中,不停攪拌。

將製作完成的蛋奶糊倒入醬汁鍋煮並攪拌,直到質地濃稠可以黏附在木勺背面的程度。注意不要煮至沸騰否則蛋奶糊質地會被破壞。將製作完成的奶油醬倒入一個乾淨的容器,並以保鮮膜覆蓋,以防表面有薄膜凝結。可以冷藏2天。

500g

卡士達醬
Pastry Cream

6 顆蛋黃
115g 細砂糖
30g 玉米粉
10g 中筋麵粉

560ml 牛奶
1 根香草莢
15g 奶油

將一半的砂糖與蛋黃混合攪拌,直至顏色變白且滑順。慢慢倒入玉米粉與麵粉並充分攪拌。

將牛奶、剩下的砂糖與香草莢放入醬汁鍋,加熱至沸騰後緩緩倒入上一步驟的蛋糊裡持續攪拌。

將奶餡倒入一個乾淨的醬汁鍋,持續攪拌加熱至沸騰。剛開始會有一些結塊,但是在攪拌過程中會逐漸變為順滑。沸騰後續煮2分鐘,倒入奶油,攪拌後靜置冷卻。將卡士達醬倒入一個碗中並在表面蓋上保鮮膜。以防表面有薄膜凝結。可以冷藏保存2天。

500g

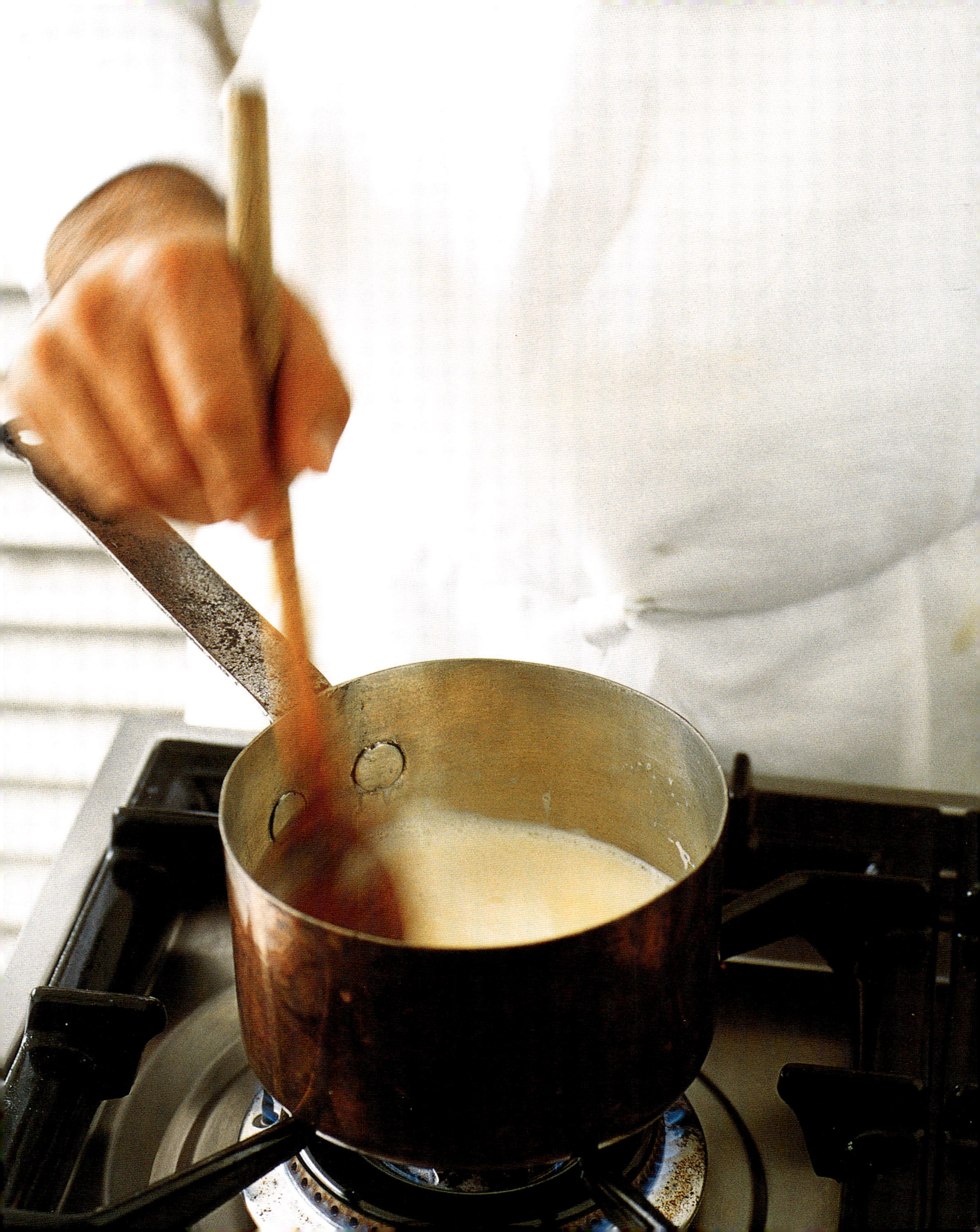

字彙表

法式內臟腸（ANDOUILLETTE）
由豬肉、小牛肉、豬腸或牛肚做成的一種香腸。通常以烤的方式來烹飪。適合搭配芥末醬、馬鈴薯或甘藍菜。有些外層還會綑綁一層豬油，在烤的時候便能使表面酥脆。

隔水加熱（BAIN-MARIE）
是一種水浴烹調法，使用在需要溫和烹煮、陶罐料理和點心烹調上。在較大的鍋中煮水，將食材放入另一容器，並將容器放至鍋中加熱。

奶油麵糊（BEURRE MANIÉ）
由奶油和麵粉一起混合而成的麵糊，在醬汁起鍋前加入，增加濃稠度。

榛果奶油（BEURRE NOISETTE）
將奶油煮至褐色微焦的狀態。

法國香草束（BOUQUET GARNI）
常見的是由百里香、月桂葉加上其他香草組合而成，可依個人喜好加上鼠尾草、迷迭香、羅勒等香草，再使用料理棉線綑在一起。

牛肉/小牛高湯（BROWN STOCK）
由牛肉或小牛骨熬成的高湯。因為牛肉或小牛肉高湯是可互換使用的，又統稱為「褐色高湯」。

奶油（BUTTER）
由新鮮或者發酵的鮮奶油或牛奶通過攪乳製的奶製品。來自阿爾卑斯山和諾曼地的奶油具有高品質，而且帶有一點甜味。法國的奶油傾向於鹹味較淡，因不同區域也有不一樣的變化。可以使用含鹽或無鹽的奶油製作美味的料理，但是在甜點食譜上通常是使用無鹽奶油。

酸豆（CAPERS）
以刺山柑的花蕾醃製而成。可以被保存在鹽水、醋或鹽中，因此使用前需以清水清洗。

思華力腸（CERVELAS）
一種胖長型的豬肉香腸，長有的口味為：蒜頭、開心果或松露。是以水煮方式烹調，要先煮過才能火烤。如果買不到思華力腸，可以用一般豬肉香腸加入開心果取代。

直布羅陀腸（CHIPOLATA）
在英國它意味著任何小型香腸；然而在法國它和一般的香腸一樣長，但是寬度細很多。通常是由豬肉和豬油製成，在法式料理常被當作配菜。

澄清奶油（CLARIFIED BUTTER）
藉由融化奶油使之油水分離。脂肪可以利用湯匙舀取或是將分離出的水倒出，留下澄清奶油。澄清奶油較一般的奶油保存較長的時間，因為不含水分。因為具有較高的燃點，因此可以使用在高溫烹調的料理。

油封（CONFIT）
來自法文裡的「preserve」（保護/防腐），油封通常以鵝肉或鴨肉製作，使用鵝油或鴨油烹煮，保存在密封罐裡。可直接食用或加入卡酥來砂鍋增加風味。

醋漬小黃瓜（CORNICHON）
法式開胃菜之一。如果沒有醋漬小黃瓜可以用雞尾酒漬小黃瓜代替。

透明高湯（COURT BOUILLON）
蔬菜白酒湯，通常用來製作魚料理。

庫斯庫斯（COUSCOUS）
由粗麵粉製造的小球，通常搭配燉鍋，像米飯一樣做為主食。

黑醋栗酒（CRÈME DE CASSIS）
源自勃艮第區的城鎮：第戎。以黑醋栗製成的利口酒，可以加入甜點裡使用。

法式酸奶酒（CRÈME FRAÎCHE）
在法國廚房裡扮演重要的角色。輕微發酵帶有微微酸味，來自伊西尼的法式酸奶酒，更有法定產區AOC認證。

乳酪凝塊（CURD CHEESE）
由凝乳製成的光滑軟乳酪，沒有經過發酵。油脂含量比奶油起司低，比茅屋起司高。

第戎芥末醬（DIJON MUSTARD）
酸葡萄汁或白酒加入芥末籽作成的黃芥末醬。源自第戎，現在已在法國各地普遍生產。

肥肝（FOIE GRAS）
選用鵝或鴨的肥大肝臟製作，備受史特拉斯堡及法國西南部一帶的法國人喜愛。

新鮮白乳酪（FROMAGE FRAIS）
新鮮的白乳酪清爽、濃醇，有許多的變化，也用在不少亞洲料理中。常用在里昂的當地料理—香草白乳酪（Cervelle de Canut）。脂肪含量因乳酪的種類有所不同，但通常會是取代鮮奶油的一種較低脂的選擇。

鵝油（GOOSE FAT）
質地滑順的鵝油容易在低溫中融化，鵝油常見於法國西南方的料理，並可以增添菜餚的風味。從肉販可以買到鐵罐裝的鵝油。雖然很多菜餚可用鴨油代替，但是鴨油需要較高的溫度使其融化。

格呂耶爾乳酪（GRUYÈRE）
有堅果味的硬乳酪，孔泰乾酪是格呂耶爾乳酪的其中一種，表面會有許多小坑洞；還有包括表面幾乎沒有洞的波弗特乾酪。雖然孔泰乾酪跟瑞士的食譜相近，但口味上還是有差別。

切細絲（JULIENNE）
將蔬菜或柑橘皮切成細絲的刀法，切絲的蔬果可以做為裝飾，或是能快速煮熟。

杜松子（JUNIPER BERRIES）
黑藍色帶點樹脂味道，多用在燉鍋或是較重口味的菜色，使用前以刀背輕輕的壓碎，味道就會慢慢散出來。

馬德拉酒（MADEIRA）
一種從葡萄牙引進的加烈葡萄酒，有許多不同的種類，從甜味（Malmsey, Malvasia, Bual）到中味（Verdelho）及干味（Sercial）都有。

瑪瑞里斯乳酪（MAROILLES）
一種方型帶有柑橘味的軟質洗滌乳酪，具有濃厚味道帶點甜甜的風味。可以使用其他洗滌乳酪品種，如里伐羅特起司或卡門貝爾乾酪。

綜合生菜葉（MESCLUN）
一種混合新鮮萵苣、芝麻菜、萵筍、蒲公英葉、羅勒、細葉香芹和菊苣的沙拉，是南法的傳統料理。

淡菜（MUSSELS）
淡菜在法國有完備的商業化養殖，以插在海岸的竹竿，或是海口濕地養殖。可以生吃，但通常會以白酒料理。法國淡菜有藍黑色的外殼，大小不一，鹹味則依生長地的海水來決定。

橄欖（OLIVE）
生長在南法，主要的南法橄欖品種包括綠色尖頭的Picholine，紫黑色的Nyon，和小黑色的尼斯橄欖，通常使用在尼斯的傳統料理。新鮮的綠橄欖產季在夏天，在顏色轉黑之前採收，而新鮮的黑橄欖收成季節是從秋天到冬天。即便綠和黑橄欖有不同的味道，但它們都可以相互替代。

字彙表

橄欖油（OLIVE OIL）
特級初榨橄欖油和初榨橄欖油是藉由冷壓製成，不經過高溫或化學方式，最好使用在無需烹煮的料理或沙拉上。純橄欖油可以用在烹煮或油炸食品。橄欖油於南法製造，秋天收成後，在每年的冬天製造。

橙花水（ORANGE FLOWER WATTER）
以略帶有苦澀味的橙花蒸餾出來的，運用在甜點上可以添加風味。

生蠔（OYSTER）
法國主要有兩種生蠔。歐洲牡蠣（Huitres plates）是歐洲土生土長的生蠔。他們有著扁圓形狀的殼。在非產卵期的冬天，它們的口感會更加美味。巨牡蠣（Huitres Creuses）是一種更常見的葡萄牙或做太平洋生蠔。它們的外殼較厚且凹凸不平，但是容易剝開。芬迪加蠔（Fine de Claire）則生長在佈滿海藻的水域，因此它們是綠色的，也有獨特而清爽的口感。

綠扁豆（PUY LENTILS）
綠扁豆生長在法國中央高原，通過法定產區AOC認證。在烹飪過程中，綠扁豆不需要事先浸泡，煮的過程中也不用壓碎。它們質地扎實，搭配肉類和魚類口感絕佳。

番紅花（SAFFRON）
作為香料使用的，其實是番紅花的花蕊柱頭，味道濃厚，可以用來提味。每次使用只需要幾株花蕊，因為它們的味道非常強烈。

鹹鱈魚（SALT COD）
15世紀時引入歐洲，法國之所以流行鹹鱈魚，是因為天主教信仰人士會在耶穌受難日和一些紀念聖人的日子吃這道料理。將鹹鱈魚除去內臟、撒上鹽並風乾，不同於一般鱈魚乾只是被風乾沒有鹽漬。鹹鱈魚的中間部位吃起來會比魚尾更有肉感。依風乾時間長短，浸泡時間的要求也有所變化。

烹調用香腸（SAUCISSE À CUIRE）
這是一種需要烹調的香腸，比普通香腸更大，特別是以水煮方式烹調。它可以是料理中的配料，比如說白酒酸菜拼盤，或也可以搭配紅酒單吃。

春雞（SPATCHCOCK（POUSSIN））
一種重量大約為450g到500g的雞肉。春雞一般被切開攤平，烤熟然後搭配其他食材享用。一隻春雞是一人份，有時大一點的也可以供兩人食用。

胸腺（SWEETBREADS）
這是由小牛或羔羊的胸腺，呈白色質地非常柔軟，形狀不規則。在烹飪前，胸腺通常被浸泡在冷水中，以除掉血跡。

土魯斯香腸（TOULOUSE SAUSAGE）
填充炙烤豬肉的香腸。通常會盤繞起來出售。

松露（TRUFFLES）
菌類的一種，非常美味，透著泥土的香氣。在法國有產黑松露，特別是產於佩里哥的松露，被視為是全世界最佳的品種。松露最好新鮮食用，但也可以被儲存在密封罐裡。只需少量即可調味。

香草精（VANILLA EXTRACT）
以酒從香草籽及香草莢提煉出來的香草精，並不是人造香草精。少量使用。

索引

A
Aioli 蒜香美乃滋 32
aligot 馬鈴薯佐香蒜乳酪 199
almond pastry 杏仁派 213
anchoïade 鯷魚醬 33
anchovy paste 鯷魚醬 33
andouillette 法式內臟腸 250
apples 蘋果
    apple tart 蘋果塔 236
    boudin noir with apples 黑血腸佐蘋果 168
    tarte Tatin 反烤蘋果塔 216
asparagus with hollandaise sauce 蘆筍佐荷蘭醬 33

B
bacon quiche 培根鹹派 67
Basque omelette 巴斯克歐姆蛋 55
Basque tart 巴斯克塔 207
bavarois, cinnamon 肉桂巴伐利亞 227
beans with mixed meats, casserole of 卡酥來燉鍋 113
béchamel sauce 法式絲絨醬 247
beef 牛肉
    beef braised in red wine 紅酒燉牛肉 114
    beef carbonnade 啤酒燉牛肉 129
    beef fillet in pastry 千層派皮牛肉 176
    beef stewed in red wine 勃艮第紅酒燉牛肉 162
    hamburger steak 牛肉漢堡排 152
    pepper steak 胡椒牛排 169
    rib steak with red wine sauce 牛肋排佐紅酒醬 152
    steak béarnaise 伯那西醬牛排 122
berry tartlets, mixed 紅莓塔 227
beurre manié 奶油麵糊 250
beurre noisette 榛果奶油 250

blackberry sauce, venison with 鹿肉佐黑莓醬 153
blanquette de veau 奶油燉小牛肉 147
boeuf bourguignon 勃艮第紅酒燉牛肉 162
boeuf en croûte 千層派皮牛肉 176
boeuf en daube 紅酒燉牛肉 114
boudin noir with apples 黑血腸佐蘋果 168
bouillabaisse 馬賽魚湯 102
boulangère potatoes 烤馬鈴薯 194
bouquet garni 法國香草束 250
bourride 普羅旺斯魚湯佐蒜味美乃滋 16
bread dough 麵包麵團 240
brioche 奶油麵包 241

C
cabbage, stuffed green 甘藍菜捲 187
Calvados, chicken with 雞肉佐蘋果白蘭地 137
Calvados, pork chops with 豬排佐蘋果白蘭地 123
capers 酸豆 250
caramel ice cream 焦糖冰淇淋 208
carrots, glazed, with parsley 蜜糖紅蘿蔔 195
casserole of beans with mixed meats 卡酥來燉鍋 113
cassoulet 卡酥來燉鍋 113
celeriac remoulade 根芹菜蛋黃醬 46
cervelas 思華力腸 250
cervelle de canut 香草白乳酪 58
cheese 乳酪
    blue cheese quiche 藍紋乳酪鹹派 58
    cheese and leek pie 韭蔥派 66
    fresh cheese with herbs 藍紋乳酪鹹派 58
    ham, mushroom and cheese crêpes 火腿、洋菇、乳酪可麗餅 67

pan-fried ham and cheese sandwich 火腿乳酪三明治 59
potato, cheese and garlic mash 馬鈴薯佐香蒜乳酪 199
salad with goat cheese croûtons 山羊乳酪沙拉 189
cherry clafoutis 櫻桃克拉芙緹 209
chicken 雞肉
    chicken with Calvados 雞肉佐蘋果白蘭地 137
    chicken chasseur 法式洋菇燉雞肉 172
    chicken consommé 法式清湯 25
    chicken with forty cloves of garlic 法式蒜頭雞 125
    chicken liver pâté 雞肝醬 78
    chicken stewed in red wine 紅酒燉香雞 156
    poached chicken 水煮雞肉 143
    tarragon chicken 雞肉佐龍蒿醬 110
chipolata 直布羅陀腸 250
chocolate mousse 巧克力慕斯 215
chocolate soufflés 巧克力舒芙蕾 230
chou vert farci 甘藍菜捲 187
choucroute garnie 酸菜豬腳醃肉拼盤 138
choux pastry 泡芙麵糊 243
cinnamon bavarois 肉桂巴伐利亞 227
clafoutis, cherry 櫻桃克拉芙緹 209
confit 油封 250
coq au vin 156
cornichon 醋漬小黃瓜 250
country-style terrine 77
court bouillon 透明高湯 251
couscous 庫斯庫斯 251
crab bisque 法式蟹肉湯 19
crab soufflés 螃蟹舒芙蕾 89

crème anglaise 英式奶油醬 248
crème brûlée 焦糖烤布蕾 215
crème caramel 焦糖布丁 214
crème de cassis 黑醋栗酒 251
crème fraîche 法式酸奶酒 251
crème pâtissière 卡士達醬 248
crêpes 可麗餅 242
    crêpes with orange liqueur sauce 法式可麗餅佐柳橙醬 232
    crêpes suzette 法式可麗餅佐柳橙醬 232
    ham, mushroom and cheese crêpes 火腿、洋菇、乳酪可麗餅 67
    soufflé crêpes 舒芙蕾可麗餅 233
croque monsieur 火腿乳酪三明治 59
custard sauce, rich 英式奶油醬 248

D
Duck 鴨肉
    casserole of beans with mixed meats 卡酥來燉鍋 113
    duck à l'orange 橙汁鴨肉 117
    duck breasts with cassis and raspberries 法式鴨胸佐黑醋栗覆盆莓 134
    duck confit 油封鴨 165
    duck rillettes 鴨肉抹醬 76

E
Eggs 蛋
    baked eggs 烤雞蛋 59
    Basque omelette 巴斯克歐姆蛋 55
    herb omelette 香草歐姆蛋 54
    millefeuille of leeks and poached eggs 韭蔥千層派佐水煮蛋 41

F

Fish 魚
- grilled sardines 烤沙丁魚 93
- Mediterranean fish soup 馬賽魚湯 102
- Niçoise-style salad 尼斯沙拉 188
- Normandy fish stew 諾曼地燉魚 90
- Provençale fish soup with garlic mayonnaise 普羅旺斯魚湯佐蒜味美乃滋 16
- salmon en papillote with herb sauce 香草醬鮭魚 104
- salmon terrine 陶罐鮭魚 81
- smoked trout gougère 煙燻鱒魚泡芙 38
- sole with brown butter sauce and lemon 麥年比目魚 92
- sole Normandy 諾曼第比目魚 104

flamiche 韭蔥派 66
foie gras 肥肝 251
French onion soup 法式洋蔥湯 21
fromage frais 新鮮白乳酪 251

G

Garlic 蒜頭
- chicken with forty cloves of garlic 法式蒜頭雞 125
- garlic mayonnaise 蒜香美乃滋 32
- garlic prawns 蒜味烤蝦 92
- garlic soup 蒜頭湯 20

gougère, smoked trout 煙燻鱒魚泡芙 38
gratin dauphinois 多菲內焗烤馬鈴薯 194
Gruyère 格呂耶爾乳酪 251

H

Ham 火腿
- ham, mushroom and cheese crêpes 火腿、洋菇、乳酪可麗餅 67
- pan-fried ham and cheese sandwich 火腿乳酪三明治 59
- roast veal stuffed with ham and spinach 小牛菠菜火腿卷 120

hamburger steak 牛肉漢堡排 152
herb omelette 香草歐姆蛋 54
hollandaise sauce, asparagus with 蘆筍佐荷蘭醬 33

I

ice cream, caramel 焦糖冰淇淋 208
île flottante 漂浮之島 225

J

Jerusalem artichokes, purée of 菊芋泥 199
juniper berries 杜松子 251

K

kidneys Turbigo 圖爾比戈羊腰子 148

L

Lamb 羔羊
- casserole of beans with mixed meats 卡酥來燉鍋 113
- lamb stew with spring vegetables 春菜燉羊肉 144
- roast leg of lamb with spring vegetables 春蔬烤羊腿 166

leeks 韭蔥
- cheese and leek pie 韭蔥派 66
- leek and potato soup 韭蔥蕃茄湯 21
- millefeuille of leeks and poached eggs 韭蔥千層派佐水煮蛋 41

lemon tart 檸檬塔 226
lentils, salt pork with 豆子燉鹹豬肉 175
liver, sautéed calf's 嫩煎小牛肝 168
lobster Thermidor 焗烤龍蝦 97
lobster with tomato sauce 蕃茄佐龍蝦 105
Lyonnais sausages 里昂香腸 122

M

Madeira 馬德拉酒 251
madeleines 瑪德蓮 209
marmite dieppoise 諾曼地燉魚 90
Maroilles 瑪瑞里斯乳酪 251
mayonnaise 法式美乃滋 246
mayonnaise, garlic 蒜香美乃滋 32
Mediterranean fish soup 馬賽魚湯 102
Mediterranean vegetable stew 普羅旺斯燉菜 195
mesclun 綜合生菜葉 251
millefeuille of leeks and poached eggs 韭蔥千層派佐水煮蛋 41
millefeuille, strawberry 草莓千層派 233
mornay, oysters 焗烤生蠔 47
mornay, scallops 白醬扇貝 86
moules marinière 白酒奶醬淡菜 93
mousse, chocolate 巧克力慕斯 215
mussels with white wine and cream sauce 白酒奶醬淡菜 93

N

Niçoise-style salad 尼斯沙拉 188
Normandy fish stew 諾曼地燉魚 90

O

olive paste 橄欖醬 32
omelettes 歐姆蛋捲
- Basque omelette 巴斯克歐姆蛋 55
- herb omelette 香草歐姆蛋 54

onions 洋蔥
- French onion soup 法式洋蔥湯 21
- onion and anchovy tart 尼斯洋蔥塔 43
- onion tart 洋蔥餡餅 54
- peas with onion and lettuce 法式豌豆鍋 192

oysters mornay 焗烤生蠔 47

P

Paris–Brest 巴黎布雷斯特泡芙 222
Pastry 麵團
- almond pastry 杏仁派 213
- apple tart 蘋果塔 236
- bacon quiche 培根鹹派 67
- Basque tart 巴斯克塔 207
- beef fillet in pastry 千層派皮牛肉 176
- blue cheese quiche 藍紋乳酪鹹派 58
- cheese and leek pie 韭蔥派 66
- choux pastry 泡芙麵糊 243
- lemon tart 檸檬塔 226
- millefeuille of leeks and poached eggs 韭蔥千層派佐水煮蛋 41
- mixed berry tartlets 紅莓塔 227
- onion tart 洋蔥餡餅 54
- Paris–Brest 巴黎布雷斯特泡芙 222
- pear and almond tart 洋梨杏仁塔 237
- Provençale tart 普羅旺斯塔 42
- puff pastry 千層派皮 244
- smoked trout gougère 煙燻鱒魚泡芙 38
- strawberry millefeuille 草莓千層派 233
- sweet pastry 甜麵團 243
- tart pastry 酥脆塔皮 242
- tarte Tatin 反烤蘋果塔 216

pastry cream 卡士達醬 248
pâté 肉醬
- beef fillet in pastry 千層派皮牛肉 176
- chicken liver pâté 雞肝醬 78

paupiettes de veau 小牛肉捲 179
pear and almond tart 洋梨杏仁塔 237
pears in red wine 紅酒燉洋梨 226
peas with onion and lettuce 法式豌豆鍋 192
pepper steak 胡椒牛排 169
petits farcis 普羅旺斯鑲蔬菜 30
petits pots de crème 奶酪 214
pipérade 巴斯克歐姆蛋 55
pissaladière 尼斯洋蔥塔 43
pithiviers 杏仁派 213
pork 豬肉
- casserole of beans with mixed meats 卡酥來燉鍋 113
- Lyonnais sausages 里昂香腸 122
- pork chops with Calvados 豬排佐蘋果白蘭地 123
- pork noisettes with prunes 西梅香煎豬肉 141
- pork rillettes 豬肉抹醬 76
- Provençale stuffed vegetables 普羅旺斯鑲蔬菜 30
- salt pork with lentils 豆子燉鹹豬肉 175

sauerkraut with mixed pork products酸菜豬腳醃肉拼盤138
stuffed green cabbage甘藍菜捲187
potatoes 馬鈴薯
　boulangère potatoes烤馬鈴薯194
　creamy scalloped potatoes多菲內焗烤馬鈴薯194
　leek and potato soup韭蔥蕃茄湯21
　potato, cheese and garlic mash馬鈴薯佐香蒜乳酪199
poule au pot水煮雞肉143
prawns, garlic蒜味烤蝦92
Provençale fish soup with garlic mayonnaise普羅旺斯魚湯佐蒜味美乃滋16
Provençale stuffed vegetables普羅旺斯鑲蔬菜30
Provençale tart普羅旺斯塔42
prune and walnut-stuffed spatchcocks西梅核桃填餡烤春雞142
prunes, pork noisettes with西梅香煎豬肉141
puff pastry千層派皮244
purée of Jerusalem artichokes菊芋泥199
purée of spinach菠菜泥198
purée of swedes蕪菁甘藍泥198
puy lentils綠扁豆252

Q
Quiches 鹹派
　bacon quiche培根鹹派67
　blue cheese quiche藍紋乳酪鹹派58

R
rabbit fricassée奶油燉兔肉151
raspberries 覆盆子
　duck breasts with cassis and raspberries法式鴨胸佐黑醋栗覆盆莓134
　raspberry soufflé覆盆子舒芙蕾204
ratatouille普羅旺斯燉菜195
red wine 紅酒
　beef braised in red wine紅酒燉牛肉114
　beef stewed in red wine勃艮第紅酒燉牛肉162
　chicken stewed in red wine紅酒燉香雞156
　pears in red wine紅酒燉洋梨226
　rib steak with red wine sauce牛肋排佐紅酒醬152
rillettes 抹醬
　duck rillettes 鴨肉抹醬76
　pork rillettes 豬肉抹醬76

S
saffron 番紅花 252
salad with goat cheese croûtons山羊乳酪沙拉189
salade niçoise尼斯沙拉188
salmon en papillote with herb sauce香草醬鮭魚104
salmon terrine陶罐鮭魚81
salt cod 鹹鱈魚 252
salt pork with lentils豆子燉鹹豬肉175
sardines, grilled烤沙丁魚93
saucisse à cuire 烹調用香腸 252
sauerkraut with mixed pork products酸菜豬腳醃肉拼盤138
sausages, Lyonnais里昂香腸122
scallops mornay白醬扇貝86
seafood 海鮮
　crab bisque法式蟹肉湯19
　crab soufflés螃蟹舒芙蕾89
　garlic prawns蒜味烤蝦92
　lobster Thermidor焗烤龍蝦97
　lobster with tomato sauce蕃茄佐龍蝦105
　Mediterranean fish soup馬賽魚湯102
　mussels with white wine and cream sauce白酒奶醬淡菜93
　oysters mornay焗烤生蠔47
　scallops mornay白醬扇貝86
smoked trout gougère煙燻鱒魚泡芙38
snails with garlic butter 根芹菜蛋黃醬46
sole with brown butter sauce and lemon麥年比目魚92
sole meunière麥年比目魚92
sole Normandy諾曼第比目魚104

soufflés 舒芙蕾
　chocolate soufflés巧克力舒芙蕾230
　crab soufflés螃蟹舒芙蕾89
　raspberry soufflé覆盆子舒芙蕾204
　soufflé crêpes舒芙蕾可麗餅233
　zucchini soufflé櫛瓜舒芙蕾52
soup 湯
　chicken consommé 法式清湯 25
　crab bisque法式蟹肉湯19
　French onion soup法式洋蔥湯21
　garlic soup蒜頭湯20
　leek and potato soup韭蔥蕃茄湯21
　Mediterranean fish soup馬賽魚湯102
　Provençale fish soup with garlic mayonnaise普羅旺斯魚湯佐蒜味美乃滋16
spatchcock 春雞 252
spatchcocks, prune and walnut-stuffed西梅核桃填餡烤春雞142
spinach 菠菜
　purée of spinach菠菜泥198
　roast veal stuffed with ham and spinach小牛菠菜火腿卷120
steak 肉排
　hamburger steak牛肉漢堡排152
　pepper steak胡椒牛排169
　rib steak with red wine sauce牛肋排佐紅酒醬152
　steak béarnaise伯那西醬牛排122
strawberry millefeuille草莓千層派233
swedes, purée of蕪菁甘藍泥198
sweet pastry甜麵團243
sweetbreads 胸腺 252

T
tapenade橄欖醬32
tarragon chicken雞肉佐龍蒿醬110
tart pastry酥脆塔皮242
tarte Tatin反烤蘋果塔216
terrines 陶罐肉派
　country-style terrine鄉村陶罐肉派77
　salmon terrine陶罐鮭魚81
　vegetable terrine with herb sauce陶罐蔬菜佐香草抹醬74
tomatoes 番茄
　Basque omelette巴斯克歐姆蛋55
　lobster with tomato sauce蕃茄佐龍蝦105
　Provençale tart普羅旺斯塔42
Toulouse sausage 土魯斯香腸 252
truffles 松露 252
tuiles杏仁瓦片236

V
Veal 小牛肉
　creamy veal stew奶油燉小牛肉147
　Provençale stuffed vegetables普羅旺斯鑲蔬菜30
　roast veal stuffed with ham and spinach小牛菠菜火腿卷120
　veal paupiettes小牛肉捲179
vegetables 蔬菜
　boulangère potatoes烤馬鈴薯194
　creamy scalloped potatoes多菲內焗烤馬鈴薯194
　glazed carrots with parsley蜜糖紅蘿蔔195
　Mediterranean vegetable stew普羅旺斯燉菜195
　peas with onion and lettuce法式豌豆鍋192
　stuffed green cabbage甘藍菜捲187
　vegetable terrine with herb sauce 陶罐蔬菜佐香草抹醬 74
　vegetable timbales 三色蔬菜塔 184
velvety sauce 法式絲絨醬 247
venison with blackberry sauce鹿肉佐黑莓醬153
venison casserole砂鍋鹿肉126
vinaigrette油醋醬246

Z
zucchini soufflé櫛瓜舒芙蕾52

國家圖書館出版品預行編目(CIP)資料

法國廚房 / 梅鐸圖書著；蔡依瑩、遠足文化編輯群譯. ── 初版. ── 新北市：遠足文化, 2017.12 (Master ; 5)
譯自：World kitchen France
ISBN 978-986-91896-5-1(平裝)
1.食譜 2.法國

427.12　　　　　　　　104009357

MASTER 05

法國廚房
World Kitchen　FRANCE

作者────梅鐸圖書
譯者────蔡依瑩、遠足文化編輯群
總編輯───郭昕詠
編輯────王凱林、徐昉驊、陳柔君
編輯協力──賴儷芸、張憶庭
封面設計──霧室
排版────簡單瑛設

社長────郭重興
發行人兼
出版總監──曾大福

出版者───遠足文化事業股份有限公司
地址────231 新北市新店區民權路 108-2 號 9 樓
電話────(02)2218-1417
傳真────(02)2218-1142
電郵────service@bookrep.com.tw
郵撥帳號──19504465
客服專線──0800-221-029
部落格───http://777walkers.blogspot.com/
網址────http://www.bookrep.com.tw
法律顧問──華洋法律事務所　蘇文生律師
印製────呈靖彩藝有限公司
電話────(02)2265-1491

初版一刷　西元 2017 年 12 月
Printed in Taiwan
有著作權　侵害必究

歡迎團體訂購，另有優惠
請洽業務部 (02)2218-1417　分機 1124、1135